원큐패스 손해평가사 2차

기출문제 + 합격노트

gongbu-haja 저

다락원

손해평가사는 농작물재해보험에 가입한 농지 또는 과수원이 재해로 인하여 피해를 입은 경우, 피해사실을 확인하고, 보험가액 및 손해액을 평가하는 업무를 하는 사람입니다. 우리나라에서는 2015년부터 손해평가사 국가자격제도를 도입해서 운영 중에 있습니다.

손해평가사 자격증은 공인중개사 자격증과 함께 대표 노후 대비 자격증으로, 정년을 앞둔 50 ~ 60대뿐 아니라 일찍 불안한 노후 대비를 하고자 하는 30 ~ 40대 사이에서 해마다 그 인기가 높아지고 있습니다. 2019년 4천 명이 채 되지 않던 1차 시험 응시자 수가 2020년 8천 명을 넘어섰고, 2023년에는 1만 5천 명이 넘는 등 폭발적인 증가세를 보이고 있습니다.

정부에서는 농가를 보호하고, 안정적인 식량자원 확보를 위해서 해마다 농작물재해보험에 대한 지원을 늘려가고 있습니다. 또한, 코로나19로 인해 식량자원의 중요성에 대한 인식이 국가별로 더욱더 강화되고 있어, 우리나라에서도 정부 및 지방자치단체의 지원은 계속해서 늘어날 것으로 예상되고 있습니다. 따라서, 손해평가사가 담당할 업무도 증가될 것입니다. 그 이유는 첫째, 농작물재해보험에 가입 가능한 품목 수가 확대되고 있습니다. 기존에는 농작물재해보험에 가입할 수 없었던 품목들도 매년 신규로 추가되고 있습니다. 둘째, 농작물재해보험에 가입하는 가입농가 수도 해마다 급격하게 늘어나고 있습니다. 셋째, 기존에는 손해평가사가 담당하지 않던 조사 업무들도 점차 손해평가사들이 담당하고 있기 때문입니다.

손해평가사 시험은 1차 객관식(4지 택일형)과 2차 주관식(단답형 및 서술형)으로 이루어져 있습니다. 1차 시험은 주어진 선택지 중에서 답을 선택하는 객관식이며, 합격률이 60 ~ 70% 정도이며 일정 시간을 투자해서 공부한다면 상대적으로 어렵지 않게 합격할 수 있습니다. 하지만 2차 시험은 주관식으로 내용을 서술하거나 계산을 해서 답을 써야 하기 때문에 해마다 차이는 있지만 합격률은 10% 정도로, 상당한 노력과 시간 투자를 요합니다.

2차시험은 제1과목 '농작물재해보험 및 가축재해보험의 이론과 실무'와 제2과목 '농작물재해보험 및 가축재해보험 손해평가의 이론과 실무'로 이루어져 있습니다. 매 과목 40점 이상 득점하고, 두 과목 평균 60점 이상이면 합격입니다. 만점이나 고득점을 받아야 합격하는 시험이 아니고, 평균 60점만 넘으면 합격할 수 있는 시험입니다만, 해마다 많은 수험생들이 그 공략법을 제대로 알지 못해서 시험에 불합격합니다.

이번에 출간하는 〈원큐패스 손해평가사 2차 기출문제＋합격노트〉는 지난 9년간 기출문제, 9년간 기출문제 정답 및 해설, 실전 모의고사 2회분, 핵심이론 합격노트로 구성하였습니다. 시험범위, 개정수치 및 방법 등 농업정책보험금융원에서 발표한 최신 내용을 100% 반영한 제1회 ~ 제9회 기출문제를 통해 공부의 방향을 설정하고, 고득점 합격자들이 공통적으로 이야기하는 "본인만의 정리학습"의 모범이 될 핵심이론 합격노트를 참고하여 본인만의 정리를 연습해 봅니다. 그리고 공부가 어느 수준 되었다고 생각될 때에는 실전 모의고사 2회분을 풀어보며 본인의 시험 준비도를 최종적으로 체크해 본다면 손해평가사 2차 시험 합격에 한층 더 가까워 질 수 있습니다. 또한, 혼자서 공부하는 데에 어려움이 있는 수험생들을 위해서 네이버 카페 "손해평가사 카페"(cafe.naver.com/sps2021)과 유튜브 채널 "손해평가사"를 운영 중에 있습니다. 네이버 카페와 유튜브 채널을 이용하셔서 보다 효율적인 학습이 되시기를 바랍니다. 이 책을 보시는 수험생 여러분의 합격을 진심으로 기원합니다.

네이버 카페 "손해평가사 카페" 카페지기
유튜브 채널 "손해평가사" 운영자

gongbu-haja

시험 안내

🌱 손해평가사 및 시험 접수

- 농작물재해보험에 가입한 농지 또는 과수원이 자연재해로 병충해, 화재 등의 피해를 입은 경우, 피해 사실을 확인하고, 보험가액 및 손해액을 평가하는 일을 수행하는 자격시험이다.
- 시험 접수 : 큐넷(www.q-net.or.kr)에서 접수

🌱 응시자격, 응시료, 시험 일정

- 응시자격 : 제한 없음 [단, 부정한 방법으로 시험에 응시하거나 시험에서 부정한 행위를 해 시험의 정지/무효 처분이 있는 날부터 2년이 지나지 아니하거나, 손해평가사의 자격이 취소된 날부터 2년이 지나지 아니한 자는 응시할 수 없음 - 「농어업재해보험법」 제11조의4 제4항)]
- 응시료 : 1차 20,000원 / 2차 33,000원
- 시험일정

구 분	접수 기간	시험 일정	합격자 발표
2024년 10회 1차	04. 29 ~ 05. 03	06. 08(토)	07. 10(수)
2024년 10회 2차	07. 22 ~ 07. 26	08. 31(토)	11. 13(수)

🌱 시험과목 및 배점

구 분	시험과목	문항수	시험시간	시험방법
1차 시험	1. 상법(보험편) 2. 농어업재해보험법령 3. 농학개론 중 재배학 및 원예작물학	과목별 25문항 (총 75문항)	90분	객관식 4지 택일형
2차 시험	1. 농작물재해보험 및 가축재해보험의 이론과 실무 2. 농작물재해보험 및 가축재해보험 손해평가의 이론과 실무	과목별 10문항	120분	단답형, 서술형

※ 1차·2차 시험 100점 만점으로 하여 매 과목 40점 이상과 전 과목 평균 60점 이상 득점한 사람을 합격자로 결정

🌱 기타

- 농업정책보험금융원에서 자격증 신청 및 발급 업무 수행

책의 구성

🌱 농업정책보험금융원 최신 발표 내용 반영한 9개년 기출문제+실전 모의고사 2회

농업정책보험금융원에서 발표한 최신 내용을 100% 반영하여 시험범위, 개정수치 및 방법 등을 수정한 9개년 기출문제+실전 모의고사 2회를 수록하였다.

🌱 철저한 분석을 통한 모범답안 제시

농업정책보험금융원에서 발표한 최신 내용을 100% 반영하여 주관식 답안에 가장 적절한 모범답안을 제시하였다.

🌱 특별부록 손해평가사 핵심이론 합격노트

농업정책보험금융원에서 발표한 최신 내용 중 시험에 꼭 필요한 필수 핵심이론을 정리하여 특별부록으로 수록하였다.

차례

PART
1

손해평가사
기출문제

농작물재해보험 및 가축재해보험의 이론과 실무

01 「농업재해보험·손해평가의 이론과 실무」에서 정하는 농업재해보험 관련 용어를 순서대로 쓰시오. (5점)

- (　　) : 영양조건, 기간, 기온, 일조시간 따위의 필요조건이 다차서 꽃눈이 형성되는 현상
- (　　) : 가입수확량 산정 및 적과종료 전 보험사고 시 감수량 산정의 기준이 되는 착과량
- (　　) : 당년에 자라난 새가지가 1 ~ 2mm 정도 자라기 시작하는 현상을 말한다.
- (　　) : 감수량 중 보상하는 재해 이외의 원인으로 감소한 양
- (　　) : 피보험이익을 금전으로 평가한 금액으로 보험목적에 발생할 수 있는 최대 손해액

02 다음 농작물재해보험 대상 품목 및 가입자격을 기준으로 (　　)의 내용을 순서대로 쓰시오. (5점)

- 콩 : 농지의 보험가입금액(생산액 또는 생산비) (　　) 이상
- 감자 : 농지의 보험가입금액(생산액 또는 생산비) (　　) 이상
- 차 : 농지의 면적이 (　　) 이상
- 보리 : 농지의 보험가입금액(생산액 또는 생산비) (　　) 이상
- 버섯재배사 및 버섯작물 : 단지 면적이 (　　) 이상

03 「농업재해보험·손해평가의 이론과 실무」에서 정하는 농작물재해보험 및 가축재해보험 관련 용어를 순서대로 쓰시오. (5점)

- (　　) : 못자리 등에서 기른 모를 농지로 옮겨심는 일
- (　　) : 물이 있는 논에 파종 하루 전 물을 빼고 종자를 일정 간격으로 점파하는 파종 방법
- (　　) : 벼(조곡)의 이삭이 줄기 밖으로 자란 상태
- (　　) : 바이러스의 감염에 의한 우제류 동물(소·돼지 등 발굽이 둘로 갈라진 동물)의 악성가축전염병(1종 법정가축전염병)으로 발굽 및 유두 등에 물집이 생기고, 체온상승과 식욕저하가 수반되는 것이 특징
- (　　) : 보험의 목적의 손해로 인하여 불가피하게 발생한 전부 또는 일부의 축산업 중단을 말함

04 다음 적과전 종합위험방식 과수 4종(사과, 배, 단감, 떫은감)의 품목별 보험가입이 가능한 주수의 합을 구하시오. (5점)

구분	재배형태	가입하는 해의 수령	주수
사과	일반재배	4년	200주
사과	밀식재배	3년	250주
배	–	3년	180주
단감	–	4년	260주
떫은감	–	6년	195주

05 다음 가축재해보험의 손해평가 절차에 관한 설명 중 괄호 안에 들어갈 내용을 순서대로 쓰시오. (5점)

보험금 지급 : 지급할 보험금이 결정되면 (   )이내에 지급하되, 지급보험금이 결정되기 전이라도, 피보험자의 청구가 있으면 추정보험금의 (   )까지 보험금 지급 가능

06 다음은 보험가입 거절 사례이다. 농작물재해보험 가입이 거절된 사유를 인수심사 인수제한목적물 기준으로 모두 서술하시오. (15점)

2015년 A씨는 경북 OO시로 귀농하였다. A씨의 농지는 하천에 소재하는 면적 990㎡의 과수원으로, 2021년 3월 현재 보험가입금액은 2,000만 원으로 파악되었다. 2019년 4월 반밀식재배방식으로 사과 1년생 묘목 300주를 가식한 후 2021년 3월 농작물재해보험 적과전 종합위험방식에 가입하려 한다.

07 다음 상품에 해당하는 보장방식을 보기에서 모두 선택하고 보장종료일을 〈예〉와 같이 서술하시오. (15점)

〈예〉양파

수확감소보장 – 수확기 종료 시점(단, 이듬해 6월 30일을 초과할 수 없음)
경작불능보장 – 수확 개시 시점

〈보기〉
수확감소보장, 생산비보장, 경작불능(위험)보장, 과실손해(위험)보장, 재파종보장

옥수수	
마늘	
고구마	
차	
복분자	

08 작물특정 및 시설종합위험보장 방식 인삼 해가림시설에서 정하는 잔가율에 관하여 서술하시오. (15점)

09 농작물재해보험 손해평가에서 정하는 적과전 종합위험방식 과수 상품의 보상하지 않는 손해에 관하여 서술하시오. (단, 적과종료 이후에 한함).

10 다음 사례를 읽고 「농작물재해보험 및 가축재해보험의 이론과 실무」에서 정하는 기준에 따라 인수가능 여부와 해당 사유를 서술하시오. (15점)

> A씨는 ○○시에서 6년 전 간척된 △△리 1번지(본인소유 농지 4,200㎡)와 4년 전 간척된 △△리 100번지(임차한 농지 1,000㎡, △△리 1번지와 인접한 농지)에 벼를 경작하고 있다. 최근 3년 연속으로 ○○시에 집중호우가 내려 호우경보가 발령되었고, A씨가 경작하고 있는 농지(△△리 1번지, △△리 100번지)에도 매년 침수피해가 발생하였다. 이에 A씨는 농작물재해보험에 가입하고자 가입금액을 산출한 결과 △△리 1번지 농지는 180만 원, △△리 100번지 농지는 50만 원이 산출되었다.

농작물재해보험 및 가축재해보험 손해평가의 이론과 실무

11 다음은 「농작물재해보험 및 가축재해보험 손해평가의 이론과 실무」에서 정하는 손해평가반 구성에 관한 내용이다. 괄호에 알맞은 내용을 쓰시오. (5점)

> 재해보험사업자 등은 보험가입자로부터 보험사고가 접수되면 (   )·(   )·(   ) 등에 따라 조사내용을 결정하고 지체 없이 손해평가반을 구성한다.

12 A과수원의 종합위험 수확감소보장방식 복숭아 품목의 과중조사를 실시하고자 한다. 다음 조건을 이용하여 과중조사 횟수, 최소 표본주수 및 최소 추출과실개수를 쓰시오. (5점)

> 〈조건〉
> - A과수원의 품종은 4종이다.
> - 각 품종별 수확시기는 다르다.
> - 최소 표본주수는 회차별 표본주수의 합계로 본다.
> - 최소 추출과실개수는 회차별 추출과실개수의 합계로 본다.
> - 위 조건 외 단서조항은 고려하지 않는다.

13 「농작물재해보험 및 가축재해보험 손해평가의 이론과 실무」에서 정하는 품목별 피해인정계수를 다음 〈예〉와 같이 순서대로 쓰시오. (5점)

〈예〉					
복숭아	정상과(0)	50%(0.5)	80%(0.8)	100%(1)	병충해(0.5)

참다래	
포도	
밤	

14 다음은 「농작물재해보험 및 가축재해보험 손해평가의 이론과 실무」에서 정하는 농작물의 손해평가와 관련한 내용이다. 괄호에 알맞은 내용을 순서대로 쓰시오. (5점)

> • 인삼 품목의 수확량 조사 시, 칸 넓이는 두둑폭과 고랑폭을 더한 합계에 (   )을/를 곱하여 산출한다.
> • 매실 품목의 경우 품종별 적정 수확일자 및 조사 일자, 〈별표 4〉를 참조하여 품종별로 (   )을/를 조사한다.
> • 복분자의 피해율은 (   )을/를 (   )로/으로 나누어 산출한다.

15 다음은 「농작물재해보험 및 가축재해보험 손해평가의 이론과 실무」에서 정하는 종합위험 수확감소보장방식 밭작물 품목의 품목별 수확량조사 적기에 관한 내용이다. 괄호에 알맞은 내용을 순서대로 쓰시오. (5점)

> • 고구마 : (   )로/으로부터 120일 이후에 농지별로 조사
> • 감자(고랭지재배) : (   )로/으로부터 110일 이후 농지별로 조사
> • 마늘 : (   )와/과 (   )이/가 1/2 ~ 2/3 황변하여 말랐을 때와 해당 지역에 통상 수확기가 도래하였을 때 농지별로 조사
> • 옥수수 : (   )이/가 나온 후 25일 이후 농지별로 조사

16 「농작물재해보험 및 가축재해보험 손해평가의 이론과 실무」에서 정하는 적과전 종합위험방식 과수 품목에 관한 다음 조사방법에 관하여 서술하시오. (15점)

적과후 착과수조사	
태풍(강풍) 낙엽률조사	
우박 착과피해조사	
고사나무조사	

17 다음의 계약사항과 조사내용에 관한 누적감수과실수를 계약별로 구하시오. (단, 계약사항은 계약 1, 2 조건에 따르고, 조사내용은 아래 표와 같다. 주어진 조건 외는 고려하지 않는다.) (20점)

• 계약사항

구분	상품명	가입특약	평년착과수	가입과실수	실제결과주수
계약 1	적과전 종합위험방식 (사과)	적과종료 이전 특정위험 5종 한정보장 특약	10,000개	8,000개	100주
계약 2	적과전 종합위험방식 (배)	없음	20,000개	15,000개	200주

• 조사내용

구분	재해종류	사고일자	조사일자	조사내용	
				적과전 종합위험방식 (계약 1)	적과전 종합위험방식 (계약 2)
적과종료이전	태풍	4월 20일	4월 21일	• 피해사실확인조사 • 미보상감수과실수 : 없음 • 미보상비율 : 0%	• 피해사실확인됨 • 미보상감수과실수 : 없음 • 미보상비율 : 0%
	우박	5월 15일	5월 16일	• 유과타박률조사 • 유과타박률 : 28% • 미보상감수과실수: 없음 • 미보상비율 : 0%	• 피해사실확인됨 • 미보상감수과실수 : 없음 • 미보상비율 : 0%
적과후착과수	–		7월 10일	• 적과후 착과수 : 6,000개	• 적과후 착과수 : 9,000개

적과 종료 이후	태풍	8월 25일	8월 26일	• 낙과수조사(전수조사) • 총낙과과실수 : 1,000개 / 나무피해 없음					• 낙과수조사(전수조사) • 총낙과과실수 : 2,000개 / 나무피해 없음				
				피해과실구분	100%	80%	50%	정상	피해과실구분	100%	80%	50%	정상
				과실수(개)	500	300	120	80	과실수(개)	700	800	320	180
				• 미보상감수과실수 : 없음					• 미보상감수과실수 : 없음				
	우박	5월 15일	9월 10일	• 착과피해조사(표본조사)					• 착과피해조사(표본조사)				
				피해과실구분	100%	80%	50%	정상	피해과실구분	100%	80%	50%	정상
				과실수(개)	10	10	14	66	과실수(개)	20	50	20	10
				• 미보상감수과실수 : 없음					• 미보상감수과실수 : 없음				

※ 자연낙과 등은 고려하지 않는다.

(1) 계약 1 누적감수과실수?

(2) 계약 2 누적감수과실수?

18 종합위험방식 밭작물 고추에 관하여 수확기 이전에 보험사고가 발생한 경우 보기의 조건에 따른 생산비보장보험금을 산정하시오. (단, 주어진 조건 외는 고려하지 않는다.) (10점)

- 보험가입금액 : 10,000,000원
- 보상액(기발생 생산비보장보험금합계액) : 5,000,000원
- 자기부담금 : 250,000원
- 준비기생산비계수 : 52.7%
- 생장일수 : 50일
- 표준생장일수 : 100일
- 피해비율 : 50%
- 손해정도 비율 : 80%
- 병충해 등급별 인정비율 : 70%
- 미보상비율 : 0%

19 「농작물재해보험 및 가축재해보험의 이론과 실무」에서 정하는 종합위험방식 벼 상품에 관한 다음 2가지 물음에 답하시오. (15점)

(1) 재이앙·재직파 보험금, 경작불능 보험금, 수확감소 보험금의 지급사유를 각각 서술하시오.

(2) 아래 조건 〈1, 2, 3〉에 따른 보험금을 각각 산정하시오. (단, 아래의 조건들은 지급사유에 해당된다고 가정한다.)

〈조건 1 : 재이앙·재직파 보험금〉
- 보험가입금액 : 2,000,000원
- (면적)피해율 : 50%
- 자기부담비율 : 20%
- 미보상감수면적 : 없음

〈조건 2 : 경작불능 보험금〉
- 보험가입금액 : 2,000,000원
- 식물체 80% 고사
- 자기부담비율 : 15%

〈조건 3 : 수확감소보험금〉
- 보험가입금액 : 2,000,000원
- 평년수확량 : 1,400kg
- 미보상감수량 : 200kg
- 자기부담비율 : 20%
- 수확량 : 500kg

20 벼 상품의 수확량조사 3가지 유형을 구분하고, 각 유형별 수확량 조사시기와 조사방법에 관하여 서술하시오. (15점)

유형	조사시기	조사방법

농업정책보험금융원에서 발표한 최신 내용에 맞추어 기출문제를 수정하였으며, 개정에 따라 시험범위에 해당하지 않는 부분 등은 당해 시험 난이도의 문제로 대체하였음을 알려드립니다.

🤲 농작물재해보험 및 가축재해보험의 이론과 실무

01 다음은 농작물재해보험 관련 용어이다. 괄호 안에 들어갈 옳은 내용을 순서대로 쓰시오. (5점)

> "평년수확량"이란 가입년도 직전 (　　　) 중 보험에 가입한 연도의 (　　　)와/과 (　　　)을/를 (　　　)에 따라 가중 평균하여 산출한 해당 농지에 기대되는 수확량

02 다음과 같이 3개의 사과 과수원을 경작하고 있는 A씨가 적과전 종합위험방식 보험상품에 가입하고자 할 경우, 계약인수단위 규정에 따라 보험가입이 가능한 과수원 구성과 그 이유를 쓰시오. (5점)

구분	가입조건	소재지
1번 과수원	• '후지' 품종 4년생(반밀식재배) • 보험가입금액 130만 원	서울시 종로구 부암동
2번 과수원	• '미얀마' 품종 5년생(일반재배) • 보험가입금액 110만 원	서울시 종로구 부암동
3번 과수원	• '쓰가루' 품종 6년생(밀식재배) • 보험가입금액 290만 원	서울시 종로구 신영동

03 다음의 조건으로 농업용시설물 및 시설작물(오이)을 종합위험방식 원예시설보험에 가입하려고 한다. 보험가입 가능여부를 판단하고, 그 이유를 쓰시오. (단, 주어진 조건 외에는 고려하지 않는다.) (5점)

> • 단지면적 900㎡
> • 시설작물 오이의 재배면적은 시설면적의 50%
> • 시설작물 오이의 재식밀도 : 1,500주/10a

04 농작물재해보험계약의 내용 중 보험료 환급에 관한 설명이다. 괄호 안에 들어갈 내용을 순서대로 쓰시오. (5점)

> • 계약자 또는 피보험자의 책임 없는 사유에 의하여 계약이 무효가 된 경우에는 납입한 계약자부담보험료의 (①)을 환급한다.
> • 계약자 또는 피보험자의 책임 있는 사유에 의하는 경우에는 계산한 해당월 (②)에 따른 환급보험료를 지급한다.
> • 계약자, 피보험자의 고의 또는 (③)로 무효가 된 때에는 보험료를 반환하지 않는다.
> • 계약의 무효, 효력상실 또는 해지로 인하여 반환해야 할 보험료가 있을 때에는 계약자는 환급금을 청구하여야 하며, 청구일의 다음 날부터 지급일까지의 기간에 대하여 '보험개발원이 공시하는 (④)'을 (⑤)로 계산한 금액을 더하여 지급한다.

05 다음 조건에 따라 적과전 종합위험방식II 보험상품에 가입할 경우, 보험료를 산출하시오. (단, 주어진 조건 외에는 고려하지 않는다.) (5점)

- 품목 : 사과
- 보험요율 : 20%
- 방재시설할인율 : 10%
- 보험가입금액 : 10,000,000원
- 손해율에 따른 할인율 : 20%

06 적과전 종합위험방식 보험상품에 가입하는 경우 다음과 같은 조건에서 각 물음에 답하시오. (단, 결과주수 1주당 가입가격은 10만 원으로 하며, 주어진 조건 외에는 고려하지 않는다.) (15점)

'신고' 배 6년생 700주를 실제 경작하고 있는 A씨는 최근 3년간 동 보험에 가입하였으며, 3년간 수령한 보험금은 순보험료의 60%였다. 주계약의 보험가입금액은 1,000만 원으로서 계약자가 선택할 수 있는 최저 자기부담비율을 선택하고, 특약으로는 나무손해보장 특약만을 선택하여 보험에 가입하고자 한다.

(1) 과실손해보장(주계약)의 자기부담비율을 구하시오. (7점)

(2) 나무손해보장 특약의 보험가입금액 및 자기부담비율을 구하시오. (8점)

07 종합위험 비가림시설 피해조사에 관한 내용이다. 각 물음에 답하시오. (단, 단위를 사용할 경우는 반드시 기입하시오.) (15점)

    (1) 비가림시설 피해조사를 하는 품목 3가지를 모두 쓰시오. (3점)

    (2) 종합위험 비가림시설 피해조사기준에 대하여 약술하시오. (3점)

    (3) 종합위험 비가림시설 피해조사 평가단위에 대하여 약술하시오. (3점)

    (4) 종합위험 비가림시설 피해조사방법에 대하여 피복재와 구조체로 나누어 각각 약술하시오. (6점)

08 다음은 적과전 종합위험방식의 보험가입금액의 감액에 관한 내용이다. 주어진 내용을 보고 각 물음에 답하시오. (단, 주어진 조건 외에는 고려하지 않는다.) (15점)

    (1) 어떤 경우에 보험가입금액을 감액하는지 약술하시오. (3점)

    (2) 보험가입금액을 감액하는 경우, 아래 주어진 내용을 보고 차액보험료를 산출하시오. (6점)

> • 단감 '부유' 품종을 경작하는 A씨는 적과전 종합위험방식 보험에 가입하였다. 보험가입시에 착과감소보험금의 보장수준은 가장 낮은 것으로 선택하였고, 자기부담비율은 20%형을 선택하였으며, 적과종료 이전 특정위험 5종 한정보장 특별약관에 가입하였다.
> • 감액분 계약자부담보험료 150,000원, 미납입보험료 0원

    (3) 차액보험료의 지급기한에 대하여 약술하시오. (3점)

    (4) 차액보험료를 다시 정산하는 경우를 약술하시오. (3점)

09 다음은 종합위험 수확감소보장방식 품목들(벼, 조사료용 벼, 밀, 보리)에 관한 내용이다.
아래 빈칸에 알맞은 내용을 순서대로 쓰시오. (15점)

(1) 보험기간

보장	보험의목적	보험기간	
		보장개시	보장종료
재이앙재직파 보장	벼(조곡)	이앙(직파)완료일 24시 다만, 보험계약시 이앙(직파)완료일이 경과한 경우에는 계약체결일 24시	(①)(2점)
경작불능 보장	벼(조곡), 조사료용 벼	이앙(직파)완료일 24시 다만, 보험계약시 이앙(직파)완료일이 경과한 경우에는 계약체결일 24시	(②)(2점) 다만, 조사료용 벼의 경우 8월31일
	밀, 보리, 귀리	계약체결일 24시	(③)(2점)
수확감소 보장	벼(조곡)	이앙(직파)완료일 24시 다만, 보험계약시 이앙(직파)완료일이 경과한 경우에는 계약체결일 24시	수확기 종료 시점 다만, (④)(2점) 을 초과할 수 없음
	밀, 보리, 귀리	계약체결일 24시	수확기 종료 시점 다만, (⑤)(2점) 을 초과할 수 없음

(2) 아래 표의 〈예〉와 같이 품목별로 보장하는 사항에 ○표시를 한다고 했을 때, 아래표에
전체 ○는 총 몇 개가 되는가? (단, 〈예〉의 동그라미 5개를 포함한 숫자를 쓰시오.) (5점)

구분	품목	보장명 (보통약관)				
		이앙·직파 불능보장	재이앙· 재직파 보장	수확감소 보장	경작불능 보장	수확불능 보장
종합위험 수확감소 보장	〈예〉벼	○	○	○	○	○
	조사료용 벼					
	밀					
	보리					

10 다음은 종합위험 수확감소보장방식 양파 품목에 관한 내용이다. 각 물음에 답하시오. (15점)

(1) 종합위험 수확감소보장방식 양파 품목의 경작불능보험금 지급사유를 약술하시오. (2점)

(2) 종합위험 수확감소보장방식 양파 품목의 경작불능보험금의 지급효과를 약술하시오. (3점)

(3) 종합위험 수확감소보장방식 양파 품목의 인수제한 농지(10개만)를 쓰시오. (단, 10개를 초과하여 답안 기재시 문제 배점을 한도로 틀린 갯수마다 1점씩을 차감함) (10점)

🌱 농작물재해보험 및 가축재해보험 손해평가의 이론과 실무

11 다음의 조건에 따른 적과전 종합위험방식 사과 품목의 실제결과주수와 나무손해보장 특별약관에 의한 보험금을 구하시오. (5점)

나무손해보장 특별약관 보험가입금액	8,000만 원
가입일자 기준 과수원에 식재된 모든 나무수	1,000주
인수조건에 따라 보험에 가입할 수 없는 나무수	150주
보상하는 손해(태풍)로 고사된 나무수	85주
보상하는 손해 이외의 원인으로 고사한 나무수	100주

(1) 실제결과주수는 몇 주인가? (2점)

(2) 위 경우 나무손해보장 특별약관 보험금은 얼마인가? (3점)

12 다음은 인삼 해가림시설 손해조사에 관한 내용이다. 밑줄 친 틀린 내용을 알맞은 내용으로 수정하시오. (5점)

> • 피해 칸에 대하여 전체파손 및 부분파손 ① (30%형, 60%형, 90%형)(2점)으로 나누어 각 칸수를 조사한다.
> • 산출된 피해액에 대하여 감가상각을 적용하여 손해액을 산정한다. 다만, 피해액이 보험가액의 20%를 초과하면서 감가 후 피해액이 보험가액의 20% 미만인 경우에는 ② 감가상각을 적용하지 않는다.(2점)
> • 해가림시설 보험금과 잔존물 제거비용의 합은 보험증권에 기재된 해가림시설의 보험가입금액을 한도로 한다. 단, 잔존물 제거비용은 ③ 보험가입금액의 20%(1점)를 초과할 수 없다.

13 다음은 수확전 종합위험보장방식 복분자 품목의 종합위험 과실손해조사에서의 고사결과모지수 산출방법에 관한 내용이다. 괄호에 알맞은 내용을 순서대로 쓰시오. (5점)

> 고사결과모지수는 기준 살아있는 결과모지수에서 (①)(2점) 고사결과모지수를 뺀 후 (②)(1점) 고사결과모지수를 더한 값을 (③)(2점)결과모지수에서 빼어 산출한다.

14 종합위험 수확감소보장방식 감자 품목의 병충해에 의한 피해사실 확인 후 보험금 산정을 위한 표본조사를 실시하였다. 한 표본구간에서 가루더뎅이병으로 피해를 입은 괴경의 무게는 10kg이고 손해정도는 50%인 경우 이 표본구간의 병충해감수량은? (단, 주어진 조건 외에는 고려하지 않는다.) (5점)

15 다음은 종합위험 수확감소보장방식 밭작물 품목별 표본구간별 수확량 조사방법에 관한 내용이다. 밑줄 친 부분에 알맞은 내용을 순서대로 쓰시오. (5점)

품목	표본구간별 수확량 조사방법
양파	표본구간 내 작물을 수확한 후, 종구 (①) 윗부분 줄기를 절단하여 해당 무게를 조사(단, 양파의 최대지름이 6cm 미만인 경우에는 80%(보상하는 재해로 인해 피해가 발생하여 일반시장 출하가 불가능하나, 가공용으로는 공급될 수 있는 작물을 말하며, 가공공장 공급 및 판매 여부와는 무관), 100%(보상하는 재해로 인해 피해가 발생하여 일반시장 출하가 불가능하고 가공용으로도 공급될 수 없는 작물) 피해로 인정하고 해당 무게의 20%, 0%를 수확량으로 인정)
마늘	표본구간 내 작물을 수확한 후, 종구 (②) 윗부분을 절단하여 무게를 조사(단, 마늘통의 최대지름이 2cm(한지형), (③)(난지형) 미만인 경우에는 80%(보상하는 재해로 인해 피해가 발생하여 일반시장 출하가 불가능하나, 가공용으로는 공급될 수 있는 작물을 말하며, 가공공장 공급 및 판매 여부와는 무관), 100%(보상하는 재해로 인해 피해가 발생하여 일반시장 출하가 불가능하고 가공용으로도 공급될 수 없는 작물) 피해로 인정하고 해당 무게의 20%, 0%를 수확량으로 인정)
감자	표본구간 내 작물을 수확한 후 정상 감자, 병충해별 20% 이하, 21 ~ 40% 이하, 41 ~ 60% 이하, 61 ~ 80% 이하, 81 ~ 100% 이하 발병 감자로 구분하여 해당 병충해명과 무게를 조사하고 (④)이 5cm 미만이거나 피해 정도 50% 이상인 감자의 무게는 실제 무게의 (⑤)를 조사 무게로 함

16 종합위험 수확감소보장방식 과수 품목 중 자두 품목 수확량조사의 착과수조사방법에 관하여 서술하시오. (15점)

17 다음의 계약사항과 조사내용으로 적과종료 이후 누적감수과실수를 구하시오. (단, 각 감수과실수는 소수점 첫째자리에서 반올림하여 정수단위로 구하시오.) (15점)

• 계약사항

상품명	가입특약	평년착과수	가입과실수	실제결과주수
특정위험방식 단감	적과종료 이전 특정위험 5종 한정보장 특별약관	10,000개	8,000개	100주

• 조사내용

구분	재해 종류	사고 일자	조사 일자	조사내용
적과후 착과수	–		7월 10일	• 적과후 착과수 5,000개
적과 종료 이후	태풍	9월 08일	9월 09일	• 낙과피해조사(전수조사) • 총낙과과실수:1,000개/나무피해 없음 • 미보상감수과실수 없음 피해과실구분 / 100% / 80% / 50% / 정상 과실수 / 1,000개 / 0 / 0 / 0 • 낙엽피해조사 – 낙엽률 30%(경과일수 100일) / 미보상비율 0%
	우박	5월 10일	10월 30일	• 수확전 착과피해조사(표본조사) 단, 태풍 사고 이후 착과수는 변동없음 피해과실구분 / 100% / 80% / 50% / 정상 과실수 / 4개 / 20개 / 20개 / 56개
	가을 동상해	11월 04일	11월 05일	• 가을동상해 착과피해조사(표본조사) • 사고당시 착과과실수 : 3,000개 피해과실구분 / 100% / 80% / 50% / 정상 과실수 / 6개 / 30개 / 20개 / 44개

※ 주어진 조건 외에, 적과 이후 자연낙과 등은 감안하지 않는다.

18 다음은 종합위험 수확감소보장방식 논작물(메벼)에 관한 내용이다. 아래 주어진 내용을 보고, 각 물음에 답하시오. (단, 주어진 조건 외에는 고려하지 않는다.) (15점)

• 계약내용

보험가입금액	가입면적 (=실제경작면적)	평년수확량	표준수확량	자기부담비율
10,200,000원	6,000㎡	6,000kg	5,000kg	20%

• 조사내용

〈수량요소조사〉

조사내용	1번 포기	2번 포기	3번 포기	4번 포기
포기당 이삭수	15	16	17	15
이삭당 완전낟알수	51	49	81	75

※ 미보상비율 10%, 피해면적 보정계수 1

〈조사수확비율 환산표〉

점수 합계	조사수확비율(%)	점수 합계	조사수확비율(%)
10점 미만	0% ~ 20%	16점 ~ 18점	61% ~ 70%
10점 ~ 11점	21% ~ 40%	19점 ~ 21점	71% ~ 80%
12점 ~ 13점	41% ~ 50%	22점 ~ 23점	81% ~ 90%
14점 ~ 15점	51% ~ 60%	24점 이상	91% ~ 100%

※ 조사수확비율은 해당 구간의 가장 낮은 비율을 채택함

〈표본조사〉

실제경작 면적	고사 면적	미보상 면적	표본구간 면적합계	표본구간 작물중량합계	함수율 (3회평균)	미보상 비율
6,000㎡	700㎡	300㎡	1.2㎡	0.8kg	17%	10%

(1) 수량요소조사의 피해율을 산출하시오. (단, 수확량과 미보상감수량은 kg단위로 소수점 첫째자리에서 반올림하여 정수단위로 구한다.) (5점)

(2) 표본조사의 피해율을 산출하시오. (단, 수확량과 미보상감수량은 kg단위로 소수점 첫째자리에서 반올림하여 정수단위로 구한다.) (5점)

(3) 위에 주어진 자료를 보고, 수확감소보험금을 산출하시오. (5점)

19 다음은 종합위험방식 마늘 품목에 관한 내용이다. 다음 물음에 답하시오. (15점)

(1) 재파종보험금의 지급사유와 그 계산식을 약술하시오. (7점)

(2) 다음의 계약사항과 보상하는 손해에 따른 조사내용에 관하여 재파종보험금을 구하시오. (단, 1a는 100㎡이다.) (8점)

• 계약사항

상품명	보험가입금액	가입면적	평년수확량	자기부담비율
종합위험방식 마늘	1,000만 원	4,000㎡	5,000kg	20%

• 조사내용

조사종류	조사방식	1㎡당 출현주수(1차 조사)	1㎡당 출현주수(2차 조사)
재파종조사	표본조사	18주	32주

20 아래 주어진 내용을 보고 각 물음에 답하시오. (단, 피해율은 %단위로 소수점 셋째자리에서 반올림하여 둘째자리까지 다음 예시와 같이 구하시오. 예시 : 0.12345 → 12.35%) (15점)

- 계약사항

상품명	보험가입금액	가입면적	평년수확량	자기부담비율	기준가격
농업수입 감소보장보험 콩	900만 원	10,000㎡	2,470kg	20%	3,900원/kg

- 조사내용

조사종류	조사방식	실제경작면적	고사면적	타작물 및 미보상면적
수확량조사	표본조사	10,000㎡	1,000㎡	0㎡

기수확면적	표본구간 수확량 합계	표본구간 면적합계	미보상감수량	수확기가격
2,000㎡	1.2kg	12㎡	200kg	4,200원/kg

(1) 수확량을 산출하시오. (6점)

(2) 기준수입을 산출하시오. (2점)

(3) 실제수입을 산출하시오. (3점)

(4) 피해율을 산출하시오. (2점)

(5) 농업수입감소보험금을 산출하시오. (2점)

농업정책보험금융원에서 발표한 최신 내용에 맞추어 기출문제를 수정하였으며, 개정에 따라 시험범위에 해당하지 않는 부분 등은 당해 시험 난이도의 문제로 대체하였음을 알려드립니다.

농작물재해보험 및 가축재해보험의 이론과 실무

01 농업재해보험·손해평가의 이론과 실무에서 정하는 농작물재해보험 관련 용어의 정의로 괄호 안에 들어갈 내용을 순서대로 쓰시오. (5점)

- 보험의 목적 : 보험의 약관에 따라 보험에 가입한 목적물로 보험증권에 기재된 농작물의 (①) 또는 (②), 시설작물 재배용 (③), 부대시설 등
- 표준수확량 : 가입품목의 품종, (④), (⑤) 등에 따라 정해진 수확량

02 다음은 농작물재해보험 적과전 종합위험방식 과수 품목에 관한 내용이다. 괄호에 들어갈 내용을 순서대로 쓰시오. (5점)

대상재해		가입대상품목	보장개시	보장종료
적과 종료 이후	가을 동상해 보장	사과, 배	Y년 (①)	수확기 종료 시점 다만, Y년 (②)을 초과할 수 없음
		단감, 떫은감		수확기 종료 시점 다만, Y년 (③)을 초과할 수 없음
	일소 피해 보장	사과, 배, 단감, 떫은감	적과종료 이후	Y년 (④)

※ Y는 해당 품목 판매개시일이 속하는 연도이다.

※ 가입가격 : 보험에 가입할 때 결정한 과실의 (⑤)(나무손해보장 특별약관의 경우에는 보험에 가입한 나무의 1주당 가격)으로 한 과수원에 다수의 품종이 혼식된 경우에도 품종과 관계없이 동일하다.

03 농작물재해보험 자두 품목의 아래 손해 중 보상하는 손해는 "O"로, 보상하지 않는 손해는 "×"로 괄호에 순서대로 표기하시오. (5점)

① 세균구멍병으로 발생한 손해...(①)
② 제초작업, 시비관리 등 통상적인 영농활동을 하지 않아 발생한 손해.........(②)
③ 기온이 0℃ 이상에서 발생한 이상저온에 의한 손해..................................(③)
④ 계약 체결시점 현재 기상청에서 발령하고 있는 기상특보 발령 지역의 기상
　특보 관련 재해로 인한 손해..(④)
⑤ 최대순간풍속 15m/sec의 바람으로 발생한 손해......................................(⑤)

04 ○○도 △△시 관내에서 매실과수원(천매 10년생, 200주)을 하는 A씨는 농작물재해보험 매실품목의 나무손해보장특약에 200주를 가입한 상태에서 보험기간 내 침수로 50주가 고사되는 피해를 입었다. A씨의 피해에 대한 나무손해보장특약 보험금을 그 산식과 함께 구하시오. (단, 보험가입금액은 20,000,000원으로 한다.) (5점)

05 가축재해보험 정부 지원 관련 내용 중 괄호에 들어갈 내용을 순서대로 쓰시오. (5점)

• 지원요건

• 「농어업경영체법」 제4조에 따라 해당 축종으로 (①)를 등록한자
• 축산법 제22조 제1항 및 제3항에 따른 (②)를 받은 자
• 축사는 「가축전염병예방법」 제19조에 따른 경우에는 (③)이 없어도 축사 가입이 가능하다. 건축물관리대장상 (④)용도인 경우와 건축물관리대장상 (⑤)이 있는 경우 정부지원에서 제외된다.

06 농업정책보험금융원 등재 「농업재해보험·손해평가의 이론과 실무」에 따른 적과전 종합 위험방식 나무손해보장특약에 관한 내용이다. 각 물음에 답하시오. (15점)

    (1) 나무손해보장 특약 선택 시 보상하는 재해를 모두 쓰시오. (단, 부분점수 없음) (5점)

    (2) 나무손해보장특약의 보상하지 않는 손해(재해) 10가지를 쓰시오. (단, 10가지를 초과 하여 쓰지 마시오, 10가지 초과 기재 시 첫 번째 답안부터 열 번째 답안까지만 유효 답안으로 처리하고, 초과부분은 무효처리하고 채점하지 않음) (10점)

07 농업정책보험금융원 등재 「농업재해보험·손해평가의 이론과 실무」에서 정하는 원예시 설 및 시설작물에 관한 내용이다. 아래 물음에 답하시오. (15점)

    (1) 농업정책보험금융원 등재 「농업재해보험·손해평가의 이론과 실무」에서 정하는 원 예시설의 자기부담금에 대해 서술하시오. (8점)

    (2) 농업정책보험금융원 등재 「농업재해보험·손해평가의 이론과 실무」에서 정하는 원 예시설 시설작물의 소손해면책금에 대해 약술하시오. (7점)

08 농작물재해보험 종합위험방식 벼 품목의 보험금 지급사유와 지급금액 산출식에 관한 내 용이다. 각 물음에 답하시오. (단, 아래 모든 물음은 자기부담비율 15%형 기준으로 답한 다.) (15점)

    (1) 벼 품목의 경작불능보험금의 지급사유와 지급금액 산출식을 쓰시오. (5점)

    (2) 벼 품목의 수확감소보험금의 지급사유와 지급금액 산출식을 쓰시오. (5점)

    (3) 벼 품목의 수확불능보험금의 지급사유와 지급금액 산출식을 쓰시오. (5점)

09 농업수입감소보장방식 포도 품목 캠벨얼리(노지)의 기준가격(원/kg)과 수확기가격(원/kg)을 그 산식과 함께 구하시오. (단, 2017년에 수확하는 포도를 2016년 11월에 보험가입 하였고, 농가 수취비율은 80.0%로 정함) (15점)

년도	서울 가락도매시장 캠벨얼리(노지) 연도별 평균 가격(원/kg)	
	중품	상품
2011	3,500	3,700
2012	3,000	3,600
2013	3,200	5,400
2014	2,500	3,200
2015	3,000	3,600
2016	2,900	3,700
2017	3,000	3,900

(1) 기준가격? (부분점수 없음) (8점)

(2) 수확기가격? (부분점수 없음) (7점)

10 가축재해보험에서 유량검정젖소의 (1) 정의와 가입기준, (2) 대상농가, (3) 대상젖소에 관하여 서술하시오. (15점) (각 5점)

11 다음은 농업재해보험 관련 용어의 정의이다. 설명하는 내용에 알맞은 용어를 순서대로 쓰시오. (5점)

① (　　　) : 실제경작면적 중 보상하는 손해로 수확이 불가능한 면적

② (　　　) : 보험가입자가 손해평가반의 손해평가결과에 대하여 설명 또는 통지를 받은 날로부터 7일 이내에 손해평가가 잘못되었음을 증빙하는 서류 또는 사진 등을 제출하는 경우 재해보험사업자가 다른 손해평가반으로 하여금 실시하게 할 수 있는 조사

③ (　　　) : 실제결과나무수에서 고사나무수, 미보상나무수 및 수확완료나무수, 수확불능나무수를 뺀 나무수로 과실에 대한 표본조사의 대상이 되는 나무수

④ (　　　) : 실제경작면적 중 조사일자를 기준으로 수확이 완료된 면적

⑤ (　　　) : 실제결과나무수 중 보상하는 손해 이외의 원인으로 고사되거나 수확량(착과량)이 현저하게 감소된 나무수

12 종합위험 수확감소보장방식 과수 품목의 과중조사를 실시하고자 한다. 아래 농지별 최소 표본과실수를 순서대로 쓰시오. (단, 해당기준의 절반 조사는 고려하지 않는다.) (5점)

계약사항			최소표본과실수(개)
농지	품목	품종 수	
A	포도	1	①
B	포도	2	②
C	자두	1	③
D	복숭아	3	④
E	자두	4	⑤

13 다음은 농업정책보험금융원 등재 「농업재해보험·손해평가의 이론과 실무」에서 정하는 종합위험 수확감소보장방식 밭작물 품목별 수확량조사 적기에 관한 내용이다. 괄호에 알맞은 내용을 순서대로 쓰시오. (5점)

품목	수확량조사 적기
양파	양파의 비대가 종료된 시점(식물체의 (①)이 완료된 때)
고구마	고구마의 비대가 종료된 시점(삽식일로부터 (②)일 이후에 농지별로 적용)
감자(봄재배)	감자의 비대가 종료된 시점(파종일로부터 (③)일 이후)
콩	콩의 수확 적기(콩잎이 누렇게 변하여 떨어지고 (④)의 80~90% 이상이 고유한 성숙(황색)색깔로 변하는 시기인 생리적 성숙기로부터 7 ~ 14일이 지난 시기)
양배추	양배추의 수확 적기{(⑤) 형성이 완료된 때}

14 다음은 가축재해보험의 보상하지 않는 손해의 내용 중 일부이다. 괄호에 알맞은 내용을 순서대로 쓰시오. (5점)

> • 계약자, 피보험자 또는 이들의 법정대리인의 고의 또는 중대한 과실로 인한 보험사고 는 법률에서 규정하고 있는 재해보험사업자의 법정 면책사유(「상법」 제659조)에도 해당 한다.
> • 계약자 또는 피보험자의 (①) 및 (②)에 의한 가축 폐사로 인한 손해
> • (③) 제2조(정의)에서 정하는 가축전염병에 의한 폐사로 인한 손해 및 정부 및 공공기관의 (④) 또는 (⑤)로 발생한 손해

15 종합위험 수확감소보장방식 논작물 및 밭작물 품목에 대한 내용이다. 괄호에 알맞은 내용을 순서대로 쓰시오. (5점)

구분	품목
경작불능 비해당 품목	(①)
병충해를 보장하는 품목(특약 포함)	(②), (③)

16 다음은 가축재해보험에 관한 내용이다. 각 물음에 답하시오. (15점)

(1) 보장하는 위험으로 인하여 발생한 보험사고와 관련하여 보험계약자 또는 피보험자가 지출한 비용 중 5가지 비용을 가축재해보험에서는 손해의 일부로 간주하여 재해보험사업자가 보상하고 있다. 이 5가지 비용의 명칭을 쓰고, 각 비용의 내용을 설명하시오. (각 2점, 10점)

(2) 위 5가지 비용의 지급한도에 대하여 설명하시오. (부분점수 없음) (5점)

17 다음의 계약사항과 보상하는 손해에 따른 조사내용에 관하여 아래 각 물음에 답하시오. (15점)

• 계약사항

상품명	보험가입금액	가입면적	표준수확량	가입가격	자기부담비율
수확감소보장 옥수수(미백2호)	15,000,000원	10,000㎡	5,000kg	2,000원/kg	20%

• 조사내용

조사종류	표준중량	실제경작면적	고사면적	기수확면적
수확량조사	180g	10,000㎡	1,000㎡	2,000㎡

표본구간 '상'품 옥수수 개수	표본구간 '중'품 옥수수 개수	표본구간 '하'품 옥수수 개수	표본구간 면적 합계
10개	10개	20개	10㎡

※ 재식시기지수 = 1, 재식밀도지수 = 0.9

(1) 피해수확량을 산출하시오. (kg 단위로 소수점 셋째자리에서 반올림하여 둘째자리까지 다음 예시와 같이 구하시오. 예시 : 3.456kg → 3.46kg로 기재) (5점)

(2) 손해액을 산출하시오. (5점)

(3) 수확감소보험금을 산출하시오. (5점)

18 아래 조건에 의해 농업수입감소보장 포도 품목의 피해율 및 농업수입감소보험금을 산출하시오. (15점)

- 평년수확량 : 1,000kg
- 조사수확량 : 500kg
- 미보상감수량 : 100kg
- 농지별 기준가격 : 4,000원/kg
- 수확기 가격 : 3,000원/kg
- 보험가입금액 : 4,000,000원
- 자기부담비율 : 20%

(1) 문제의 조건을 보고 농업수입감소보장 포도 품목의 피해율을 산출하시오. (피해율 % 단위로 소수점 셋째자리에서 반올림하여 둘째자리까지 다음 예시와 같이 구하시오. 예시 : 0.12345 → 12.35%로 기재) (10점)

(2) 문제의 조건을 보고 농업수입감소보험금을 산출하시오. (5점)

19 다음의 계약사항과 조사내용에 관한 (1) 적과후 착과수(5점)와 (2) 누적감수과실수(10점)를 구하시오. (단, 각 감수과실수는 소수점 첫째자리에서 반올림하여 정수단위로 구하시오.) (15점)

- 계약사항

상품명	가입특약	평년착과수	보장비율	가입주수
적과전 종합위험방식 단감	일소피해 부보장 특약	22,000개	50%	100주

- 조사내용

적과후 착과수 조사내용 (조사일자 : 7월 25일)						
품종	수령	실제결과주수	미보상주수	고사주수	표본주수	표본주 착과수 합계
부유	10년	20주	0주	0주	3주	240개
부유	15년	60주	0주	0주	8주	960개
서촌조생	20년	20주	0주	0주	3주	330개

구분	재해 종류	사고 일자	조사 일자	조사내용
~ 적과전	우박	5월 15일	5월 16일	〈피해사실확인조사〉 • 피해발생 인정 • 미보상비율 : 0%

구분	재해 종류	사고 일자	조사 일자	조사내용
적과 종료 이후	강풍	7월 30일	7월 31일	〈낙과피해조사(전수조사)〉 • 총 낙과과실수 : 1,000개, 나무피해없음 • 미보상감수과실수 0개 〈낙엽피해조사〉 • 낙엽률 50%(경과일수 60일)
	태풍	10월 8일	10월 9일	〈낙과피해조사(전수조사)〉 • 총 낙과과실수 : 500개, 나무피해없음 • 미보상감수과실수 0개 〈낙엽피해조사〉 • 낙엽률 60%(경과일수 130일)
	우박	5월 15일	10월 29일	〈착과피해조사 (표본조사)〉 • 단, 태풍사고 이후 착과수는 변동없음
	가을 동상 해	10월 30일	11월 01일	〈가을동상해 착과피해조사〉 • 사고당시 착과과실수 : 3,000개 • 가을동상해로 잎 70% 고사 피해 확인됨 • 잔여일수 : 10일

강풍 피해과실 표:

피해과실 구분	100%	80%	50%	정상
과실수	1,000개	0	0	0

태풍 피해과실 표:

피해과실 구분	100%	80%	50%	정상
과실수	200개	100개	100개	100개

우박 피해과실 표:

피해과실 구분	100%	80%	50%	정상
과실수	20개	20개	20개	40개

가을동상해 피해과실 표:

피해과실 구분	100%	80%	50%	정상
과실수	10개	20개	20개	50개

※ 적과 이후 자연낙과 등은 감안하지 않는다.

20 아래의 계약사항과 조사내용에 따른 (1) 표본구간 유효중량(kg단위), (2) 피해율 및 (3) 수확감소보장 보험금을 구하시오. (단, 피해율 %단위로 소수점 셋째자리에서 반올림하여 둘째자리까지 다음 예시와 같이 구하시오. 예시 : 0.12345 → 12.35%로 기재, 임의 반올림 및 임의 절사금지) (15점, 각5점)

- 계약사항

품목명	가입특약	가입금액	가입면적	평년 수확량	가입 수확량	자기부담 비율	품종
벼	병해충 보장특약	5,500,000원	5,000㎡	3,500kg	3,850kg	15%	메벼

- 조사내용

조사 종류	재해 내용	실제 경작면적	고사 면적	타작물 및 미보상 면적	기수확 면적	표본 구간면적	표본구간 작물중량 합계	함수율
수확량 (표본) 조사	병해충 (도열병)/ 호우	5,000㎡	1,000㎡	0㎡	0㎡	0.5㎡	300g	23.5%

농작물재해보험 및 가축재해보험의 이론과 실무

01 다음은 농업재해보험·손해평가의 이론과 실무에서 정하는 현지조사 절차 (5단계)에 관한 내용이다. 괄호에 알맞은 내용을 순서대로 쓰시오. (5점)

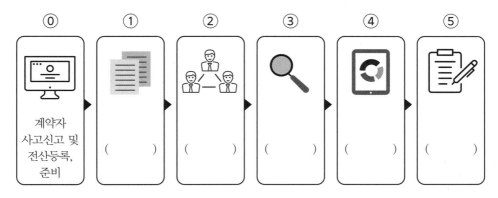

02 종합위험보장 원예시설 보험의 계약인수와 관련하여 맞는 내용은 "O"로, 틀린 내용은 "×"로 표기하여 순서대로 나열하시오. (5점)

① 단동하우스와 연동하우스는 최소가입면적이 200㎡로 같고, 유리온실은 가입면적의 제한이 없다.

② 6개월 후에 철거 예정인 고정식 시설은 인수제한 목적물에 해당하지 않는다.

③ 작물의 재배면적이 시설면적의 50% 미만인 경우 인수제한된다.

④ 고정식하우스는 존치기간이 1년 미만인 하우스로 시설작물 경작 후 하우스를 철거하여 노지작물을 재배하는 농지의 하우스를 말한다.

⑤ 목재, 죽재로 시공된 시설은 인수제한 목적물에 해당하지 아니한다.

03 적과전 종합위험방식 II 상품에서 다음 조건에 따라 올해 2018년의 평년착과량을 구하시오. (단, 제시된 조건 외의 다른 조건은 고려하지 않음) (5점)

(단위 : kg)

구분	2013년	2014년	2015년	2016년	2017년
표준수확량	7,900	7,300	8,700	8,900	9,200
적과후 착과량	미가입	6,500	5,600	미가입	7,100

※ 기준표준수확량은 2013년부터 2017년까지 8,500kg로 매년 동일한 것으로 가정함
※ 2018년 기준표준수확량은 9,350kg임

04 다음 밭작물의 품목별 보장내용에 관한 표의 빈칸에 담보가능은 "○"로 부담보는 "×"로 표시할 때 다음 물음에 답하시오. (단, '차' 품목 예시를 포함하여 개수를 산정함) (5점)

밭작물	재파종 보장	경작불능 보장	수확감소 보장	수입보장	생산비 보장	해가림시설 보장
차	×	×	○	×	×	×
인삼						
고구마, 감자						
콩, 양파						
마늘						
고추						

(1) '재파종보장' 열에서 "○"의 개수는?

(2) '경작불능보장' 열에서 "○"의 개수는?

(3) '수입보장' 열에서 "○"의 개수는?

(4) '인삼'행에서 "○"의 개수는?

(5) '고구마, 감자' 행에서 "○"의 개수는?

05 종합위험담보방식 대추 품목 비가림시설에 관한 내용이다. 다음 조건에서 계약자가 가입할 수 있는 보험가입금액의 ① 최소값(2점)과 ② 최대값(2점)을 구하고, ③ 계약자가 부담할 보험료의 최소값(1점)은 얼마인지 쓰시오. (단, 화재위험보장 특약은 제외하고, ㎡당 시설비는 15,000원이며, 보험가입금액은 만원 미만 절사한다.) (5점)

> • 가입면적 : 2,500㎡
> • 지역별 보험요율(순보험요율) : 5%
> • 순보험료 정부 보조금 비율 : 50%
> • 순보험료 지방자치단체 보조금 비율 : 30%
> • 손해율에 따른 할인·할증과 방재시설 할인 없음

06 적과전 종합위험의 보험가입금액에 관하여 각 물음에 답하시오. (15점)

(1) 과실손해위험보장 보험가입금액 설정방법에 대하여 약술하시오. (3점)

(2) 나무손해위험보장 특별약관 보험가입금액 설정방법에 대하여 약술하시오. (3점)

(3) 보험가입금액 감액시 차액보험료 계산식을 쓰시오. (3점)

(4) 차액보험료 지급 기한에 대하여 쓰시오. (3점)

(5) 차액보험료를 재정산하는 경우에 대하여 쓰시오. (3점)

07 종합위험방식 고추 품목에 각 물음에 답하시오. (15점)

(1) 다음 독립된 A, B, C 농지 각각의 보험가입 가능여부와 그 이유 (단, 각각 제시된 조건 이외는 고려하지 않음) (9점)

- A농지 : 가입금액이 100만 원으로 농지 10a당 재식주수가 4,000주로 고추정식 1년 전 인삼을 재배
- B농지 : 가입금액이 200만 원, 농지 10a당 재식주수가 2,000주로 4월 2일 고추를 터널재배 형식만으로 식재
- C농지 : 연륙교가 설치된 도서 지역에 위치하여 10a당 재식주수가 5,000주로 전 농지가 비닐멀칭이 된 노지재배

(2) 병충해가 있는 경우 생산비보장 보험금 계산식 (3점)

(3) 수확기 이전에 보험사고가 발생한 경우 경과비율 계산식 (3점)

08 과실손해보장의 일소피해에 관한 내용이다. 각 물음에 답하시오. (15점)

(1) 일소피해의 정의를 약술하시오. (9점)

(2) 적과종료 이후 일소피해 부보장 특별약관 선택의 효과를 약술하시오. (3점)

(3) 적과종료 이후 감수량 산출 시, 일소피해로 인한 보험사고 한 건당 적과후 착과수의 몇 %를 초과하는 경우에만 감수과실수로 인정하는가? (3점)

09 보험료의 환급에 관한 내용이다. 각 물음에 답하시오. (15점)

(1) 정상적으로 체결된 보험계약 유지 중에 계약자 또는 피보험자의 책임 있는 사유에 의하여 보험계약이 해지되는 경우, 환급보험료 산출식을 쓰시오. (4점)

(2) 계약자 또는 피보험자의 책임 있는 사유에 해당하는 경우 3가지를 쓰시오. (각 3점, 9점)

(3) 괄호 안에 알맞은 말을 순서대로 쓰시오. (각 1점, 2점)

> 계약의 무효, 효력상실 또는 해지로 인하여 반환해야 할 보험료가 있을 때에는 계약자는 환급금을 청구하여야 하며, 청구일의 다음 날부터 지급일까지의 기간에 대하여 '보험개발원이 공시하는 (①)'을 (②)로 계산한 금액을 더하여 지급한다.

10 가축재해보험(젖소) 사고 시 월령에 따른 보험가액을 산출하고자 한다. 각 사례별(① ~ ⑤)로 보험가액 계산과정과 값을 쓰시오. (단, 유량검정젖소 가입 시는 제외, 만원 미만 절사) (각3점, 15점)

> 〈사고 전전월 전국산지 평균가격〉
> • 분유떼기 암컷 : 100만 원
> • 초산우 : 350만 원
> • 노산우 : 300만 원
> • 수정단계 : 300만 원
> • 다산우 : 480만 원

(1) 월령 2개월 질병사고 폐사

(2) 월령 11개월 대사성 질병 폐사

(3) 월령 20개월 유량감소 긴급 도축

(4) 월령 35개월 급성고창 폐사

(5) 월령 60개월 사지골절 폐사

11 다음은 적과전 종합위험방식 단감, 떫은감 품목의 낙엽률 조사방법에 관한 내용이다. 괄호 안에 알맞은 내용을 순서대로 쓰시오. (5점)

> 1. (① (1점)) 기준으로 품목별 표본주수표의 표본주수에 따라 주수를 산정한다.
> 2. 표본주 간격에 따라 표본주를 정하고, 선정된 표본주에 리본을 묶고 동서남북 4
>   곳의 (② (1점))(신초, 1년생 가지)를 무작위로 정하여 각 결과지 별로 낙엽수와
>   착엽수를 조사하여 리본에 기재한 후 낙엽률을 산정한다(낙엽수는 잎이 떨어진
>   자리를 센다).
> 3. 사고 당시 착과과실수에 낙엽률에 따른 인정피해율을 곱하여 해당 감수과실수로
>   산정한다.
>
> > 인정피해율 = (③ (3점))
> > ※ 경과일수 = 6월 1일부터 낙엽피해 발생일까지 경과된 일수
>
> 4. 보상하는 손해 이외의 원인으로 감소한 과실의 비율을 조사한다.

12 「종합위험 수확감소보장방식 밭작물 품목」에 관한 내용이다. 다음 괄호 안에 알맞은 용어를 순서대로 쓰시오.

> - 적용품목은 마늘, 양배추, 양파, (①), 옥수수(사료용 옥수수), 감자(봄재배, 가을재배, 고랭지재배), 차(茶), 콩, 팥 품목으로 한다.
> - (②)조사는 마늘 품목에만 해당한다. (③) 시 (②)조사가 필요하다고 판단된 농지에 대하여 실시하는 조사로, 조사시기는 (③) 직후 또는 사고 접수 직후로 한다.
> - (④)조사는 양배추 품목에만 해당한다. (③) 시 (④)조사가 필요하다고 판단된 농지에 대하여 실시하는 조사이다.
> - 경작 불능조사 중 식물체 피해율 조사시에는 (⑤)조사를 통해서 조사대상 농지에서 보상하는 재해로 인한 식물체 피해율이 65% 이상 여부를 조사한다.

13 복분자 농사를 짓고 있는 △△마을의 A와 B농가는 4월에 저온으로 인해 큰 피해를 입어 경작이 어려운 상황에서 농작물재해보험 가입사실을 기억하고 경작불능보험금을 청구하였다. 두 농가의 피해를 조사한 결과에 따른 경작불능보험금을 구하시오. (단, 피해는 면적기준으로 조사하였으며 미보상 사유는 없다.) (5점)

구분	가입금액	가입식물체 면적	고사식물체 면적	자기부담비율
A농가	3,000,000원	1,200㎡	900㎡	20%
B농가	4,000,000원	1,500㎡	850㎡	10%

14 아래 조건의 적과전 종합위험방식 배 품목의 과실손해보장 담보 계약에서 적과전 봄동상해(4월 3일), 우박사고(5월 15일)를 입은 경우, 착과감소과실수와 기준착과수를 구하시오. (단, 주어진 내용 외는 고려하지 않는다.)

- 적과종료 이전 특정위험 5종 한정보장 특별약관 가입
- 평년착과수 : 20,000개
- 적과후 착과수 : 10,000개
- 보장수준 : 70%
- 적과전 봄동상해로 인한 피해 있음
- 우박 유과타박률 : 40%
- 미보상비율 0%

15 다음은 가축재해보험 관련 용어에 관한 내용이다. 괄호에 알맞은 내용을 순서대로 쓰시오. (5점)

- (①) : 보험의 목적의 손해로 인하여 불가피하게 발생한 전부 또는 일부의 축산업 중단되어 발생한 사업이익과 보상위험에 의한 손해가 발생하지 않았을 경우 예상되는 사업이익의 차감금액을 말한다.
- (②) : 가축의 생산이나 사육·사료공급·가공·유통의 기능을 연계한 일체의 통합 경영활동을 의미한다.
- (③) : 소의 출생부터 도축, 포장처리, 판매까지의 정보를 기록·관리하여 위생·안전에 문제가 발생할 경우 이를 확인하여 신속하게 대처하기 위한 제도
- (④) : 일반적으로 분만 후 체내의 칼슘이 급격히 저하되어 근육의 마비를 일으켜 기립불능이 되는 질병이다.
- (⑤) : 이상발효에 의한 개스의 충만으로 조치를 취하지 못하면 폐사로 이어질 수 있는 중요한 소화기 질병으로 변질 또는 부패 발효된 사료, 비맞은 풀, 두과풀(알파과류) 다량 섭취, 갑작스런 사료변경 등으로 인하여 반추위내의 이상 발효로 장마로 인한 사료 변패 등으로 인하여 여름철에 많이 발생한다.

16 농업수입보장보험 마늘 품목에 한해와 조해피해가 발생하여 아래와 같이 수확량조사를 하였다. 계약사항과 조사내용을 토대로 하여 농업수입감소보험금의 계산과정과 값을 구하시오. (단, 품종에 따른 환산계수는 미적용하고, 소수점 셋째자리에서 반올림하여 둘째자리까지 다음 예시와 같이 구하시오. 예시 : 수확량 3.456kg → 3.46kg, 피해율 0.12345 → 12.35%로 기재) (15점)

- 계약사항

• 품종 : 남도	• 평년수확량 : 10,000kg
• 가입면적 : 2,500㎡	• 가입수확량 : 10,000kg
• 자기부담비율 : 20%	• 기준(가입)가격 : 3,000원/kg

- 조사내용

• 실제경작면적 : 2,500㎡	• 수확불능(고사)면적 : 300㎡
• 타작물면적 및 미보상면적 : 500㎡	• 표본구간 : 7구간
• 표본구간 면적 합계 : 10㎡	• 표본구간 수확량 : 30kg
• 미보상비율 : 20%	• 수확기가격 : 2,500원/kg

17 다음은 가축재해보험에 관한 내용이다. 각 물음에 답하시오. (15점)

(1) 기타가축 중 꿀벌의 보상하는 경우 2가지를 벌통 상태를 기준으로 쓰시오. (각 3점, 6점)

(2) 잔존물 보전비용 지급 조건에 대해서 약술하시오. (4점)

(3) 보장하는 위험으로 인하여 발생한 보험사고와 관련하여 보험계약자 또는 피보험자가 지출한 비용 중 가축재해보험에서 손해의 일부로 간주하여 재해보험사업자가 보상하는 5가지 비용을 모두 쓰시오. (부분점수 없음) (5점)

18 종합위험 수확감소보장방식 논작물 벼 품목의 통상적인 영농활동 중 보상하는 손해가 발생하였다. 아래 조사종류별 조사시기, 보험금 지급사유 및 지급보험금 계산식을 각각 쓰시오. (15점)

조사종류	조사시기	지급사유	지급보험금 계산식
1. 이앙·직파불능조사	① (2점)	③ (2점)	–
2. 재이앙·재직파조사	–	④(2점)	⑦(2점)
3. 경작불능조사 (자기부담비율 20%형)	–	⑤(2점)	–
4. 수확불능조사 (자기부담비율 20%형)	② (2점)	⑥(2점)	⑧(1점)

19 종합위험 수확감소보장방식 벼 품목의 가입농가가 보상하는 재해로 피해를 입어 수확량 조사 방법 중 수량요소조사를 실시하였다. 아래 계약사항 및 조사내용을 기준으로 주어진 조사표의 ① ~ ⑫항의 해당 항목값을 구하시오. (단, 조사수확비율 결정은 해당 구간의 가장 큰 비율을 적용하고 미보상 사유는 없으며, 피해면적 보정계수는 고려하지 않는다. 항목별 요소점수는 조사표본포기 순서대로 기재하고, 소수점 셋째자리에서 반올림하여 둘째자리까지 다음 예시와 같이 구하시오. 예시 : 수확량 3.456kg → 3.46 kg, 피해율 0.12345 → 12.35%로 기재) (① ~ ⑩ 각1점 / ⑪ 3점 / ⑫ 2점, 15점)

- 이삭상태 점수표

포기당 이삭수	16개 미만	16개 이상
점수	1	2

- 완전낟알상태 점수표

이삭당 완전낟알수	51개 미만	51개 이상 61개 미만	61개 이상 71개 미만	71개 이상 81개 미만	81개 이상
점수	1	2	3	4	5

- 조사수확비율 환산표

점수 합계 (점)	10점 미만	10점 ~ 11점	12점 ~ 13점	14점 ~ 15점	16점 ~ 18점	19점 ~ 21점	22점 ~ 23점	24점 이상
조사수확비율 (%)	0% ~ 20%	21% ~ 40%	41% ~ 50%	51% ~ 60%	61% ~ 70%	71% ~ 80%	81% ~ 90%	91% ~ 100%

- 조사내용

표본포기	1포기	2포기	3포기	4포기
포기당 이삭수	19	22	18	13
완전낟알수	75	85	45	62

- 수량요소조사 조사표

실제경작 면적(㎡)	평년 수확량 (kg)	항목별 요소점수조사									조사수확비율 (%)	조사수확량 (kg)	표준수확량 (kg)	피해율 (%)
		이삭상태				완전 낟알상태				합계				
3,500	1,500	①	②	③	④	⑤	⑥	⑦	⑧	⑨	⑩	⑪	1,600	⑫

20 다음의 계약사항과 조사내용으로 물음 (1) 적과후 착과수(5점), 물음 (2) 누적감수과실수 (10점)를 계산과정과 함께 구하시오. (단, 각 감수과실수는 소수점 첫째자리에서 반올림하여 정수단위로 산출한다.) (15점)

• 계약사항

상품명	가입특약	평년착과수	가입과실수	실제결과주수	자기부담비율
적과전 종합 위험방식 사과	가을동상해 부보장	120,000개	120,000개	500주	20%

• 조사내용

구분	재해 종류	사고 일자	조사 일자	조사내용
적과 종료 이전	강풍	5월 30일	6월 1일	• 피해사실확인됨 • 나무피해없음
적과후 착과수	-	-	7월 3일	(아래 표 참조)

품종	재배 방식	수령	실제 결과 주수	표본 주수	표본주 착과수 합계
A품종	밀식	9	200주	7주	840개
B품종	밀식	9	300주	13주	1,690개

※ 고사주수, 미보상주수, 수확불능주수, 수확완료 주수 : 없음

구분	재해 종류	사고 일자	조사 일자	조사내용
적과 종료 이후	일소	8월 15일	8월 16일	〈낙과피해조사(전수조사)〉 • 총낙과과실수 : 1,000개 표: 피해과실 구분 / 병해충과실 / 100% / 80% / 50% / 정상 과실수 / 20개 / 80개 / 0개 / 0개 / 0개
	일소	8월 15일	10월 25일	〈수확전 착과피해조사(표본조사)〉 단, 일소 사고 이후 착과수 : 변동없음 표: 피해과실 구분 / 병해충과실 / 100% / 80% / 50% / 정상 과실수 / 30개 / 0개 / 50개 / 20개 / 100개
	우박	11월 10일	11월 11일	〈착과피해조사(표본조사)〉 • 사고당시 착과과실수 : 5,000개 표: 피해과실 구분 / 병해충과실 / 100% / 80% / 50% / 정상 과실수 / 10개 / 0개 / 100개 / 40개 / 50개 〈낙과피해조사(전수조사)〉 • 총낙과과실수 : 500개 표: 피해과실 구분 / 병해충과실 / 100% / 80% / 50% / 정상 과실수 / 10개 / 90개 / 0개 / 0개 / 0개

농업정책보험금융원에서 발표한 최신 내용에 맞추어 기출문제를 수정하였으며, 개정에 따라 시험범위에 해당하지 않는 부분 등은 당해 시험 난이도의 문제로 대체하였음을 알려드립니다.

농작물재해보험 및 가축재해보험의 이론과 실무

01 다음은 농업재해보험 관련 용어의 정의이다. 괄호 안에 알맞은 내용을 순서대로 쓰시오. (5점)

- "보험가액"이란 재산보험에 있어 (①)을 (②)으로 평가한 금액으로 보험목적에 발생할 수 있는 (③)(재해보험사업자가 실제 지급하는 보험금은 보험가액을 초과할 수 없음)
- "적과후 착과수"란 통상적인 (④) 및 (⑤) 종료 시점의 착과수

02 농업수입감소보장 양파 상품의 내용 중 보험금의 계산식에 관한 것이다. 다음 내용에서 괄호 안에 알맞은 ① 용어(1점)와 그 ② 정의(4점)를 쓰시오. (5점)

- 실제수입 = (수확량 + (①)) × 최솟값(농지별 기준가격, 농지별 수확기가격)

03 종합위험 비가림과수 손해보장방식 참다래 상품에서 다음 조건에 따라 2020년의 평년 수확량을 구하시오. (단, 주어진 조건 외의 다른 조건은 고려하지 않음) (5점)

(단위 : kg)

구분	2015년	2016년	2017년	2018년	2019년	합계	평균
평년수확량	8,000	8,100	8,100	8,300	8,400	40,900	8,180
표준수확량	8,200	8,200	8,200	8,200	8,200	41,000	8,200
조사수확량	7,000	4,000	무사고	무사고	8,500	–	–
가입여부	가입	가입	가입	가입	가입	–	–

※ 2020년의 표준수확량은 8,200kg임

04 돼지를 기르는 축산농 A씨는 ① 폭염으로 폐사된 돼지와 ② 축사 화재로 타인에게 배상할 손해를 대비하기 위해 가축재해보험에 가입하고자 한다. 이 때, 반드시 가입해야 하는 특약을 ①의 경우와 ②의 경우로 나누어 각각 쓰시오. (5점)

05 다음에서 설명하는 ① 특약명(2점)을 쓰고, ② 그 특별약관이 적용되는 약관 가축을 3가지(각 1점)만 쓰시오. (5점)

> 특별약관에서 적용하는 가축에 대하여 계약 체결 시 재해보험사업자와 계약자 또는 피보험자와 협의하여 정한 보험가입금액을 보험기간 중에 보험가액으로 한다는 기평가보험 특약이다.

06 다음은 인삼 품목의 해가림시설에 관한 내용이다. 각 물음에 답하시오. (15점)

   (1) 해가림시설 설치시기에 따른 감가상각방법에 대해 쓰시오. (7점)

   (2) 해가림시설 설치재료에 따른 감가상각방법에 대해 쓰시오. (8점)

07 ○○도 △△시 관내 농업용 시설물에서 딸기를 재배하는 A씨, 시금치를 재배하는 B씨, 부추를 재배하는 C씨, 장미를 재배하는 D씨는 모두 농작물재해보험 종합위험방식 원예시설 상품에 가입한 상태에서 자연재해로 시설물이 직접적인 피해를 받았다. 이 때, A, B, C, D씨의 작물에 대한 생산비보장보험금 산출식을 각각 쓰시오. (단, D씨의 장미는 보상하는 재해로 나무가 죽은 경우에 해당함) (A씨 3점, A씨 외 각 4점, 15점)

08 농작물재해보험 종합위험 수확감소보장 상품에 관한 내용이다. 각 물음에 답하시오. (15점)

(1) 재이앙·재직파보장의 해당 품목과 보험금 지급사유, 보험금 산출식을 쓰시오.
(부분점수 없음) (5점)

(2) 재파종보장의 해당 품목과 보험금 지급사유, 보험금 산출식을 쓰시오.
(부분점수 없음) (5점)

(3) 재정식보장의 해당 품목과 보험금 지급사유, 보험금 산출식을 쓰시오.
(부분점수 없음) (5점)

09 농작물재해보험 종합위험 수확감소보장 복숭아 상품에 관한 내용이다. 다음 조건에 대한 ① 보험금 지급사유(3점)를 쓰고, ② 수확감소보험금(7점)과 ③ 수확량감소추가보장 보험금(5점)을 구하시오. (단, 보험금은 계산과정을 반드시 쓰시오.) (15점)

• 계약사항

• 보험가입품목 : (종합)복숭아	• 품종 : 백도
• 수령 : 10년	• 가입주수 : 150주
• 보험가입금액 : 25,000,000원	• 평년수확량 : 9,000kg
• 가입수확량 : 9,000kg	• 수확량감소 추가보장 특약 가입
• 자기부담비율 : 15%	

• 조사내용

• 사고접수 : 2019.07.05. 기타자연재해, 병충해
• 조사일 : 2019.07.06.
• 사고조사내용 : 강풍, 병충해(복숭아순나방)
• 병충해과실무게 : 1,200kg
• 미보상비율 : 10%
• 수확량 : 4,500kg (병충해과실무게 포함)

10 유자, 무화과, 포도, 감귤 상품을 요약한 내용이다. 다음 (   )에 들어갈 내용을 쓰시오. (15점)

품목	구분	보상하는 재해	보험기간	
			시기	종기
유자	수확감소 보장	자연재해, 조수해, 화재	계약체결일 24시	(①)
	나무손해 보장		Y년 (②) 다만, (②) 이후 보험에 가입하는 경우에는 계약체결일 24시	(③)
무화과	과실손해 보장	자연재해, 조수해, 화재	계약체결일 24시	(④)
	(⑤)		(⑥)	(⑦)
	나무손해 보장	자연재해, 조수해, 화재	(⑧)	(⑨)
포도	수확감소 보장	자연재해, 조수해, 화재	계약체결일 24시	수확기종료 시점 다만, (⑩)을 초과할 수 없음
	나무손해 보장		(⑪) 12월 1일 다만, 12월 1일 이후 보험에 가입하는 경우에는 계약체결일 24시	이듬해 11월 30일
감귤	과실손해 보장	자연재해, 조수해, 화재	(⑫) 다만, (⑫)가 지난 경우에는 계약체결일 24시	(⑬)
	나무손해 보장		(⑭) 다만, (⑭)가 지난 경우에는 계약체결일 24시	(⑮)

11 적과전 종합위험 적과종료 이전 특정위험 5종 한정 보장 특약에 가입한 사과 품목에 적과전 우박피해사고로 피해사실 확인을 위해서 표본조사를 실시하고자 한다. 과수원의 품종과 주수가 다음과 같이 확인되었을 때 아래의 표본조사값(① ~ ⑥)에 들어갈 표본주수, 나뭇가지 총수 및 유과 총수의 최솟값을 각각 구하시오. (단, 표본주수는 소수점 첫째 자리에서 올림하여 다음 예시와 같이 구하시오. 예시 : 12.6 → 13로 기재) (5점)

• 과수원의 품종과 주수

품목	품종		조사대상주수	피해내용	피해조사내용
사과	조생종	쓰가루	440	우박	유과타박율
	중생종	감홍	250		

• 표본조사값

품종	표본주수	나뭇가지 총수	유과 총수
쓰가루	①	②	③
감홍	④	⑤	⑥

12 다음은 수확량 산출식에 관한 내용이다. ① ~ ④에 들어갈 작물을 〈보기〉에서 선택하여 쓰고, '마늘' 수확량산출식의 ⑤ 환산계수(난지형)를 쓰시오. (5점)

〈보기〉

차   마늘(난지형)   고구마   양파   콩

• 표본구간 수확량 산출식에서 50%피해형이 포함되는 품목 : (①)
• 표본구간 수확량 산출식에서 80%피해형이 포함되는 품목 : (②), (③), (④)
• 마늘 난지형 환산계수 : (⑤)

13 다음의 계약사항 및 조사내용에 따라 참다래 수확량(kg)을 구하시오. (단, 품종·수령별 면적(㎡)당 착과수와 수확량은 소수점 첫째자리에서 반올림하여 다음 예시와 같이 구하시오. 예시 : 수확량 1.6kg → 2kg로 기재) (5점)

· 계약사항

가입주수(주)	재식면적	
	주간거리(m)	열간거리(m)
300	4	5

· 조사내용(수확전 사고)

표본 주수	표본구간면적조사			표본구간 착과수 합계	착과피해 구성률(%)	과중조사	
	윗변(m)	아랫변(m)	높이(m)			50g이하	50g초과
8주	1.2	1.8	1.5	850개	30	1,440g/ 36개	2,160g/ 24개

※ 표본구간의 면적은 8구간 모두 같은 면적으로 조사됨
※ 실제결과주수(주) 300주, 고사주수(주) 50주, 미보상주수 0주로 확인됨

14 가축재해보험에 가입 중인 돼지 사육 축산농가에서 수재가 발생하여 사육장내 돼지가 모두 폐사하였다. 다음의 계약 및 조사내용을 참조하여 지급보험금(비용포함)을 구하시오. (단, 주어진 내용 이외는 고려하지 않는다.) (5점)

· 계약 및 조사내용

보험 가입금액 (만 원)	사육두수 (두)	두당 단가 (만 원)	자기부담금	잔존물 보전에 사용한 비용 (만 원)	기타 협력비용 (만 원)
1,000	30	50	보험금의 10%	10	30

※ 재해보험사업자는 잔존물 취득의사가 없는 것으로 확인됨

15 다음의 계약사항 및 조사내용을 참조하여 피해율을 구하시오. (단, 피해율은 소수점 셋째 자리에서 반올림하여 둘째자리까지 다음 예시와 같이 구하시오. 예시 : 피해율 12.345% → 12.35%로 기재) (5점)

• 계약사항

상품명	보험가입금액(만 원)	평년수확량(kg)
무화과	1,000	200

• 조사내용

보상고사 결과지수(개)	미보상고사 결과지수(개)	정상결과지수(개) (＝미고사결과지수)	사고일	수확전 사고피해율(%)
12	8	20	2019.09.07	20

※ 잔여수확량(경과)비율 ＝ {(100 － 33) － (1.13 × 사고발생일)}

※ 착과피해율 없음

16 특정위험담보 인삼품목 해가림시설(2형)에 관한 내용이다. 태풍으로 인삼 해가림시설에 일부 파손사고가 발생하여 아래와 같은 피해를 입었다. 가입조건이 아래와 같을 때 (1) 손해액, (2) 자기부담금, (3) 보험금을 계산과정과 답을 각각 쓰시오. (각 5점, 15점)

• 보험가입내용

재배칸 수	칸당 면적(㎡)	시설재료	설치비용(원/㎡)	설치년월	가입금액(원)
2,200	3.3	목재	5,500	2018.10	39,930,000

• 보험사고내용

파손칸수	사고원인	사고년월
400칸(전부 파손)	태풍	2019.06

※ 2019년 설치비용은 설치년도와 동일한 것으로 함

※ 손해액과 보험금은 천원 단위 이하 버림

※ 보험가입일자 : 2018.11

17 종합위험 비가림시설 피해조사에 관한 것으로 ① 해당되는 3가지 품목, ② 조사기준, ③ 조사방법에 대하여 각각 서술하시오. (15점)

18 종합위험 수확감소보장 논작물 벼 품목에 관한 내용이다. 아래와 같이 보험가입을 하고 보험사고가 발생한 것을 가정한 경우 다음의 물음에 답하시오. (15점)

(1) 병충해담보 특약에서 담보하는 7가지 병충해를 쓰시오. (부분점수 없음) (3점)

(2) 수확감소에 따른 A농지 ① 피해율, ② 보험금과 B농지 ③ 피해율, ④ 보험금을 각각 구하시오. (각 2점, 8점)

(3) 각 농지의 식물체가 65% 이상 고사하여 경작불능보험금을 받을 경우, A농지 ⑤ 보험금과 B농지 ⑥ 보험금을 구하시오. (각 2점, 4점)

• 보험가입내용

구분	농지면적 (㎡)	가입면적 (㎡)	평년수확량 (kg/㎡)	가입가격 (원/kg)	자기부담 비율(%)	가입비율
A농지	16,000	16,000	0.85	1,300	20	평년수확량의 100%
B농지	12,500	12,500	0.84	1,400	15	평년수확량의 100%

※ 실제경작면적은 가입면적과 동일한 것으로 조사됨

• 보험사고내용

구분	사고내용	조사방법	수확량(kg)	미보상비율
A농지	도열병	전수조사	2,720	0%
B농지	벼멸구	전수조사	4,000	0%

※ 위 보험사고는 각각 병충해 단독사고이며, 모두 병충해 특약에 가입함

※ 함수율은 배제하고 계산함

※ 피해율 계산은 소수점 셋째자리에서 반올림하여 둘째자리까지 구함
  (예시 : 123.456% → 123.46%)

※ 보험금은 원 단위 이하 버림

19 종합위험방식 원예시설작물 딸기에 관한 내용이다. 아래의 내용을 참조하여 물음에 답하시오. (15점)

- 계약사항

품목	보장생산비
종합위험방식 원예시설(딸기)	15,800원/㎡

- 조사내용

재배면적 (㎡)	피해면적 (㎡)	손해정도 (%)	피해비율 (%)	정식일로부터 수확개시일까지의 기간	수확개시일로부터 수확종료일까지의 기간
1,000	300	30	30	90일	50일

(1) 수확일로부터 수확종료일까지의 기간 중 1/5 경과시점에서 사고가 발생한 경우 경과비율을 구하시오. (단, 풀이과정 기재) (7점)

(2) 정식일로부터 수확개시일까지의 기간중 1/5 경과시점에서 사고가 발생한 경우 생산비보장보험금을 구하시오. (단, 풀이과정 기재) (8점)

20 다음의 계약사항과 조사내용에 따른 착과감소보험금(5점), 과실손해보험금(10점)을 구하시오. (15점)

- 계약사항

보험가입금액 : 30,000,000원

상품명	특약	평년착과수	가입과중	가입가격	실제결과주수	자기부담비율	
적과전 종합위험 단감	5종 한정보장	75,000개	0.4 (kg/개)	1,000원/kg	750주	과실	10%

- 조사내용

구분	재해 종류	사고 일자	조사 일자	조사내용
계약일 24시 ~ 적과전	우박	5월 3일	5월 4일	〈피해사실확인조사〉 • 표본주의 피해유과, 정상유과는 각각 90개, 210개 • 미보상비율 : 10%
	집중 호우	6월 25일	6월 26일	〈피해사실확인조사〉 <table><tr><td>피해형태</td><td>유실</td><td>도복</td><td>침수피해를 입은 나무수</td><td>미보상</td></tr><tr><td>주수</td><td>100</td><td>40</td><td>90</td><td>20</td></tr></table>• 침수꽃(눈)·유과수의 합계 : 210개 • 미침수꽃(눈)·유과수의 합계 : 90개 • 미보상비율: 20%
적과후 착과수 조사	–		6월 26일	〈적과후 착과수조사〉 <table><tr><td>품종</td><td>실제결과주수</td><td>조사대상주수</td><td>표본주1주당 착과수</td></tr><tr><td>A품종</td><td>390</td><td>300</td><td>140</td></tr><tr><td>B품종</td><td>260</td><td>200</td><td>100</td></tr></table>

구분	재해 종류	사고 일자	조사 일자	조사내용				
적과 종료 이후	태풍	9월 8일	9월 10일	〈낙과피해조사〉 • 총낙과수 : 5,000개(전수조사)				

〈낙과피해조사〉
• 총낙과수 : 5,000개(전수조사)

피해과실구성	100%	80%	50%	정상
과실수(개)	1,000	2,000	0	2,000

〈낙엽피해조사〉
• 표본조사 : 낙엽수 180개, 착엽수 120개, 경과일수 100일

〈착과피해조사〉

피해과실구성	100%	80%	50%	정상	병충해
과실수(개)	20	10	10	50	10

(우박, 5월 3일, 11월 4일)

※ 적과 이후 자연낙과, 기수확과실수 등은 감안하지 않는다.

※ 착과감소보험금의 보장수준은 70%를 선택한 것으로 본다.

※ 각 감수과실수 산정 시 소수점 이하는 절사한다.

농작물재해보험 및 가축재해보험의 이론과 실무

01 용어의 정의로 ( )에 들어갈 내용을 쓰시오. (5점)

- "과수원"이라 함은 (①)의 토지의 개념으로 (②)와는 관계없이 실제 경작하는 단위이므로 (①) 과수원이 여러 (②)로 나누어져 있더라도 하나의 농지로 취급한다.
- (③)이란 보험사고로 인하여 발생한 손해에 대하여 보험가입자가 부담하는 일정 비율로 보험가입금액에 대한 비율을 말한다.
- "신초 발아기"란 과수원에서 전체 신초가 (④)%정도 발아한 시점을 말한다.
- (⑤)(이)란 영양조건, 기간, 기온, 일조시간 따위의 필요조건이 다차서 꽃눈이 형성되는 현상

02 농작물재해보험 종합위험보장 밭작물 품목 중 출현율이 90% 미만인 농지를 인수제한하는 품목 5가지를 모두 쓰시오. (단, 농작물재해보험 판매상품 기준으로 한다.) (5점)

03 농작물재해보험 종합위험 비가림과수 손해보장방식 과수 품목의 보험기간에 대한 기준이다. ( )에 들어갈 내용을 쓰시오. (5점)

구분		가입대상 품목	보험기간	
계약	보장		보장개시	보장종료
보통 약관	종합 위험 수확 감소 보장	포도	계약체결일 24시	수확기 종료 시점 다만, (①)을 초과할 수 없음
		이듬해에 맺은 참다래 과실	(②) 다만, (②)가 지난 경우 에는 계약체결일 24시	해당 꽃눈이 성장하여 맺은 과실의 수확기 종료 시점. 다만, (③)을 초과할 수 없음
		대추	(④) 다만, (④)가 지난 경우 에는 계약체결일 24시	수확기 종료 시점 다만, (⑤)을 초과할 수 없음

04 다음은 가축재해보험의 운영기관에 관한 내용이다. 괄호에 알맞은 기관명을 순서대로 쓰시오. (5점)

구 분	대상
사업운영	농업정책보험금융원과 사업 운영 약정을 체결한 자 (NH손보, KB손보, DB손보, 한화손보, 현대해상, 삼성화재)
사업관리	(①)
사업총괄	(②)
보험업 감독기관	(③)
심의기구	(④)
분쟁해결	(⑤)

05 다음은 가축재해보험의 손해평가 절차에 관한 내용이다. 괄호에 알맞은 내용을 순서대로 쓰시오. (5점)

〈손해평가 절차〉

① 보험사고 접수 : (①)는 (②)에게 보험사고 발생 사실 통보
② 보험사고 조사 : 재해보험사업자는 보험사고 접수가 되면, (③)을 구성하여 보험사고를 조사, 손해액을 산정
③ 지급보험금 결정 : 보험가입금액과 손해액을 검토하여 결정
④ 보험금 지급 : 지급할 보험금이 결정되면 (④)이 내에 지급하되, 지급보험금이 결정되기 전이라도, 피보험자의 청구가 있으면 추정보험금의 (⑤) 보험금 지급 가능

06 종합위험과수 자두 상품에서 수확감소보장의 자기부담비율 선택기준을 각 비율별로 서술하시오. (15점)

07 종합위험 수확감소보장방식 ① 복숭아 상품의 평년수확량 산출식을 쓰고, ② 산출식 구성요소에 대해 설명하시오. (15점)

08 다음은 종합위험보장 복숭아 품목에 관한 내용이다. 아래 주어진 내용을 보고 각 물음에 답하시오. (15점)

> - 보험가입금액 : 40,000,000원
> - 평년수확량 : 10,000kg
> - 자기부담비율 : 최근 3년간 연속 보험가입과수원으로서 3년간 수령한 보험금이 순보험료의 98%인 과수원이 선택할 수 있는 최저 자기부담비율
> - 수확량 : 6,000kg
> - 병충해감수량(세균구멍병) : 1,000kg
> - 미보상비율조사 내용
>   (1) 제초상태 : 잡초가 농지 면적의 70%가량 분포하고, 비료 및 농약 영수증 등을 확인할 수 없음
>   (2) 병해충상태 : 세균구멍병 외 다른 병해충은 없는 것으로 확인됨
>   (3) 기타 : 해당없음

※미보상비율은 적용할 수 있는 미보상비율 중 최저 비율을 선택함

(1) 위 경우 미보상비율은 얼마인가? (8점)

(2) 위 경우 수확감소보험금은 얼마인가? (7점)

09 농작물재해보험 상품 중 비가림시설 또는 해가림시설에 관한 다음 보험가입금액을 구하시오. (각 5점, 15점)

(1) 포도(단지단위) 비가림시설의 최소 가입면적에서 최소 보험가입금액
  ※ ㎡당 시설비 18,000원 적용

(2) 대추(단지단위) 비가림시설의 가입면적 300㎡에서 최대 보험가입금액
  ※ ㎡당 시설비 19,000원 적용

(3) 단위면적당(㎡당) 시설비 : 30,000원, 가입(재식)면적 : 300㎡, 시설유형 : 목재, 내용연수 : 6년, 시설년도 : 2014년 4월, 가입시기 : 2019년 11월일 때, 인삼 해가림시설의 보험가입금액

10 다음은 가축재해보험 축종 소의 보상하는 손해와 보상하지 않는 손해에 관한 내용이다. 보상하는 손해에는 'O', 보상하지 않는 손해에는 'X'표시 하시오. (주어진 내용 외는 고려하지 않는다.) (15점)

내용	보상하는 손해 여부
〈예〉 사육하는 장소에서 부상(경추골절)으로 긴급도축으로 발생한 손해	○
1. 불임으로 젖소의 유량 감소가 확실시되어서 긴급도축 함으로써 발생한 손해	
2. 계약자 또는 피보험자의 위탁 도살에 의한 가축 폐사로 인한 손해	
3. 정부의 살처분으로 발생한 손해	
4. 젖소의 유량감소에 따른 도태로 인한 손해	
5. 재해보험사업자의 승낙을 얻어 연구기관에 연구용으로 공여하여 발생된 손해	
6. 독극물의 투약에 의한 폐사 손해	
7. 작업장 내에서 좀도둑으로 인한 도난손해	
8. 보험목적의 생명유지를 위하여 질병 치료가 필요하다고 자격 있는 수의사가 확인하고, 외과적 치료행위를 하던 중 폐사하여 발생한 손해	
9. 사고의 예방 및 손해의 경감을 위하여 당연하고 필요한 안전대책을 강구하지 않아 발생한 손해	

11 가축재해보험 약관에서 설명하는 보상하지 않는 손해에 관한 내용이다. 다음 ( )에 들
어갈 용어(약관의 명시된 용어)를 각각 쓰시오. (5점)

> • 계약자, 피보험자 또는 이들의 (①)의 고의 또는 중대한 과실
> • 계약자 또는 피보험자의 (②) 및 (③)에 의한 가축폐사로 인한 손해
> • 가축전염병예방법 제2조(정의)에서 정하는 가축전염병에 의한 폐사로 인한 손해
> 및 정부 및 공공기관의 (④) 또는 (⑤) (으)로 발생한 손해

12 다음은 종합위험 수확감소보장방식 논작물(벼)에 관한 내용이다. 아래의 내용을 참조하
여 다음 물음에 답하시오. (5점)

(1) A농지의 재이앙·재직파보험금을 구하시오. (2점)

구분	보험가입금액	보험가입면적	실제경작면적	피해면적
A농지	5,000,000원	2,000㎡	2,000㎡	500㎡

(2) B농지의 수확감소보험금을 구하시오. (3점)
    (수량요소조사, 표본조사, 전수조사가 모두 실시됨)

구분	보험가입금액	조사방법에 따른 피해율	자기부담비율
B농지	8,000,000원	• 수량요소조사 : 피해율 30% • 표본조사 : 피해율 40% • 전수조사 : 피해율 35%	20%

13 재이앙·재직파조사(벼)에서 피해면적의 판정기준을 쓰시오. (부분점수 없음) (5점)

14 다음의 계약사항과 조사내용을 참조하여 아래 착과수조사 결과에 들어갈 값(① ~ ③)을 각각 구하시오. (단, 해당 과수원에 있는 모든 나무의 품종 및 수령은 계약사항과 동일한 것으로 함) (5점)

• 계약사항

품목	품종 / 수령	가입일자(계약일자)
자두	A / 9년생	2019년 11월 14일

• 조사내용

• 조사종류 : 착과수조사
• 조사일자 : 2020년 8월 18일
• 조사사항
 - 상기 조사일자 기준 과수원에 살아있는 모든 나무수(고사된 나무수 제외) : 270주
 - 2019년 7월 발생한 보상하는 재해로 2019년 7월에 고사된 나무수 : 30주
 - 2019년 12월 발생한 보상하는 재해로 2020년 3월에 고사된 나무수 : 25주
 - 2020년 6월 발생한 보상하는 손해 이외의 원인으로 2020년 7월에 고사된 나무수 : 15주
 - 2020년 6월 발생한 보상하는 손해 이외의 원인으로 착과량이 현저하게 감소한 나무수 : 10주

• 착과수조사 결과

구분	실제결과주수 (실제결과나무수)	미보상주수 (미보상나무수)	고사주수 (고사나무수)
주수	(①)주	(②)주	(③)주

15 다음의 계약사항과 조사내용을 참조하여 착과감소보험금을 구하시오. (단, 착과감소량은 소수점 첫째자리에서 반올림하여 다음 예시와 같이 구하시오. 예시 : 123.4 → 123kg) (5점)

- **계약사항**(해당 과수원의 모든 나무는 단일 품종, 단일 재배방식, 단일 수령으로 함)

품목	가입금액	평년착과수	자기부담비율
사과 (적과전 종합위험 방식)	24,200,000원	27,500개	15%

가입과중	가입가격	나무손해보장 특별약관	적과종료 이전 특정위험 5종 한정보장 특별약관
0.4kg/개	2,200원/kg	미가입	미가입

※ 보장수준 50%

- **조사내용**

구분	재해 종류	사고 일자	조사 일자	조사내용
계약일 ~ 적과종료 이전	조수해	5월 5일	5월 7일	• 피해규모 : 일부 • 금차 조수해로 죽은 나무수 : 44주 • 미보상비율 : 5%
	냉해	6월 7일	6월 8일	• 피해규모 : 전체 • 냉해피해 확인 • 미보상비율 : 10%
적과후 착과수 조사	–		7월 23일	• 실제결과주수 : 110주 • 적과후 착과수 : 15,500개 • 1주당 평년착과수 : 250개

16 피보험자 A가 운영하는 △△한우농장에서 한우 1마리가 인근 농장주인 B의 과실에 의해 폐사(보상하는 손해)되어 보험회사에 사고보험금을 청구하였다. 다음의 내용을 참조하여 피보험자 청구항목 중 비용(① ~ ④)(각2점)에 대한 보험회사의 지급여부를 각각 지급 또는 지급불가로 기재하고 ⑤ 보험회사의 최종 지급금액(보험금＋비용) (7점)을 구하시오. (단, 비용부분에서는 자기부담금을 적용하지 않는 것으로 한다.) (15점)

피보험자(A) 청구항목			보험회사 조사내용
보험금		소(牛)	폐사 시점의 손해액 300만 원(전손)은 보험가입금액 및 보험가액과 같은 것으로 확인 (자기부담금비율 : 20%)
비용	(①)	잔존물처리비용	A가 폐사로 인한 사고 현장 토양 오염물질 제거를 위해 지출한 비용 (30만 원)으로 확인
	(②)	손해방지비용	A가 약관에서 규정하고 있는 보험목적의 관리의무를 위하여 지출한 비용 (40만 원)으로 확인
	(③)	대위권 보전비용	A가 B에게 손해배상을 받을 수 있는 권리를 행사하기 위해 지출한 유익한 비용(30만 원)으로 확인
	(④)	기타 협력비용	A가 재해보험사업자의 요구에 따르기 위해 지출한 필요 비용 (20만 원)으로 확인
최종 지급금액 (보험금＋비용)			(⑤)

17 다음의 계약사항과 조사내용을 참조하여 ① 수확량(kg), ② 피해율(%) 및 ③ 보험금을 구하시오. (단, 품종에 따른 환산계수 및 비대추정지수는 미적용하고, 수확량과 피해율은 소수점 셋째자리에서 반올림하여 다음 예시와 같은 구하시오. 예시 : 12.345kg → 12.35kg, 12.345% → 12.35%) (각 5점, 15점)

• 계약사항

품목	가입금액	가입면적	평년수확량	기준가격	자기부담비율
마늘(난지형) (수입보장)	2,000만 원	2,500㎡	8,000kg	2,800원/kg	20%

• 조사내용

재해종류	조사종류	실제경작면적	고사면적	타작물 및 미보상면적	기수확면적
냉해	수확량조사	2,500㎡	500㎡	200㎡	0㎡

표본구간 수확량	표본구간 면적	미보상비율	수확기가격
5.5kg	5㎡	15%	2,900원/kg

18 다음은 종합위험 생산비보장방식 고추에 관한 내용이다. 아래의 조건을 참조하여 다음 물음에 답하시오. (15점)

• 〈조건 1〉

잔존보험 가입금액	가입면적 (재배면적)	자기부담금 비율	표준 생장일수	준비기생산비 계수	정식일
8,000,000원	3,000㎡	5%	100일	52.7%	2020년 5월 10일

• 〈조건 2〉

재해종류	내용
한해 (가뭄피해)	• 보험사고 접수일 : 2020년 8월 7일(정식일로부터 경과일수 89일) • 조사일 : 2020년 8월 8일(정식일로부터 경과일수 90일) • 수확개시일 : 2020년 8월 18일(정식일로부터 경과일수 100일) • 가뭄 이후 첫 강우일 : 2020년 8월 20일(수확개시일로부터 경과일수 2일) • 수확종료(예정)일 : 2020년 10월 7일(수확개시일로부터 경과일수 50일)

• 〈조건 3〉

피해비율	손해정도비율(심도)	미보상비율
50%	40%	20%

(1) 위 조건에서 확인되는 ① 사고(발생)일자를 기재하고, 그 일자를 사고(발생)일자로 하는 ② 근거를 쓰시오. (7점)

(2) 경과비율(%)을 구하시오. (단, 경과비율은 소수점 셋째자리에서 반올림하여 다음 예시와 같이 구하시오. 예시 : 12.345% → 12.35%) (4점)

(3) 보험금을 구하시오. (4점)

19 금차 조사일정에 대하여 손해평가반을 구성하고자 한다. 아래의 '계약사항', '과거 조사
사항', '조사자 정보'를 참조하여 〈보기〉의 손해평가반(① ~ ⑤)별 구성가능 여부를 각 반
별로 가능 또는 불가능으로 기재하시오. (단, 제시된 내용 외 다른 사항은 고려하지 않음)
(각 3점, 15점)

• 금차 조사일정

구분	조사종류	조사일자
㉮ 계약(사과)	낙과피해조사	2020년 9월 7일

• 계약사항

구분	계약자(가입자)	모집인	계약일
㉮ 계약(사과)	H	E	2020년 2월 18일
㉯ 계약(사과)	A	B	2020년 2월 17일

• 과거 조사사항

구분	조사종류	조사일자	조사자
㉮ 계약(사과)	적과후 착과수조사	2020년 8월 13일	D, F
㉯ 계약(사과)	적과후 착과수조사	2020년 8월 18일	C, F, H

• 조사자 정보(조사자 간 생계를 같이하는 친족관계는 없음)

성명	A	B	C	D	E	F	G	H
구분	손해 평가인	손해 평가인	손해 평가사	손해 평가인	손해 평가인	손해 평가사	손해 평가인	손해 평가사

• 손해평가반 구성

〈보기〉
① 반 : A, B   ② 반 : C, H   ③ 반 : G   ④반 : C, D, E   ⑤반 : D, F

20 다음은 종합위험 수확감소보장방식 복숭아에 관한 내용이다. 아래의 계약사항과 조사내용을 참조하여 ① A품종 수확량(kg), ② B품종 수확량(kg), ③ 수확감소보장피해율(%)을 구하시오. (단, 피해율은 소수점 셋째자리에서 반올림하여 다음 예시와 같이 구하시오. 예시 : 12.345% → 12.35%) (각 5점, 15점)

• 계약사항

품목	가입금액	평년수확량	자기부담비율	수확량감소 추가보장 특약	나무손해보장 특약
복숭아	15,000,000원	4,000kg	20%	미가입	미가입

품종/수령	가입주수	1주당 표준수확량	표준과중
A/9년생	200주	15kg	300g
B/10년생	100주	30kg	350g

• 조사내용(보상하는 재해로 인한 피해 확인됨)

조사종류	품종 / 수령	실제결과주수	미보상주수	품종별·수령별 착과수(합계)
착과수조사	A / 9년생	200주	8주	5,000개
	B / 10년생	100주	5주	3,000개

조사종류	품종	개당 과중	미보상비율
과중조사	A	290g	5%
	B	310g	10%

농업정책보험금융원에서 발표한 최신 내용에 맞추어 기출문제를 수정하였으며, 개정에 따라 시험범위에 해당하지 않는 부분 등은 당해 시험 난이도의 문제로 대체하였음을 알려드립니다.

농작물재해보험 및 가축재해보험의 이론과 실무

01 종합위험보장 벼(조사료용 벼 제외) 상품의 병해충보장특별약관에서 보장하는 병해충 5가지만 쓰시오. (5점)

02 다음은 위험의 개념 정의 및 분류에 관한 내용이다. 아래 괄호에 알맞은 내용을 순서대로 쓰시오. (5점)

> • (①) : 위험 상황 또는 위험한 상태를 말함. 특정한 사고로 인하여 발생할 수 있는 손해의 가능성을 새로이 창조하거나 증가시킬 수 있는 상태를 말한다.
> • (②) : 손해의 원인, 화재, 지진, 폭풍우, 자동차 사고 등이 이에 해당된다.
> • (③) : 위험사고가 발생한 결과 초래되는 가치의 감소 즉 손실을 의미한다.
> • (④) : 시간 경과에 따라 성격이나 발생정도가 변하여 예상하기가 어려운 위험으로 기술의 변화, 환율 변동과 같은 것이 이에 해당한다.
> • (⑤) : 불특정 다수나 사회 전체에 손실을 초래하는 위험을 의미함. 대표적인 예로, 코로나(Covid-19)가 있다.

03 보험가입금액 100,000,000원, 자기부담비율 20%의 종합위험보장 마늘 상품에 가입하였다. 보험계약 후 당해연도 10월 31일까지 보상하는 재해로 인해 마늘이 10a당 27,000주가 출현되어 10a당 33,000주로 재파종을 한 경우 재파종보험금의 계산과정과 값을 쓰시오. (5점)

04 다음은 가축재해보험에 가입한 돼지에 관한 내용이다. 아래 주어진 내용을 보고, 각 물음에 답하시오. (단, 주어진 내용 외는 고려하지 않는다.)

> 〈조건〉
> • 사고 당일 포함 직전 5영업일 평균돈육대표가격(전체, 탕박) = 4,800원/kg
> • 자돈가격(30kg기준) = 150,000원

(1) 110kg 비육돈 수취가격을 산정하시오. (2점)

(2) 위 주어진 조건을 적용하여, 비육돈 1두(78kg)의 보험가액을 산정하시오. (3점)

05 종합위험보장 상품에서 보험가입시 과거수확량 자료가 없는 경우 산출된 표준수확량의 70%를 평년수확량으로 결정하는 품목 중 특약으로 나무손해보장을 가입할 수 있는 품목 2가지 쓰시오. (5점)

06 종합위험보장 논벼에 관한 내용이다. 계약내용과 조사내용을 참조하여 다음 물음에 답하시오. (15점)

- 계약내용

  - 보험가입금액 : 3,500,000원 • 가입면적 : 7,000㎡ • 자기부담비율 : 15%

- 조사내용

  - 재이앙 전 피해면적 : 2,100㎡ • 재이앙 후 식물체 피해면적 : 4,900㎡

(1) 재이앙·재직파보험금과 경작불능보험금을 지급하는 경우를 각각 서술하시오. (5점)

(2) 재이앙·재직파보험금과 경작불능보험금의 보장종료시점을 각각 쓰시오. (4점)

(3) 재이앙·재직파보험금의 계산과정과 값을 쓰시오. (6점)

07 농작물재해보험 종합위험보장 양파 상품에 가입하려는 농지의 최근 5년간 수확량 정보이다. 다음 물음에 답하시오. (15점)

(단위 : kg)

구분	2016년	2017년	2018년	2019년	2020년	2021년
평년수확량	1,000	800	900	1,000	1,100	?
표준수확량	900	950	950	900	1,000	1,045
조사수확량	–	–	300	무사고	700	–
보험가입여부	미가입	미가입	가입	가입	가입	–

(1) 2021년 평년수확량 산출을 위한 과거평균수확량의 계산과정과 값을 쓰시오. (8점)

(2) 2021년 평년수확량의 계산과정과 값을 쓰시오. (7점)

08 다음 계약들에 대하여 각각 정부지원액의 계산과정과 값을 쓰시오. (15점)

구분	농작물재해보험	농작물재해보험	가축재해보험
보험 목적물	사과	벼	국산 말 1필
보험가입금액	100,000,000	150,000,000	60,000,000
자기부담비율	15%	10%	보험약관에 따름
영업보험료(원)	12,000,000	1,800,000	5,000,000
순보험료(원)	10,000,000	1,600,000	
정부지원액	(①)	(②)	(③)

- 주계약 가입기준임
- 가축재해보험의 영업보험료는 납입보험료와 동일함
- 정부지원액이란 재해보험가입자가 부담하는 보험료의 일부와 재해보험사업자의 재해 보험의 운영 및 관리에 필요한 비용의 전부 또는 일부를 정부가 지원하는 금액임(지방자치단체의 지원액은 포함되지 않음)
- 재해보험사업자의 재해보험의 운영 및 관리에 필요한 비용은 부가보험료와 동일함

09 종합위험보장 원예시설 상품에서 정하는 시설작물에 대하여 다음 물음에 답하시오. (15점)

(1) 자연재해와 조수해로 입은 손해를 보상하기 위한 3가지 경우를 서술하시오. (9점)

(2) 소손해면책금 적용에 대하여 서술하시오. (3점)

(3) 시설작물 인수제한 내용이다. ( )에 들어갈 내용을 각각 쓰시오. (3점)

작물의 재배면적이 시설면적의 (①)인 경우 인수 제한한다. 다만, 백합, 카네이션의 경우 하우스 면적의 (①)이라도 동당 작기별 (②) 재배 시 가입 가능

10 종합위험과수 포도에 관한 내용이다. 계약내용과 조사내용을 참조하여 다음 물음에 답하시오. (15점)

- 계약내용

- 보험가입품목 : 포도, 비가림시설
- 특별약관 : 나무손해보장, 수확량감소추가보장
- 품종 : 캠밸얼리   • 수령 : 8년
- 가입주수 : 100주   • 평년수확량 : 1,500kg
- 가입수확량 : 1,500kg   • 비가림시설 가입면적 : 1,000㎡
- 자기부담비율 : 3년 연속가입 및 3년간 수령한 보험금이 순보험료의 100% 이하인 과수원으로 최저자기부담비율 선택
- 포도 보험가입금액: 20,000,000원
- 나무손해보장 보험가입금액: 4,000,000원
- 비가림시설 보험가입금액: 18,000,000원

- 조사내용

- 사고접수 : 2021. 08. 10. 호우, 강풍
- 조사일 : 2021. 08. 13.
- 재해 : 호우
- 조사결과
  - 실제결과주수 : 100주   - 고사된나무 : 30주
  - 수확량 : 700kg   - 미보상비율 : 10%
  - 비가림시설 : 피해없음

(1) 계약내용과 조사내용에 따라 지급 가능한 3가지 보험금에 대하여 각각 계산과정과 값을 쓰시오. (9점)

(2) 포도 상품 비가림시설에 대한 보험가입기준과 인수제한 내용이다. ( )에 들어갈 내용을 각각 쓰시오. (6점)

- 비가림시설 보험가입기준 : (①) 단위로 가입(구조체 + 피복재)하고 최소 가입 면적은 (②)이다.
- 비가림시설 인수제한 : 비가림폭이 2.4m ± 15%, 동고가 (③)의 범위를 벗어나 는 비가림시설(과수원의 형태 및 품종에 따라 조정)

11 다음은 농작물재해보험 및 가축재해보험 손해평가의 이론과 실무 내용 중 보험사기 방지에 관한 내용이다. ( )에 들어갈 내용을 각각 쓰시오. (5점)

성립요건	• (①) 또는 보험대상자에게 고의가 있을 것 : (①) 또는 보험대상자의 고의에 회사를 기망하여 착오에 빠뜨리는 고의와 그 착오로 인해 승낙의 의사표시를 하게 하는 것 등 • (②)행위가 있을 것 : (②)이란 허위진술을 하거나 진실을 은폐하는 것, 통상 진실이 아닌 사실을 진실이라 표시하는 행위를 말하거나 알려야 할 경우에 침묵, 진실을 은폐하는 것도 (②)행위에 해당 • 상대방인 회사가 착오에 빠지는 것 : 상대방인 보험자가 착오에 빠지는 것에 대하여 보험자의 (③) 유무는 문제되지 않음
보험사기 조치	• 청구한 사고보험금 (④) 가능 • 약관에 의거하여 해당 (⑤)할 수 있음

12 종합위험 수확감소보장방식 밭작물 품목의 품목별 표본구간별 수확량 조사방법에 관한 내용이다. ( )에 들어갈 내용을 각각 쓰시오. (5점)

품목	표본구간별 수확량 조사방법
옥수수	표본구간 내 작물을 수확한 후 착립장 길이에 따라 상(①)·중(②)·하(③)로 구분한 후 해당 개수를 조사
차(茶)	표본구간 중 두 곳에 (④) 테를 두고 테 내의 수확이 완료된 새싹의 수를 세고, 남아있는 모든 새싹(1심 2엽)을 따서 개수를 세고 무게를 조사
감자	표본구간 내 작물을 수확한 후 정상 감자, 병충해별 20% 이하, 21 ~ 40% 이하, 41 ~ 60% 이하, 61 ~ 80% 이하, 81 ~ 100% 이하 발병 감자로 구분하여 해당 병충해명과 무게를 조사하고 최대 지름이 (⑤) 미만이거나 피해 정도 50% 이상인 감자의 무게는 실제 무게의 50%를 조사 무게로 함

13 적과전 종합위험방식 사과 품목에서 적과후 착과수조사를 실시하고자 한다. 과수원의 현황(품종, 재배방식, 수령, 주수)이 다음과 같이 확인되었을 때 ①, ②, ③, ④에 대해서는 계산과정과 값을 쓰고, ⑤에 대해서는 산정식을 쓰시오. (단, 적정표본주수 최솟값은 소수점 첫째자리에서 올림하여 다음 예시와 같이 구하시오. 예시 : 10.2 → 11로 기재) (5점)

• 과수원의 현황

품종	재배방식	수령	실제결과주수	고사주수
스가루	반밀식	10	620	10
후지	밀식	5	60	30

• 적과후 착과수 적정표본주수

품종	재배방식	수령	조사대상주수	적정표본주수	적정표본주수 산정식
스가루	반밀식	10	(①)	(③)	(⑤)
후지	밀식	5	(②)	(④)	–

14 종합위험 수확감소보장방식 논작물 관련 내용이다. 계약사항과 조사내용을 참조하여 피해율의 계산과정과 값을 쓰시오. (5점)

• 계약사항

품목	가입면적	평년수확량	표준수확량
벼	2,500㎡	6,000kg	5,000kg

• 조사내용

조사종류	조사수확비율	피해정도	피해면적비율	미보상비율
수확량조사 (수량요소조사)	70%	경미	10% 이상 30% 미만	10%

15 다음은 가축재해보험에서 보험목적물의 감가에 관한 내용이다. 괄호에 알맞은 내용을 순서대로 쓰시오. (5점)

> 손해액은 그 손해가 생긴 때와 장소에서의 보험가액에 따라 계산한다. 보험목적물의 (①)은 손해보험협회의 "보험가액 및 손해액의 평가기준"를 준용하며, 이 보험목적물이 지속적인 개·보수가 이루어져 보험목적물의 가치증대가 인정된 경우 잔가율은 보온덮개·쇠파이프 조인 축사구조물의 경우에는 최대 (②)까지, 그 외 기타 구조물의 경우에는 최대 (③)까지로 수정하여 보험가액을 평가할 수 있다. 다만, 보험목적물이 손해를 입은 장소에서 (④) 이내 실제로 수리 또는 복구되지 않은 때에는 잔가율이 (⑤) 이하인 경우에는 최대 (⑤)로 수정하여 평가한다.

16 농업수입감소보장방식 콩(나물용)에 관한 내용이다. 계약사항과 수확량 조사내용을 참조하여 다음 물음에 답하시오. (15점)

• 계약사항

보험가입금액	자기부담비율	가입면적	평년수확량	농지별 기준가격
10,000,000원	20%	10,000㎡	2,000kg	5,000원/kg

• 수확량 조사내용

〈면적조사〉

실제경작면적	수확불능면적	기수확면적
10,000㎡	1,000㎡	2,000㎡

〈표본조사〉

표본구간 면적	종실중량	함수율
10㎡	2kg	22.6%

〈미보상비율〉: 10%

※ 농지별 수확기 가격은 「농작물재해보험 및 가축재해보험의 이론과 실무」 수확기 가격 산출법을 따른다.

※ 전국 지역농협의 평균 수매가격 = 4,300원/kg
   기초통계 기간 동안 제주도 지역농협의 평균 수매가격 = 4,500원/kg

(1) 수확량의 계산과정과 값을 쓰시오. (5점)

(2) 피해율의 계산과정과 값을 쓰시오. (5점)

(3) 농업수입감소보험금의 계산과정과 값을 쓰시오. (5점)

17 종합위험방식 원예시설·버섯 품목에 관한 내용이다. 각 내용을 참조하여 다음 물음에 답하시오. (15점)

- 표고버섯(원목재배)

표본원목의 전체면적	표본원목의 피해면적	재배원목(본)수	피해원목(본)수	원목(본)당 보장생산비
40㎡	20㎡	2,000개	400개	7,000원

- 표고버섯(톱밥배지재배)

준비기 생산비 계수	피해배지(봉)수	재배배지(봉)수	손해정도비율
66.3%	500개	2,000개	50%

배지(봉)당 보장생산비	생장일수	비고
2,600원	45일	수확기 이전 사고임

- 느타리버섯(균상재배)

준비기 생산비 계수	피해면적	재배면적	손해정도
67.6%	500㎡	2,000㎡	55%

단위면적당 보장생산비	생장일수	비고
11,480원	14일	수확기 이전 사고임

(1) 표고버섯(원목재배) 생산비보장보험금의 계산과정과 값을 쓰시오. (5점)

(2) 표고버섯(톱밥배지재배) 생산비보장보험금의 계산과정과 값을 쓰시오. (5점)

(3) 느타리버섯(균상재배) 생산비보장보험금의 계산과정과 값을 쓰시오. (5점)

18 과실손해조사(감귤,만감류아님)에 관한 내용이다. 다음 물음에 답하시오. (15점)

• 계약사항

보험가입금액	가입면적	자기부담비율
25,000,000원	4,800㎡	10%

• 표본주 조사내용(단위 : 개)

구분	30%형 피해과실수	50%형 피해과실수	80%형 피해과실수	100%형 피해과실수
등급 내	80	120	120	60
등급 외	110	130	90	140

※ 정상과실수 : 1,150개

※ 수확전 사고조사는 실시하지 않았음

• 표본조사방법

〈표본조사〉
1. 표본주 선정 : 농지별 가입면적을 기준으로 품목별 표본주수표(별표1)에 따라 농지별 전체 표본주수를 과수원에 고루 분포되도록 선정한다.(단, 필요하다고 인정되는 경우 표본 주수를 줄일 수도 있으나 최소 (①)주 이상 선정한다.)
2. 표본주 조사
   가) 선정한 표본주에 리본을 묶고 주지별(원가지) 아주지(버금가지) (②)개를 수확한다.

(1) 위의 계약사항 및 표본주 조사내용을 참조하여 과실손해피해율의 계산과정과 값을 쓰시오. (7점)

(2) 위의 계약사항 및 표본주 조사내용을 참조하여 과실손해보험금의 계산과정과 값을 쓰시오. (6점)

(3) 위의 표본조사방법에서 ( )에 들어갈 내용을 각각 쓰시오. (2점)

19 특정위험방식 인삼에 관한 내용이다. 계약사항과 조사내용을 참조하여 다음 물음에 답하시오. (15점)

• 계약사항

인삼 가입금액	경작 칸수	연근	기준수확량 (5년근 표준)	자기부담 비율	해가림시설 가입금액	해가림시설 보험가액
120,000,000원	500칸	5년	0.73kg	20%	20,000,000원	25,000,000원

• 조사내용

사고원인	피해칸	표본칸	표본수확량	지주목간격	두둑폭	고랑폭
화재	350칸	10칸	9.636kg	3m	1.5m	0.7m

해가림시설 피해액	잔존물제거 목적으로 사용된 비용	대위권 보전 목적으로 사용된 비용
5,000,000원	300,000원	200,000원

(1) 인삼 피해율의 계산과정과 값을 쓰시오. (5점)

(2) 인삼 지급보험금의 계산과정과 값을 쓰시오. (5점)

(3) 해가림시설 지급보험금(비용 포함)의 계산과정과 값을 쓰시오. (5점)

20 계약사항과 조사내용을 참조하여 다음 물음에 답하시오. (15점)

• 계약사항

상품명	특약 및 주요사항	평년착과수	가입과중
적과전 종합위험방식 배 품목	• 나무손해보장 특약 • 착과감소 50%선택	100,000개	450g

가입가격	가입주수	자기부담률	
1,200원/kg	750주	과실	10%
		나무	5%

※ 나무손해보장특약의 보험가입금액은 1주당 10만원 적용

• 조사내용

구분	재해 종류	사고 일자	조사 일자	조사내용
계약일 24시 ~ 적과전	우박	5월 30일	5월 31일	〈피해사실확인조사〉 • 피해발생인정 • 미보상비율: 0%
적과후 착과수 조사	–		6월 10일	〈적과후 착과수조사〉 | 품종	실제결과주수	조사대상주수	표본주1주당 착과수
화산	390주	390주	60개
신고	360주	360주	90개	 ※ 화산, 신고는 배의 품종임

구분	재해 종류	사고 일자	조사 일자	조사내용				
적과 종료 이후	태풍	9월 1일	9월 2일	〈낙과피해조사〉 • 총낙과수 : 4,000개(전수조사)				
				피해과실구성	정상	50%	80%	100%
				과실수(개)	1,000	0	2,000	1,000
	조수해	9월 18일	9월 20일	〈나무피해조사〉 • 화산 30주, 신고 30주 조수해로 고사				
	우박	5월 30일	10월 1일	〈착과피해조사〉				
				피해과실구성	정상	50%	80%	100%
				과실수(개)	50	10	20	20

※ 적과 이후 자연낙과 등은 감안하지 않으며, 무피해나무의 평균착과수는 적과후 착과수의 1주당 평균착과수와 동일한 것으로 본다.

(1) 착과감소보험금의 계산과정과 값을 쓰시오. (5점)

(2) 과실손해보험금의 계산과정과 값을 쓰시오. (5점)

(3) 나무손해보험금의 계산과정과 값을 쓰시오. (5점)

농업정책보험금융원에서 발표한 최신 내용에 맞추어 기출문제를 수정하였으며, 개정에 따라 시험범위에 해당하지 않는 부분 등은 당해 시험 난이도의 문제로 대체하였음을 알려드립니다.

농작물재해보험 및 가축재해보험의 이론과 실무

01 위험관리 방법 중 물리적 위험관리(위험통제를 통한 대비) 방법 5가지를 쓰시오. (5점)

02 농업재해의 특성 5가지만 쓰시오. (5점)

03 보통보험약관의 해석에 관한 내용이다. (   )에 들어갈 내용을 쓰시오. (5점)

• 기본원칙

보험약관은 보험계약의 성질과 관련하여 (①)에 따라 공정하게 해석되어야 하며, 계약자에 따라 다르게 해석되어서는 안 된다. 보험 약관상의 (②) 조항과 (③) 조항 간에 충돌이 발생하는 경우 (③) 조항이 우선한다.

• 작성자 불이익의 원칙

보험약관의 내용이 모호한 경우에는 (④)에게 엄격·불리하게 (⑤)에게 유리하게 풀이해야 한다.

04 농작물재해보험대상 밭작물 품목 중 자기부담금이 잔존보험가입금액의 3% 또는 5%인 품목 2가지를 쓰시오. (5점)

05 인수심사의 인수제한 목적물에 관한 내용이다. (   )에 들어갈 내용을 쓰시오. (5점)

• 오미자 – 주간거리가 (①)cm 이상으로 과도하게 넓은 과수원
• 포도 – 가입하는 해의 나무 수령이 (②)년 미만인 과수원
• 복분자 – 가입연도 기준, 수령이 1년 이하 또는 (③)년 이상인 포기로만 구성된 과수원
• 보리 – 파종을 11월 (④)일 이후에 실시한 농지
• 양파 – 재식밀도가 (⑤) 주/10 a 미만, 40,000 주/10 a 초과한 농지

06 농업수입감소보장방식 '콩'에 관한 내용이다. 계약내용과 조사내용을 참조하여 다음 물음에 답하시오. (피해율은 %로 소수점 둘째자리 미만 절사. 예시 : 12.678 % → 12.67 %) (15점)

• 계약내용

> • 보험가입일 : 2021년 6월 20일
> • 평년수확량 : 1,500kg
> • 가입수확량 : 1,500kg
> • 자기부담비율 : 20%
> • 농가수취비율 : 80%
> • 전체 재배면적 : 2,500㎡ (백태 1,500㎡, 서리태 1,000㎡)

• 조사내용

> • 조사일 : 2021년 10월 20일
> • 전체 재배면적 : 2,500㎡ (백태 1,500㎡, 서리태 1,000㎡)
> • 수확량 : 1,000kg

〈서울양곡도매시장 연도별 '백태' 평균가격(원/kg)〉

연도 등급	2016	2017	2018	2019	2020	2021
상품	6,300	6,300	7,200	7,400	7,600	6,400
중품	6,100	6,000	6,800	7,000	7,100	6,200

〈서울양곡도매시장 연도별 '서리태' 평균가격(원/kg)〉

연도 등급	2016	2017	2018	2019	2020	2021
상품	7,800	8,400	7,800	7,500	8,600	8,400
중품	7,400	8,200	7,200	6,900	8,200	8,200

(1) 기준가격의 계산과정과 값을 쓰시오. (5점)

(2) 수확기가격의 계산과정과 값을 쓰시오. (5점)

(3) 농업수입감소보장보험금의 계산과정과 값을 쓰시오. (5점)

07 농작물재해보험 '벼'에 관한 내용이다. 다음 물음에 답하시오. (단, 보통약관과 특별약관 보험가입금액은 동일하며, 병해충 특약에 가입되어 있음) (15점)

• 계약사항 등

> • 보험가입일 : 2022년 5월 22일
> • 품목 : 벼
> • 재배방식 : 친환경 직파 재배
> • 가입수확량 : 4,500kg
> • 보통약관 기본 영업요율 : 12%
> • 특별약관 기본 영업요율 : 5%
> • 손해율에 따른 할인율 : -13%
> • 직파재배 농지 할증률 : 10%
> • 친환경 재배 시 할증률 : 8%

• 조사내용

> • 민간 RPC(양곡처리장) 지수 : 1.2
> • 농협 RPC 계약재배 수매가(원/kg)

연도	수매가	연도	수매가	연도	수매가
2016	1,300	2018	1,600	2020	2,000
2017	1,400	2019	1,800	2021	2,200

> ※ 계산 시 민간 RPC 지수는 농협 RPC 계약재배 수매가에 곱하여 산출할 것

(1) 보험가입금액의 계산과정과 값을 쓰시오. (5점)

(2) 수확감소보장 보통약관(주계약) 적용보험료의 계산과정과 값을 쓰시오. (천원 단위 미만 절사) (5점)

(3) 병해충보장 특별약관 적용보험료의 계산과정과 값을 쓰시오. (천원 단위 미만 절사) (5점)

08 다음은 '사과'의 적과전 종합위험방식 계약에 관한 사항이다. 다음 물음에 답하시오. (단, 주어진 조건 외 다른 조건은 고려하지 않음) (15점)

구분	품목	보장수준(%)				
		60	70	80	85	90
국고보조율(%)	사과, 배, 단감, 떫은감	60	60	50	38	33

〈 조건 〉

- 품목 : 사과(적과전 종합위험방식)
- 순보험요율 : 15%
- 착과감소보험금 보장수준 : 70%형
- 가입금액 : 1,000만 원(주계약)
- 부가보험요율 : 2.5%
- 자기부담비율 : 20%형

※ 할인·할증률은 고려하지 않는다.

(1) 영업보험료의 계산과정과 값을 쓰시오. (5점)

(2) 부가보험료의 계산과정과 값을 쓰시오. (5점)

(3) 농가부담보험료의 계산과정과 값을 쓰시오. (5점)

09 다음과 같은 '인삼'의 해가림시설이 있다. 다음 물음에 답하시오. (단, 주어진 조건 외 다른 조건은 고려하지 않음) (15점)

- 가입시기 : 2021년 6월
- 농지 내 재료별(목재, 철재)로 구획되어 해가림시설이 설치되어 있음

〈해가림시설(목재)〉
- 시설년도 : 2015년 9월
- 면적 : 4,000㎡
- 단위면적당 시설비 : 30,000원/㎡
  ※ 해가림시설 정상 사용중

〈해가림시설(철재)〉
- 전체면적 : 6,000㎡
  – 면적① : 4,500㎡ (시설년도: 2017년 3월)
  – 면적② : 1,500㎡ (시설년도: 2019년 3월)
- 단위면적당 시설비 : 50,000원/㎡
  ※ 해가림시설 정상 사용중이며, 면적①, ② 는 동일 농지에 설치

(1) 해가림시설(목재)의 보험가입금액의 계산과정과 값을 쓰시오. (5점)
(2) 해가림시설(철재)의 보험가입금액의 계산과정과 값을 쓰시오. (10점)

10 다음의 내용을 참고하여 물음에 답하시오. (단, 주어진 조건 외 다른 조건은 고려하지 않음) (15점)

> 甲은 A보험회사의 가축재해보험(소)에 가입했다. 보험가입 기간 중 甲과 동일한 마을에 사는 乙 소유의 사냥개 3마리가 견사를 탈출하여 甲소유의 축사에 있는 소 1마리를 물어 죽이는 사고가 발생했다. 조사결과 폐사한 소는 가축재해보험에 정상적으로 가입되어 있었다.
>
> • A보험회사의 면·부책 : 부책
> • 폐사한 소의 가입금액 및 손해액 : 500만 원(자기부담금 20%)
> • 乙의 과실 : 100%

(1) A보험회사가 甲에게 지급할 보험금의 계산과정과 값을 쓰시오. (5점)

(2) A보험회사의 ① 보험자대위의 대상(손해발생 책임자), ② 보험자대위의 구분(종류), ③ 대위금액을 쓰시오. (10점)

 농작물재해보험 및 가축재해보험 손해평가의 이론과 실무

11 적과전 종합위험방식의 적과종료이후 보상하지 않는 손해에 관한 내용의 일부이다. ( )에 들어갈 내용을 쓰시오. (5점)

> • 제초작업, 시비관리 등 통상적인 (①)을 하지 않아 발생한 손해
> • 최대순간풍속 (②)의 바람으로 발생한 손해
> • 농업인의 부적절한 (③)로 인하여 발생한 손해
> • 병으로 인해 낙엽이 발생하여 (④)에 과실이 노출됨으로써 발생한 손해
> • 「식물방역법」 제36조(방제명령 등)에 의거 금지 병해충인 과수 (⑤) 발생에 의한 폐원으로 인한 손해 및 정부 및 공공기관의 매립으로 발생한 손해

12 종합위험 수확감소보장방식의 품목별 과중조사에 관한 내용의 일부이다. (   )에 들어갈 내용을 쓰시오. (5점)

> • 밤(수확 개시 전 수확량조사 시 과중조사)
> 품종별 개당 과중 = 품종별 {정상 표본과실 무게 합 + (소과 표본과실 무게 합 × (①))} ÷ 표본과실 수
>
> • 참다래
> 품종별 개당 과중 = 품종별 〔{50g 초과 표본과실 무게 합 + {50g 이하 표본과실 무게 합 × (②)}〕 ÷ 표본과실 수
>
> • 오미자(수확개시 후 수확량 조사 시 과중조사)
> 선정된 표본구간별로 표본구간 내 (③)된 과실과 (④)된 과실의 무게를 조사한다.
>
> • 유자(수확개시 전 수확량 조사 시 과중조사)
> 농지에서 품종별로 착과가 평균적인 3개 이상의 표본주에서 크기가 평균적인 과실을 품종별 (⑤)개 이상(농지당 최소 60개 이상) 추출하여 품종별 과실개수와 무게를 조사한다.

13 논작물에 대한 피해사실 확인조사 시 추가조사 필요여부 판단에 관한 내용이다. (   )에 들어갈 내용을 쓰시오. (5점)

> 보상하는 재해 여부 및 피해 정도 등을 감안하여 이앙·직파불능 조사(농지 전체 이앙·직파불능 시), 재이앙·재직파 조사(①), 경작불능조사(②), 수확량조사(③) 중 필요한 조사를 판단하여 해당 내용에 대하여 계약자에게 안내하고, 추가조사가 필요할 것으로 판단된 경우에는 (④) 구성 및 (⑤) 일정을 수립한다.

14 종합위험 수확감소보장방식 감자에 관한 내용이다. 다음 계약사항과 조사내용을 참조하여 피해율(%)의 계산과정과 값을 쓰시오. (피해율은 소수점 셋째자리에서 반올림) (5점)

- 계약사항

품목	보험가입금액	가입면적	평년수확량	자기부담비율
감자(고랭지재배)	5,000,000원	3,000㎡	6,000kg	20%

- 조사내용

재해	조사 방법	실제 경작 면적	타작물 면적	미보상 면적	미보상 비율	표본 구간 총 면적	표본구간 총 수확량 조사 내용
호우	수확량 조사 (표본 조사)	3,000㎡	100㎡	100㎡	20%	10㎡	• 정상 감자 5kg • 최대지름 5cm미만 감자 2kg • 병충해(무름병) 감자 4kg • 병충해 손해정도비율 40%

15 종합위험방식 과수품목 및 수확감소보장방식 밭작물 품목 중 (　　　)에 들어갈 해당 품목을 쓰시오. (5점)

구분	내용	해당 품목
과수 품목	경작불능조사를 실시하는 품목	(①)
	병충해를 보장하는 품목(특약 포함)	(②)
밭작물 품목	전수조사를 실시해야하는 품목	(③), 팥
	재정식 보험금을 지급하는 품목	(④)
	경작불능조사 대상이 아닌 품목	(⑤)

16 농업용 원예시설물(고정식 하우스)에 강풍이 불어 피해가 발생되었다. 다음 조건을 참조하여 물음에 답하시오. (15점)

구분	손해내역	내용연수	경년감가율	경과년월	보험가입금액	재조달가액	비고
제1동	단동하우스 (구조체손해)	10년	8%	2년	500만 원	300만 원	피복재 손해 제외
제2동	장수PE (피복재단독사고)	1년	40%	1년	200만 원	100만 원	–
제3동	장기성Po (피복재단독사고)	5년	16%	1년	200만 원	100만 원	• 재조달가액 보장특약 가입 • 미복구

(1) 제1동의 지급보험금 계산과정과 값을 쓰시오. (5점)

(2) 제2동의 지급보험금 계산과정과 값을 쓰시오. (5점)

(3) 제3동의 지급보험금 계산과정과 값을 쓰시오. (5점)

17 벼 농사를 짓고 있는 甲은 가뭄으로 농지 내 일부 면적의 벼가 고사되는 피해를 입어 재이앙 조사 후 모가 없어 경작면적의 일부만 재이앙을 하였다. 이후 수확전 태풍으로 도복피해가 발생해 수확량 조사방법 중 표본조사를 하였으나 甲이 결과를 불인정하여 전수조사를 실시하였다. 계약사항(종합위험 수확감소보장방식)과 조사내용을 참조하여 다음 물음에 답하시오. (15점)

• 계약사항

품종	보험가입금액	가입면적	평년수확량	표준수확량	자기부담비율
동진찰벼	3,000,000원	2,500㎡	3,500kg	3,200kg	20%

• 조사내용

〈재이앙 조사〉

재이앙 전 조사내용		재이앙 후 조사내용	
실제 경작면적	2,500㎡	재이앙 면적	800㎡
피해면적	1,000㎡	–	–

〈수확량 조사〉

표본조사 내용		전수조사 내용	
표본구간 총중량 합계	0.48kg	전체 조곡중량	1,200kg
표본구간 면적	0.96㎡	미보상비율	10%
함수율	16%	함수율	20%

(1) 재이앙보험금의 지급가능한 횟수를 쓰시오. (2점)

(2) 재이앙보험금의 계산과정과 값을 쓰시오. (3점)

(3) 수확감소보험금의 계산과정과 값을 쓰시오. (무게(kg) 및 피해율(%)은 소수점 이하 절사. 예시 : 12.67% → 12%) (10점)

18 배 과수원은 적과전 과수원 일부가 호우에 의한 유실로 나무 50주가 고사되는 피해(자연재해)가 확인되었고, 적과 이후 봉지작업을 마치고 태풍으로 낙과피해조사를 받았다. 계약사항(적과전 종합위험 방식)과 조사내용을 참조하여 다음 물음에 답하시오. (감수과실수와 착과피해인정개수, 피해율(%)은 소수점 이하 절사. 예시 : 12.67% → 12%) (15점)

• 계약사항 및 적과후 착과수 조사내용

계약사항			적과후 착과수 조사내용	
품목	가입주수	평년착과수	실제결과주수	1주당 평균착과수
배(단일 품종)	250주	40,000개	250주	150개

※ 적과종료 이전 특정위험 5종 한정 보장 특약 미가입

• 낙과피해 조사내용

사고일자	조사방법	전체 낙과과실수	낙과피해 구성비율(100개)				
			정상 10개	50%형 80개	80%형 0개	100%형 2개	병해충 과실 8개
9월 18일	전수조사	7,000개					

(1) 적과종료 이전 착과감소과실수의 계산과정과 값을 쓰시오. (5점)

(2) 적과종료 이후 착과손해 감수과실수의 계산과정과 값을 쓰시오. (5점)

(3) 적과종료 이후 낙과피해 감수과실수의 계산과정과 값을 쓰시오. (5점)

19 가축재해보험 소에 관한 내용이다. 다음 물음에 답하시오. (15점)

• 〈조건 1〉

- 甲은 가축재해보험에 가입 후 A축사에서 소를 사육하던 중, 사료 자동급여기를 설정하고 5일간 A축사를 비우고 여행을 다녀왔음
- 여행을 다녀와 A축사의 출입문이 파손되어 있어 CCTV를 확인해 보니 신원불상자에 의해 한우(암컷) 1마리를 도난당한 것을 확인하고, 바로 경찰서에 도난신고 후 재해보험사업자에게 도난신고확인서를 제출함
- 금번 사고는 보험기간 내 사고이며, 甲과 그 가족 등의 고의 또는 중과실은 없었고, 또한 사고예방 및 안전대책에 소홀히 한 점도 없었음

• 〈조건 2〉

- 보험목적물 : 한우(암컷)
- 자기부담비율 : 20%
- 출생일 : 2021년 11월 04일
- 보험가입금액 : 2,000,000원
- 소재지 : A축사(보관장소)
- 사고일자 : 2022년 08월 14일

• 〈조건 3〉

〈발육표준표〉

한우 암컷	월령	7월령	8월령	9월령	10월령	11월령
	체중	230kg	240kg	250kg	260kg	270kg

〈2022년 월별산지가격동향〉

한우 암컷	구분	5월	6월	7월	8월
	350kg	330만 원	350만 원	340만 원	340만 원
	600kg	550만 원	560만 원	550만 원	550만 원
	송아지(4~5월령)	220만 원	230만 원	230만 원	230만 원
	송아지(6~7월령)	240만 원	240만 원	250만 원	250만 원

(1) 조건 2 ~ 3을 참조하여 한우(암컷) 보험가액의 계산과정과 값을 쓰시오. (5점)

(2) 조건 1 ~ 3을 참조하여 지급보험금과 그 산정이유를 쓰시오. (5점)

(3) 다음 (   )에 들어갈 내용을 쓰시오. (5점)

소의 보상하는 손해 중 긴급도축은 "사육하는 장소에서 부상, (①), (②), (③) 및 젖소의 유량 감소 등이 발생하는 소(牛)를 즉시 도축장에서 도살하여야 할 불가피한 사유가 잇는 경우"에 한한다.

20 수확전 종합위험보장방식 무화과에 관한 내용이다. 다음 계약사항과 조사내용을 참조하여 물음에 답하시오. (피해율(%)은 소수점 셋째자리에서 반올림) (15점)

- 계약사항

품목	보험가입금액	가입주수	평년수확량	표준과중(개당)	자기부담비율
무화과	10,000,000원	300주	6,000kg	80g	20%

- 수확 개시 전 조사내용

〈사고내용〉
- 재해종류 : 우박
- 사고일자 : 2022년 05월 10일

〈나무수 조사〉
- 보험가입일자 기준 과수원에 식재된 모든 나무수 300주(유목 및 인수제한 품종 없음)
- 보상하는 손해로 고사된 나무수 10주
- 보상하는 손해 이외의 원인으로 착과량이 현저하게 감소된 나무수 10주
- 병해충으로 고사된 나무수 20주

〈착과수조사 및 미보상비율 조사〉
- 표본주수 9주
- 표본주 착과수 총 개수 1,800개
- 제초상태에 따른 미보상비율 10%

〈착과피해조사(표본주 임의과실 100개 추출하여 조사)〉
- 가공용으로도 공급될 수 없는 품질의 과실 10개(일반시장 출하 불가능)
- 일반시장 출하 시 정상과실에 비해 가격하락(50% 정도)이 예상되는 품질의 과실 20개
- 피해가 경미한 과실 50개
- 가공용으로 공급될 수 있는 품질의 과실 20개(일반시장 출하 불가능)

• 수확개시 후 조사내용

> • 재해종류 : 우박
> • 사고일자 : 2022년 09월 05일
> • 표본주 3주의 결과지 조사
> [고사결과지수 5개, 정상결과지수(미고사결과지수) 20개, 병해충 고사결과지수 2개]
> • 착과피해율 30%
> • 농지의 상태 및 수확정도 등에 따라 조사자가 기준일자를 2022년 08월 20일로 수정함
> • 잔여수확량 비율

사고발생 월	잔여수확량 산정식(%)
8월	{100 − (1.06 × 사고발생일자)}
9월	{(100 − 33) − (1.13 × 사고발생일자)}

(1) 수확전 피해율(%)의 계산과정과 값을 쓰시오. (6점)

(2) 수확후 피해율(%)의 계산과정과 값을 쓰시오. (6점)

(3) 지급보험금의 계산과정과 값을 쓰시오. (3점)

농업정책보험금융원에서 발표한 최신 내용에 맞추어 기출문제를 수정하였으며, 개정에 따라 시험범위에 해당하지 않는 부분 등은 당해 시험 난이도의 문제로 대체하였음을 알려드립니다.

PART1 손해평가사 기출문제 103

농작물재해보험 및 가축재해보험의 이론과 실무

01 가축재해보험에 가입한 A축사에 다음과 같은 지진 피해가 발생하였다. 보상하는 손해내용에 해당하는 경우에는 "해당"을, 보상하지 않는 손해내용에 해당하는 경우에는 "미해당"을 쓰시오. (단, 주어진 조건 외 다른 사항은 고려하지 않음) (5점)

- 지진으로 축사의 급배수설비가 파손되어 이를 복구한 비용 500만 원: (①)
- 지진으로 축사 벽의 2m 균열을 수리한 비용 150만 원: (②)
- 지진 발생 시 축사의 기계장치 도난손해 200만 원: (③)
- 지진으로 축사 내 배전반이 물리적으로 파손되어 복구한 비용 150만 원: (④)
- 지진으로 축사의 대문이 파손되어 이를 복구한 비용 130만 원: (⑤)

02 종합위험 생산비보장 품목의 보험기간 중 보장개시일에 관한 내용이다. 다음 해당 품목의 ( )에 들어갈 내용을 쓰시오. (5점)

품목	보장개시일	초과할 수 없는 정식(파종) 완료일(판매개시연도 기준)
대파	정식 완료일 24시, 다만 보험계약시 정식 완료일이 경과한 경우 계약체결일 24시	(①)
고랭지배추	정식 완료일 24시, 다만 보험계약시 정식 완료일이 경과한 경우 계약체결일 24시	(②)
당근	파종 완료일 24시, 다만 보험계약시 파종 완료일이 경과한 경우 계약체결일 24시	(③)
브로콜리	정식 완료일 24시, 다만 보험계약시 정식 완료일이 경과한 경우 계약체결일 24시	(④)
시금치 (노지)	파종 완료일 24시, 다만 보험계약시 파종 완료일이 경과한 경우 계약체결일 24시	(⑤)

03 작물특정 및 시설종합위험 인삼손해보장방식의 자연재해에 대한 설명이다. (   )에 들어갈 내용을 쓰시오. (5점)

> • 폭설은 기상청에서 대설에 대한 특보(대설주의보, 대설경보)를 발령한 때 해당 지역의 눈 또는 (①)시간 신적설이 (②)cm 이상인 상태
> • 냉해는 출아 및 전엽기(4 ~ 5월) 중에 해당 지역에 최저기온 (③)℃ 이하의 찬 기온으로 인하여 발생하는 피해를 말하며, 육안으로 판별 가능한 냉해 증상이 있는 경우에 피해를 인정
> • 폭염은 해당 지역에 최고기온 (④)℃ 이상이 7일 이상 지속되는 상태를 말하며, 잎에 육안으로 판별 가능한 타들어간 증상이 (⑤)% 이상 있는 경우에 인정

04 가축재해보험 협정보험가액 특별약관이 적용되는 가축 중 유량검정젖소에 관한 내용이다. (   )에 들어갈 내용을 쓰시오. (5점)

> 유량검정젖소란 젖소개량사업소의 검정사업에 참여하는 농가 중에서 일정한 요건을 충족하는 농가(직전 월의 (①)일 평균유량이 (②)kg 이상이고 평균 체세포수가 (③)만 마리 이하를 충족하는 농가)의 소(최근 산차 305일 유량이 (④)kg 이상이고, 체세포수가 (⑤)만 마리 이하인 젖소)를 의미하며 요건을 충족하는 유량검정젖소는 시가에 관계 없이 협정보험가액 특약으로 보험가입이 가능하다.

05 농작물재해보험 보험료 방재시설 할인율의 방재시설 판정기준에 관한 내용이다. (   )에 들어갈 내용을 쓰시오. (5점)

> • 방풍림은 높이가 (①)미터 이상의 영년생 침엽수와 상록활엽수가 (②)미터 이하의 간격으로 과수원 둘레 전체에 식재되어 과수원의 바람 피해를 줄일 수 있는 나무
> • 방풍망은 망구멍 가로 및 세로가 6 ~ 10mm의 망목네트를 과수원 둘레 전체나 둘레일부(1면 이상 또는 전체둘레의 (③)% 이상)에 설치
> • 방충망은 망구멍이 가로 및 세로가 (④)mm 이하의 망목네트로 과수원 전체를 피복
> • 방조망은 망구멍의 가로 및 세로가 (⑤)mm를 초과하고 새의 입출이 불가능한 그물, 주 지주대와 보조 지주대를 설치하여 과수원 전체를 피복

06 甲의 사과과수원에 대한 내용이다. 조건 1 ~ 3을 참조하여 다음 물음에 답하시오. (단, 주어진 조건 외 다른 사항은 고려하지 않음) (15점)

• 조건 1

• 2018년 사과(홍로/3년생/밀식재배) 300주를 농작물재해보험에 신규로 보험가입함
• 2019년과 2021년도에는 적과 전에 우박과 냉해피해로 과수원의 적과후착과량이 현저하게 감소하였음
• 사과(홍로)의 일반재배방식 표준수확량은 아래와 같음

수령	5년	6년	7년	8년	9년
표준수확량	6,000kg	8,000kg	8,500kg	9,000kg	10,000kg

• 조건 2

〈甲의 과수원 과거수확량 자료〉

구분	2018년	2019년	2020년	2021년	2022년
평년착과량	1,500kg	3,200kg	–	4,000kg	3,700kg
표준수확량	1,500kg	3,000kg	4,500kg	5,700kg	6,600kg
적과후착과량	2,000kg	800kg	–	950kg	6,000kg
보험가입여부	가입	가입	미가입	가입	가입

• 조건 3

〈2023년 보험가입내용 및 조사결과 내용〉
• 적과전 종합위험방식II 보험가입(적과종료 이전 특정위험 5종 한정보장 특별약관 미가입)
• 가입가격: 2,000원/kg
• 보험가입당시 계약자부담보험료: 200,000원(미납보험료 없음)
• 자기부담비율 20%
• 착과감소보험금 보장수준 50%형 가입
• 2023년 과수원의 적과 전 냉해피해로, 적과후착과량이 2,500kg으로 조사됨
• 미보상감수량 없음

(1) 2023년 평년착과량의 계산과정과 값(kg)을 쓰시오. (5점)

(2) 2023년 착과감소보험금의 계산과정과 값(원)을 쓰시오. (5점)

(3) 만약 2023년 적과전 사고가 없이 적과후착과량이 2,500kg으로 조사되었다면, 계약자 甲에게 환급해야 하는 차액보험료의 계산과정과 값(원)을 쓰시오. (보험료는 일원 단위 미만 절사. 예시 : 12,345.678원 → 12,345원) (5점)

07 종합위험 과실손해보장방식 감귤에 관한 내용이다. 다음의 조건 1 ~ 2를 참조하여 다음 물음에 답하시오. (단, 주어진 조건 외 다른 사항은 고려하지 않음) (15점)

• 조건 1

• 감귤(온주밀감) / 5년생
• 보험가입금액 : 10,000,000원(자기부담비율 20%)
• 가입특별약관 : 동상해과실손해보장 특별약관

• 조건 2

① 과실손해조사(수확 전 사고조사는 없었음. 주품종 수확 이후 사고발생함)
  • 사고일자 : 2022년 11월 15일
  • 피해사실 확인조사를 통해 보상하는 재해로 확인됨
  • 표본주수 2주 선정 후 표본조사내용

  • 등급 내 피해과실수 30개
  • 등급 외 피해과실수 24개
  • 기준과실수 280개

  • 미보상비율 : 20%
② 동상해과실손해조사
  • 사고일자 : 2022년 12월 20일
  • 피해사실 확인조사를 통해 보상하는 재해(동상해)로 확인됨
  • 표본주수 2주 선정 후 표본조사내용

기수확과실	정상과실	80% 피해과실	100% 피해과실
86개	100개	50개	50개

  • 수확기 잔존비율(%) : 100 − 1.5 × 사고 발생일자(사고발생 월 12월 기준)
  • 미보상비율 : 10%

(1) 과실손해보장 보통약관 보험금의 계산과정과 값(원)을 쓰시오. (5점)

(2) 동상해과실손해보장 특별약관 보험금의 계산과정과 값(원)을 쓰시오. (10점)

08 다음은 손해보험 계약의 법적 특성이다. 각 특성에 대하여 기술하시오. (15점)

- 유상계약성   • 쌍무계약성   • 상행위성
- 최고 선의성   • 계속계약성

09 작물특정 및 시설종합위험 인삼손해보장방식의 해가림시설에 관한 내용이다. 다음 물음에 답하시오. (15점) (단, A시설과 B시설은 별개 계약임)

시설	시설유형	재배면적	시설년도	가입시기
A시설	목재B형	3,000㎡	2017년 4월	2022년 10월
B시설	07-철인-A-2형	1,250㎡	2014년 5월	2022년 11월

(1) A시설의 보험가입금액의 계산과정과 값(원)을 쓰시오. (7점)

(2) B시설의 보험가입금액의 계산과정과 값(원)을 쓰시오. (8점)

10 종합위험 밭작물(생산비보장) 고추 품목의 인수제한 목적물에 대한 내용이다. 다음 각 농지별 보험 가입 가능 여부를 "가능" 또는 "불가능"으로 쓰고, 불가능한 농지는 그 사유를 쓰시오. (15점)

- A농지 : 고추 정식 5개월 전 인삼을 재배한 농지로, 가입금액 300만 원으로 가입 신청 (①)
- B농지 : 직파하고 재식밀도가 1,000m²당 1,500주로 가입 신청 (②)
- C농지 : 해당년도 5월 1일 터널재배로 정식하여 풋고추 형태로 판매하기 위해 재배하는 농지로 가입 신청 (③)
- D농지 : 군사시설보호구역 중 군사시설의 최외곽 경계선으로부터 200미터 내의 농지이나, 통상적인 영농활동이나 손해평가가 가능한 보험 가입금액이 200만 원인 시설재배 농지로 가입 신청 (④)
- E농지 : m²당 2주의 재식밀도로 4월 30일 노지재배로 식재하고 가입 신청 (⑤)

농작물재해보험 및 가축재해보험 손해평가의 이론과 실무

11 종합위험 수확감소보장에서 '감자'(봄재배, 가을재배, 고랭지재배) 품목의 병·해충등급별 인정비율이 90 %에 해당하는 병·해충을 5개 쓰시오. (5점)

12 적과전 종합위험방식 '떫은 감' 품목이 적과 종료일 이후 태풍피해를 입었다. 다음 조건을 참조하여 물음에 답하시오. (단, 주어진 조건 외 다른 사항은 고려하지 않음) (5점)

· 조건 1

조사대상주수	총표본주의 낙엽수 합계	표본주수
550주	120개	12주

※ 모든 표본주의 각 결과지(신초, 1년생 가지)당 착엽수와 낙엽수의 합계 : 10개

(1) 낙엽률의 계산과정과 값(%)을 쓰시오. (2점)

(2) 낙엽률에 따른 인정피해율의 계산과정과 값(%)을 쓰시오. (단, 인정피해율 (%)은 소수점 셋째자리에서 반올림. 예시: 12.345% → 12.35%로 기재) (3점)

13 종합위험 생산비보장방식 '브로콜리'에 관한 내용이다. 보험금 지급사유에 해당하며, 아래 조건을 참조하여 보험금의 계산과정과 값(원)을 쓰시오. (단, 주어진 조건 외 다른 사항은 고려하지 않음) (5점)

· 조건 1

보험가입금액	자기부담비율
15,000,000원	3%

· 조건 2

실제경작면적 (재배면적)	피해면적	정식일로부터 사고 발생일까지 경과일수
1,000㎡	600㎡	65일

※ 수확기 이전에 보험사고가 발생하였고, 기발생 생산비보장보험금은 없음

· 조건 3

〈피해 조사결과〉

정상	50%형 피해송이	80%형 피해송이	100%형 피해송이
22개	30개	15개	33개

14 종합위험 수확감소보장방식 '유자'(동일 품종, 동일 수령) 품목에 관한 내용으로 수확개시전 수확량 조사를 실시하였다. 보험금 지급사유에 해당하며 아래의 조건을 참조하여 보험금의 계산과정과 값(원)을 쓰시오. (단, 주어진 조건 외 다른 사항은 고려하지 않음) (5점)

• 조건 1

보험가입금액	평년수확량	자기부담비율	미보상비율
20,000,000원	8,000kg	20%	10%

• 조건 2

조사대상주수	고사주수	미보상주수	표본주수	총표본주의 착과량
370주	10주	20주	8주	160kg

• 조건 3

〈착과피해 조사결과〉

정상과	50%형 피해과실	80%형 피해과실	100%형 피해과실
30개	20개	20개	30개

15 종합위험 수확감소보장 밭작물(마늘, 양배추) 상품에 관한 내용이다. 보험금 지급사유에 해당하며, 아래의 조건을 참조하여 다음 물음에 답하시오. (5점)

• 조건

품목	재배지역	보험가입금액	보험가입면적	자기부담비율
마늘	의성	3,000,000원	1,000m²	20%
양배추	제주	2,000,000원	2,000m²	10%

(1) '마늘'의 재파종 전조사 결과는 1a 당 출현주수 2,400 주이고, 재파종 후 조사 결과는 1a 당 출현주수 3,100주로 조사되었다. 재파종보험금(원)을 구하시오. (3점)

(2) '양배추'의 재정식 전조사 결과는 피해면적 500m²이고, 재정식 후 조사 결과는 재정식면적 500m²으로 조사되었다. 재정식보험금(원)을 구하시오. (2점)

16 다음은 가축재해보험에 관한 내용이다. 다음 물음에 답하시오. (15점)

(1) 가축재해보험에서 모든 부문 축종에 적용되는 보험계약자 등의 계약 전·후 알릴 의무와 관련한 내용의 일부분이다. 다음 ( )에 들어갈 내용을 쓰시오. (5점)

〈계약 전 알릴 의무〉

계약자, 피보험자 또는 이들의 대리인은 보험계약을 청약할 때 청약서에서 질문한 사항에 대하여 알고 있는 사실을 반드시 사실대로 알려야 할 의무이다. 보험계약자 또는 피보험자가 고의 또는 중대한 과실로 계약 전 알릴 의무를 이행하지 않은 경우에 보험자는 그 사실을 안 날로부터 (①)월 내에, 계약을 체결한 날로부터 (②)년 내에 한하여 계약을 해지할 수 있다. 그러나 보험자가 계약 당시에 그 사실을 알았거나 중대한 과실로 인하여 알지 못한 때에는 그러하지 아니하다.

〈계약 후 알릴 의무〉

• 보험목적 또는 보험목적 수용장소로부터 반경 (③)km 이내 지역에서 가축 전염병 발생(전염병으로 의심되는 질환 포함) 또는 원인 모를 질병으로 집단 폐사가 이루어진 경우

• 보험의 목적 또는 보험의 목적을 수용하는 건물의 구조를 변경, 개축, 증축하거나 계속하여 (④)일 이상 수선할 때

• 보험의 목적 또는 보험의 목적이 들어있는 건물을 계속하여 (⑤)일 이상 비워 두거나 휴업하는 경우

(2) 가축재해보험 소에 관한 내용이다. 다음 조건을 참조하여 한우(수컷)의 지급보험금(원)을 쓰시오. (단, 주어진 조건 외 다른 사항은 고려하지 않음) (10점)

〈조건〉

• 보험목적물 : 한우(수컷, 2021. 4. 1. 출생)
• 가입금액 : 6,500,000원, 자기부담비율 : 20 %, 중복보험 없음
• 사고일 : 2023. 7. 3.(경추골절의 부상으로 긴급도축)
• 보험금 청구일 : 2023. 8. 1.
• 이용물 처분액 : 800,000원(도축장발행 정산자료의 지육금액)
• 2023년 한우(수컷) 월별 산지 가격동향

구분	4월	5월	6월	7월	8월
350kg	3,500,000원	3,220,000원	3,150,000원	3,590,000원	3,600,000원
600kg	3,780,000원	3,600,000원	3,654,000원	2,980,000원	3,200,000원

17 종합위험 시설작물 손해평가 및 보험금 산정에 관하여 다음 물음에 답하시오. (15점)

(1) 농업용 시설물 감가율과 관련하여 아래 (　)에 들어갈 내용을 쓰시오. (5점)

고정식 하우스			
구분		내용연수	경년감가율
구조체	단동하우스	10년	(①)%
	연동하우스	15년	(②)%
피복재	장수 PE	(③)년	(④)% 고정감가
	장기성 Po	5년	(⑤)%

(2) 다음은 원예시설 작물 중 '쑥갓'에 관련된 내용이다. 아래의 조건을 참조하여 생산비 보장보험금(원)을 구하시오. (단, 아래 제시된 조건 이외의 다른 사항은 고려하지 않음) (10점)

품목	보험가입금액	피해면적	재배면적	손해정도	보장생산비
쑥갓	2,600,000원	500㎡	1,000㎡	50%	2,600원/㎡

- 보상하는 재해로 보험금 지급사유에 해당(1사고, 1동, 기상특보재해)
- 구조체 및 부대시설 피해 없음
- 수확기 이전 사고이며, 생장일수는 25일
- 중복보험은 없음

18 종합위험 수확감소보장방식 '논작물'에 관한 내용으로 보험금 지급사유에 해당하며, 아래 물음에 답하시오. (단, 주어진 조건 외 다른 사항은 고려하지 않음) (15점)

(1) 종합위험 수확감소보장방식 논작물(조사료용 벼)에 관한 내용이다. 다음 조건을 참조하여 경작불능보험금의 계산식과 값(원)을 쓰시오. (3점)

- 조건

보험가입금액	보장비율	사고발생일
10,000,000원	계약자는 최대보장비율 가입조건에 해당되어 이를 선택하여 보험가입을 하였다.	7월 15일

(2) 종합위험 수확감소보장방식 논작물(벼)에 관한 내용이다. 다음 조건을 참조하여 표본 조사에 따른 수확량감소보험금의 계산과정과 값(원)을 쓰시오. (단, 표본구간 조사 시 산출된 유효중량은 g단위로 소수점 첫째자리에서 반올림. 예시 : 123.4g → 123g, 피해율은 %단위로 소수점 셋째자리에서 반올림. 예시 : 12.345% → 12.35%로 기재) (6점)

• 조건 1

보험가입금액	가입면적 (실제경작면적)	자기부담비율	평년수확량	품종
10,000,000원	3,000㎡	10%	1,500kg	메벼

• 조건 2

기수확면적	표본구간면적합계	표본구간작물중량합계	함수율	미보상비율
500㎡	1.3㎡	400g	22%	20%

(3) 종합위험 수확감소보장방식 논작물(벼)에 관한 내용이다. 다음 조건을 참조하여 전수 조사에 따른 수확량감소보험금의 계산과정과 값(원)을 쓰시오. (단, 조사대상면적수 확량과 미보상감수량은 kg단위로 소수점 첫째자리에서 반올림. 예시 : 123.4kg → 123kg, 단위면적당 평년수확량은 소수점 첫째자리까지 kg단위로 기재. 피해율은 % 단위로 소수점 셋째자리에서 반올림. 예시 : 12.345 % → 12.35 %로 기재) (6점)

• 조건 1

보험가입금액	가입면적 (실제경작면적)	자기부담비율	평년수확량	품종
10,000,000원	3,000㎡	10%	1,500kg	찰벼

• 조건 2

고사면적	기수확면적	작물중량합계	함수율	미보상비율
300㎡	300㎡	540kg	18%	10%

19 종합위험 수확감소보장 밭작물 '옥수수' 품목에 관한 내용이다. 보험금 지급사유에 해당하며, 아래의 조건을 참조하여 물음에 답하시오. (단, 주어진 조건 외 다른 사항은 고려하지 않음) (15점)

• 조건

품종	보험가입금액	보험가입면적	표준수확량	
대학찰 (연농2호)	20,000,000원	8,000㎡	2,000kg	
가입가격	재식시기지수	재식밀도지수	자기부담비율	표본구간 면적합계
2,000원/kg	1	1	10%	16㎡

면적조사결과			
조사대상면적	고사면적	타작물면적	기수확면적
7,000㎡	500㎡	200㎡	300㎡

표본구간내 수확한 옥수수				
착립장길이 (13cm)	착립장길이 (14cm)	착립장길이 (15cm)	착립장길이 (16cm)	착립장길이 (17cm)
8개	10개	5개	9개	2개

(1) 피해수확량의 계산과정과 값(kg)을 쓰시오. (5점)

(2) 손해액의 계산과정과 값(원)을 쓰시오. (5점)

(3) 수확감소보험금의 계산과정과 값(원)을 쓰시오. (5점)

20 수확전 과실손해보장방식 '복분자'품목에 관한 내용이다. 다음 물음에 답하시오. (15점)

(1) 아래 표는 복분자의 과실손해보험금 산정 시 수확일자별 잔여수확량 비율(%)을 구하는 식이다. 다음 ( )에 들어갈 계산식을 쓰시오. (10점)

사고일자	경과비율(%)
6월 1일 ~ 7일	(①)
6월 8일 ~ 20일	(②)

(2) 아래 조건을 참조하여 과실손해보험금(원)을 구하시오. (단, 피해율은 %단위로 소수점 셋째자리에서 반올림. 예시 : 12.345 % → 12.35 %로 기재, 주어진 조건 외 다른 사항은 고려하지 않음) (5점)

• 조건

품목	보험가입금액	가입포기수	자기부담비율	평년결과모지수
복분자	5,000,000원	1,800포기	20%	7개

수확전 사고 조사내용						
사고일자	사고원인	표본구간 살아있는 결과모지수 합계	표본조사 결과		표본구간수	미보상비율
			전체 결실수	수정불량 결실수		
4월 10일	냉해	250개	400개	200개	10	20%

원큐패스 손해평가사 시리즈,
새로운 시장을 열다!

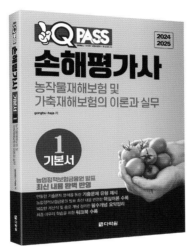

손해평가사 기본서 1
농작물재해보험 및
가축재해보험의 이론과 실무
교재 / 34,000원

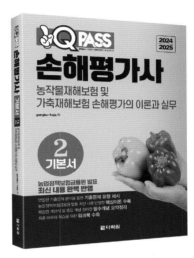

손해평가사 기본서 2
농작물재해보험 및
가축재해보험 손해평가의 이론과 실무
교재 / 34,000원

손해평가사 2차
기출문제+합격노트
교재 / 34,000원

손해 2차 평가사

기출문제+합격노트

농업정책보험금융원 발표 최신 내용 반영한
기출문제+실전 모의고사

방대한 이론을 정리한
핵심이론 합격노트

손해평가사 2차

기출문제 + 합격노트

gongbu-haja 저

철저한 분석을 통한 **모범답안** 제시
농업정책보험금융원 발표 최신 내용 반영한 **9개년 기출문제**
최종점검을 위한 **실전 모의고사 2회**
방대한 이론을 정리한 **핵심이론 합격노트**

QPASS

원큐패스는 수험생들이 **한번에 합격**하기를 응원합니다.

2차

다락원

PART
2

손해평가사 기출문제 정답 및 해설

제1회 손해평가사 기출문제 정답 및 해설

 ## 농작물재해보험 및 가축재해보험의 이론과 실무

01 답 : 꽃눈분화, 평년착과량, 신초발아, 미보상감수량, 보험가액 끝

02 답 : 100만 원, 200만 원, 1,000㎡, 50만 원, 300㎡ 끝

03 답 : 이앙, 직파(담수점파), 출수, 구제역, 축산휴지 끝

04 과수 4종(주요과수 : 사과, 배, 단감, 떫은감) 가입하는 해의 나무 수령(나이)이 다음 기준 미만인 경우 보험 인수가 제한된다.

> 가) 사과 : 밀식재배 3년, 반밀식재배 4년, 일반재배 5년
> 나) 배 : 3년
> 다) 단감·떫은감 : 5년

보험가입이 가능한 주수
= 사과(밀식재배,3년) 250주 + 배(3년) 180주 + 떫은감(6년) 195주
= 625주

답 : 625주 끝

05 답 : 7일, 50% 끝

06 인수심사

> 가. 인수 제한 목적물
> 　1) 과수(공통)
> 　　가) 보험가입금액이 200만 원 미만인 과수원
> 　　나) 품목이 혼식된 과수원(다만, 품목의 결과주수가 90% 이상인 과수원은 주품목에 한하여 가입 가능)
> 　　다) 제초작업, 시비관리 등 통상적인 영농활동을 하지 않은 과수원

라) 전정, 비배관리 잘못 또는 품종갱신 등의 이유로 수확량이 현저하게 감소
   할 것이 예상되는 과수원

마) 시험연구를 위해 재배되는 과수원

바) 하나의 과수원에 식재된 나무 중 일부 나무만 가입하는 과수원

사) 하천부지 및 상습 침수지역에 소재한 과수원

아) 판매를 목적으로 경작하지 않는 과수원

자) 가식(假植)되어 있는 과수원

차) 기타 인수가 부적절한 과수원

2) 과수 4종(주요과수 : 사과, 배, 단감, 떫은감) 가입하는 해의 나무 수령(나이)이
   다음 기준 미만인 경우

가) 사과 : 밀식재배 3년, 반밀식재배 4년, 일반재배 5년

나) 배 : 3년

다) 단감·떫은감 : 5년

답 : 농작물재해보험 가입이 거절된 사유

① 하천 소재 과수원

② 반밀식재배 4년 미만인 과수원

③ 가식되어 있는 과수원 끝

07 답 :

옥수수	• 수확감소보장 – 수확기종료 시점
	  (단, 판매개시연도 9월 30일을 초과할 수 없음)
	• 경작불능보장 – 수확개시 시점
	  (다만, 사료용 옥수수는 판매개시연도 8월31일을 초과할 수 없음)

마늘	• 수확감소보장 – 수확기종료 시점(단, 이듬해 6월 30일을 초과할 수 없음) • 경작불능보장 – 수확개시 시점 • 재파종보장 – 판매개시연도 10월 31일
고구마	• 수확감소보장 – 수확기종료 시점 (단, 판매개시연도 10월 31일을 초과할 수 없음) • 경작불능보장 – 수확개시 시점
차	• 수확감소보장 – 햇차 수확종료 시점 (다만, 이듬해 5월 10일을 초과할 수 없음)

복분자	• 과실손해위험보장
	   - 이듬해 5월 31일이전 : 이듬해 5월31일
	   - 이듬해 6월 1일이후 : 이듬해 수확기종료 시점
	               다만, 이듬해 6월 20일을 초과할 수 없음
	• 경작불능위험보장 - 수확개시 시점
	               다만, 이듬해 5월 31일을 초과할 수 없음

끝

08 답 : 잔가율 – 잔가율 20%와 자체 유형별 내용연수를 기준으로 경년감가율 산출 및 내용연수가 경과한 경우라도 현재 정상 사용 중인 시설의 경제성을 고려하여 잔가율을 최대 30%로 수정할 수 있다. 끝

09 답 : 보상하지 않는 손해

〈적과종료 이후〉
가) 계약자, 피보험자 또는 이들의 법정대리인의 고의 또는 중대한 과실로 인한 손해
나) 수확기에 계약자 또는 피보험자의 고의 또는 중대한 과실로 수확하지 못하여 발생한 손해
다) 제초작업, 시비관리 등 통상적인 영농활동을 하지 않아 발생한 손해
라) 원인의 직·간접을 묻지 않고 병해충으로 발생한 손해
마) 보상하지 않는 재해로 제방, 댐 등이 붕괴되어 발생한 손해
바) 최대순간풍속 14m/sec미만의 바람으로 발생한 손해
사) 보상하는 자연재해로 인하여 발생한 동녹(과실에 발생하는 검은 반점 병) 등 간접손해
아) 보상하는 손해에 해당하지 않은 재해로 발생한 손해
자) 저장한 과실에서 나타나는 손해
차) 저장성 약화, 과실경도 약화 등 육안으로 판별되지 않는 손해
카) 농업인의 부적절한 잎소지(잎 제거)로 인하여 발생한 손해
타) 병으로 인해 낙엽이 발생하여 태양광에 과실이 노출됨으로써 발생한 손해
파) 식물방역법 제36조(방제명령 등)에 의거 금지 병해충인 과수 화상병 발생에 의한 폐원으로 인한 손해 및 정부 및 공공기관의 매립으로 발생한 손해
하) 전쟁, 혁명, 내란, 사변, 폭동, 소요, 노동쟁의, 기타 이들과 유사한 사태로 생긴 손해

끝

10 인수심사

인수제한 목적물[논작물(벼, 맥류)]

가) 공통

    (1) 보험가입금액이 50만 원 미만인 농지

    (2) 하천부지에 소재한 농지

    (3) 최근 3년 연속 침수피해를 입은 농지. 다만, 호우주의보 및 호우경보 등 기상특보에 해당되는 재해로 피해를 입은 경우는 제외함

    (4) 오염 및 훼손 등의 피해를 입어 복구가 완전히 이루어지지 않은 농지

    (5) 보험가입 전 벼의 피해가 확인된 농지

    (6) 통상적인 재배 및 영농활동을 하지 않는다고 판단되는 농지

    (7) 보험목적물을 수확하여 판매를 목적으로 경작하지 않는 농지(채종농지 등)

    (8) 농업용지가 다른 용도로 전용되어 수용예정농지로 결정된 농

    (9) 전환지(개간, 복토 등을 통해 논으로 변경한 농지), 휴경지 등 농지로 변경하여 경작한지 3년 이내인 농지

    (10) 최근 5년 이내에 간척된 농지

    (11) 도서 지역의 경우 연륙교가 설치되어 있지 않고 정기선이 운항하지 않는 등 신속한 손해평가가 불가능한 지역에 소재한 농지

    ※ 단, 벼·조사료용 벼 품목의 경우 연륙교가 설치되어 있거나, 농작물재해보험 위탁계약을 체결한 지역 농·축협 또는 품목농협(지소포함)이 소재하고 있고 손해평가인 구성이 가능한 지역은 보험 가입 가능

    (12) 기타 인수가 부적절한 농지

나) 벼

    (1) 밭벼를 재배하는 농지

    (2) 군사시설보호구역 중 통제보호구역내의 농지(단, 통상적인 영농활동 및 손해평가가 가능하다고 판단되는 농지는 인수 가능)

    ※ 통제보호구역 : 민간인통제선 이북지역 또는 군사기지 및 군사시설의 최외곽 경계선으로부터 300미터 범위 이내의 지역

답 :

(1) 인수가능 여부

① △△리 1번지 농지 인수가능

② △△리 100번지 농지 인수불가

(2) 해당 사유

① 보험가입금액이 50만 원 미만인 농지는 인수불가하다. 하지만 △△리 1번지 농지는 180만 원, △△리 100번지 농지는 50만 원으로 두 농지 모두 인수가능하다.

② 최근 3년 연속 침수피해를 입은 농지는 인수불가하다. 하지만, 호우주의보 및 호우경보 등 기상특보에 해당되는 재해로 피해를 입은 경우는 제외하므로, 두 농지 모두 인수가능하다.

③ 최근 5년 이내에 간척된 농지는 인수불가하다. 때문에 6년 전에 간척된 △△리 1번지 농지는 인수가능하지만, 4년 전에 간척된 △△리 100번지 농지는 인수불가하다. 끝

🤲 농작물재해보험 및 가축재해보험 손해평가의 이론과 실무

11 답 : 생육시기, 품목, 재해종류 끝

12 과중조사

> 과중 조사는 사고 접수가 된 농지에 한하여 품종별로 수확 시기에 각각 실시한다.
> 농지에서 품종별로 착과가 평균적인 3주 이상의 표본주에서 크기가 평균적인 과실을 품종별 20개 이상(포도는 농지당 30개 이상, 복숭아·자두는 농지당 60개 이상) 추출하여 품종별 과실 개수와 무게를 조사한다.

답 :
과중조사 횟수 – 4회(각 품종별 수확시기가 다른 4품종이므로)
최소 표본주수 – 12주수(4회(= 4품종) × 3주/회)
최소 추출과실개수 – 80개 (품종별 20개 × 4품종 = 80개 〉농지별 60개) 끝

13 [별표 3] 과실 분류에 따른 피해인정계수
〈복숭아, 감귤 외 과실〉

과실분류	피해인정계수	비 고
정상과	0	피해가 없거나 경미한 과실
50%형 피해과실	0.5	일반시장에 출하할 때 정상과실에 비해 50% 정도의 가격하락이 예상되는 품질의 과실 (단, 가공공장공급 및 판매 여부와 무관)

80%형 피해과실	0.8	일반시장 출하가 불가능하나 가공용으로 공급될 수 있는 품질의 과실(단, 가공공장공급 및 판매여부와 무관)
100%형 피해과실	1	일반시장 출하가 불가능하고 가공용으로도 공급될 수 없는 품질의 과실

답 :

참다래	정상과(0)	50%(0.5)	80%(0.8)	100%(1)
포도	정상과(0)	50%(0.5)	80%(0.8)	100%(1)
밤	정상과(0)	50%(0.5)	80%(0.8)	100%(1)

끝

14 답 : 지주목 간격, 비대추정지수, 고사결과모지수, 평년결과모지수 끝

15 답 : 삽식일, 파종일, 잎, 줄기, 수염 끝

〈품목별 수확량조사 적기〉

품목	수확량조사 적기
양파	양파의 비대가 종료된 시점 (식물체의 도복이 완료된 때)
마늘	마늘의 비대가 종료된 시점 (잎과 줄기가 1/2~2/3 황변하여 말랐을 때와 해당 지역의 통상 수확기가 도래하였을 때)
고구마	고구마의 비대가 종료된 시점 (삽식일로부터 120일 이후에 농지별로 적용)
감자 (고랭지재배)	감자의 비대가 종료된 시점 (파종일로부터 110일 이후)
감자 (봄재배)	감자의 비대가 종료된 시점 (파종일로부터 95일 이후)
감자 (가을재배)	감자의 비대가 종료된 시점 (파종일로부터 제주지역은 110일 이후, 이외 지역은 95일 이후)

옥수수	옥수수의 수확 적기(수염이 나온 후 25일 이후)
차(茶)	조사 가능일 직전 (조사 가능일은 대상 농지에 식재된 차나무의 대다수 신초가 1심 2엽의 형태를 형성하며 수확이 가능할 정도의 크기(신초장 4.8cm 이상, 엽장 2.8cm 이상, 엽폭 0.9cm 이상)로 자란 시기를 의미하며, 해당 시기가 수확연도 5월 10일을 초과하는 경우에는 수확년도 5월 10일을 기준으로 함)
콩	콩의 수확 적기 (콩잎이 누렇게 변하여 떨어지고 꼬투리의 80 ~ 90% 이상이 고유한 성숙(황색)색깔로 변하는 시기인 생리적 성숙기로부터 7 ~ 14일이 지난 시기)
팥	팥의 수확 적기(꼬투리가 70 ~ 80% 이상이 성숙한 시기)
양배추	양배추의 수확 적기(결구 형성이 완료된 때)

16 답 :

적과후 착과수조사	(1) 나무조사 　　과수원 내 품종·재배방식·수령별 실제결과주수, 미보상주수, 고사주수, 수확불능주수를 파악한다. (2) 조사 대상주수 계산 　　품종·재배방식·수령별 실제결과주수에서 미보상주수, 고사주수, 수확불능주수를 빼고 조사 대상주수를 계산한다. (3) 적정표본주수 산정 　(가) 조사 대상주수 기준으로 품목별 표본주수표에 따라 과수원별 전체 적정표본주수를 산정한다. 　(나) 적정표본주수는 품종·재배방식·수령별 조사 대상주수에 비례하여 배정하며, 품종·재배방식·수령별 적정표본주수의 합은 전체 표본주수보다 크거나 같아야 한다. 　　적정표본주수 = 전체 표본주수 × (품종별 조사 대상주수 / 조사 대상주수 합) 　　(소수점 이하 첫째 자리에서 올림)

	(4) 표본주 선정 및 리본 부착 　품종·재배방식·수령별 조사대상주수의 특성이 골고루 반영될 수 있 　도록 표본주를 선정 후 조사용 리본을 부착하고 조사내용 및 조사자 　를 기재한다. (5) 조사 및 조사내용 현지조사서 등 기재 　선정된 표본주의 품종, 재배방식, 수령 및 착과수(착과과실수)를 조 　사하고 현지 조사서 및 리본에 조사내용을 기재한다. (6) 품종·재배방식·수령별 착과수는 다음과 같이 산출한다. 　품종·재배방식·수령별 착과수 = $\left(\dfrac{품종·재배방식·수령별\ 표본주의착과수\ 합계}{품종·재배방식·수령별\ 표본주합계} \right)$ 　× 품종·재배방식·수령별 조사대상주수 ※ 품종·재배방식·수령별 착과수의 합계를 과수원별 「적과후 착과수」 　로 함 (7) 미보상비율 확인 　보상하는 손해 이외의 원인으로 인해 감소한 과실의 비율을 조사한다.
태풍(강풍) 낙엽률조사	① 조사 대상주수 기준으로 품목별 표본주수표의 표본주수에 따라 주수를 　산정한다. ② 표본주 간격에 따라 표본주를 정하고, 선정된 표본주에 리본을 묶고 　동서남북 4곳의 결과지(신초, 1년생 가지)를 무작위로 정하여 각 결 　과지 별로 낙엽수와 착엽수를 조사하여 리본에 기재한 후 낙엽률을 　산정한다(낙엽수는 잎이 떨어진 자리를 센다). ③ 사고 당시 착과과실수에 낙엽률에 따른 인정피해율을 곱하여 해당 감 　수과실수로 산정한다. 　인정피해율 　<u>단감</u> = (1.0115 × 낙엽률) − (0.0014 × 경과일수) 　<u>떫은 감</u> = 0.9662 × 낙엽률 − 0.0703

우박 착과피해조사	(1) 착과피해조사는 착과된 과실에 대한 피해 정도를 조사하는 것으로 해당 피해에 대한 확인이 가능한 시기에 실시하며, 대표품종(적과후 착과수 기준 60% 이상 품종)으로 하거나 품종별로 실시할 수 있다. (2) 착과피해조사에서는 가장 먼저 착과수를 확인하여야 하며, 이때 확인할 착과수는 적과후 착과수조사와는 별개의 조사를 의미한다. 다만, 이전 실시한 (적과후) 착과수조사(이전 착과피해조사 시 실시한 착과수조사 포함)의 착과수와 금차 조사 시의 착과피해조사 시점의 착과수가 큰 차이가 없는 경우에는 별도의 착과수 확인 없이 이전에 실시한 착과수조사값으로 대체할 수 있다. (3) 착과수 확인은 실제결과주수에서 고사주수, 수확불능주수, 미보상주수 및 수확 완료주수를 뺀 조사 대상주수를 기준으로 적정 표본주수를 산정하며 이후 조사방법은 위「적과후 착과수조사」방법과 같다. (4) 착과수 확인이 끝나면 수확이 완료되지 않은 품종별로 표본 과실을 추출한다. 이때 추출하는 표본과실수는 품종별 1주 이상(과수원당 3주 이상)으로 하며, 추출한 표본 과실을「과실 분류에 따른 피해인정계수」〈별표 3 참고〉에 따라 품종별로 정상과, 50%형 피해과, 80%형 피해과 100%형 피해과로 구분하여 해당 과실 개수를 조사한다. 다만, 거대재해 등 필요 시에는 해당 기준 표본수의 1/2만 조사도 가능하다. 또한, 착과피해조사 시 따거나 수확한 과실은 계약자의 비용 부담으로 한다. (5) 조사 당시 수확이 완료된 품종이 있거나 피해가 경미하여 피해구성조사로 추가적인 감수가 인정되기 어려울 때에는 품종별로 피해구성조사를 생략 할 수 있다. 대표품종만 조사한 경우에는 품종별 피해 상태에 따라 대표품종의 조사 결과를 동일하게 적용할 수 있다.

	(1) 고사나무조사 필요여부 확인
	① 수확완료 후 고사나무가 있는 경우에만 조사 실시
	② 기조사(착과수조사 및 수확량조사 등) 시 확인된 고사나무 이외에 추가 고사 나무가 없는 경우(계약자 유선 확인 등)에는 조사 생략 가능
	(2) 보상하는 재해로 인한 피해여부 확인
	보상하지 않는 손해로 고사한 나무가 있는 경우 미보상 고사주수로 조사한다{(미보상 고사주수는 고사나무조사 이전 조사(적과후 착과수조사, 착과피해조사 및 낙과피해조사)에서 보상하는 재해 이외의 원인으로 고사하여 미보상주수로 조사된 주수를 포함한다)}.
고사나무 조사	(3) 고사주수 조사
	품종별·재배방식별·수령별로 실제결과주수, 수확완료 전 고사주수, 수확완료 후 고사주수 및 미보상 고사주수(보상하는 재해 이외의 원인으로 고사한 나무)를 조사한다{(수확완료 전 고사주수는 고사나무조사 이전 조사(적과후 착과수조사, 착과피해조사 및 낙과피해조사)에서 보상하는 재해로 고사한 것으로 확인 된 주수를 의미하며, 수확완료 후 고사주수는 보상하는 재해로 고사한 나무 중 고사나무조사 이전 조사에서 확인되지 않은 나무주수를 말한다}.

끝

17

(1) 계약 1 누적감수과실수

> 태풍낙과 감수과실수 = 총낙과과실수 × (낙과피해구성률 − MaxA) × 1.07
> = 1,000개 × {(500 + 240 + 60)/1,000 − 0} × 1.07
> = 856개
>
> 우박 착과 감수과실수 = 사고당시 착과과실수 × (착과피해구성률 − MaxA)
> = 5,000개 × {(10 + 8 + 7)/100 − 0} = 1,250개
>
> 사고당시 착과과실수 = 6,000개 − 1,000개 = 5,000개
>
> 누적감수과실수 = 856개 + 1,250개 = 2,106개

답 : 2,106개 끝

(2) 계약 2 누적감수과실수

> 종합위험/자연재해/착과손해 인정분 감수과실수
> = 적과후 착과수 9,000개 × 0.05 = 450개
> 적과후 착과수 9,000개 ÷ 평년착과수 20,000개
> = 0.45 = 45% 〈 60% 미만인 경우 해당
>
> 태풍낙과 감수과실수 = 총낙과과실수 × (낙과피해구성률 − MaxA) × 1.07
> = 2,000개 × {(700 + 640 + 160)/2,000 − 0.05} × 1.07 = 1,498개
>
> 우박 착과 감수과실수 = 사고당시 착과과실수 × (착과피해구성률 − MaxA)
> = 7,000개 × {(20 + 40 + 10)/100 − 0.05} = 4,550개
>
> 사고당시 착과과실수 = 9,000개 − 2,000개 = 7,000개
>
> 누적감수과실수 = 450개 + 1,498개 + 4,550개 = 6,498개

답 : 6,498개 끝

18

> 고추 생산비보장 보험금 = (잔존보험가입금액 × 경과비율 × 피해율 × 병충해 등급별 인정비율) − 자기부담금
> = (5,000,000원 × 0.7635 × 0.4 × 0.7) − 250,000원 = 818,900원
>
> 잔존보험가입금액 = 보험가입금액 − 보상액(기발생 생산비보장보험금합계액)
> = 10,000,000원 − 5,000,000원 = 5,000,000원
>
> (수확기 이전에 보험사고가 발생한 경우)
> 경과비율 = 준비기생산비계수 + {(1 − 준비기생산비계수) × (생장일수 ÷ 표준생장일수)}
> = 0.527 + {(1−0.527) × (50÷100)} = 0.7635
>
> 피해율 = 피해비율 × 손해정도비율 × (1 − 미보상비율) = 0.5 × 0.8 × (1 − 0) = 0.4

답 : 818,900원 끝

19

(1) 답 :

① 재이앙·재직파 보험금 지급사유 : 보험기간 내에 보상하는 재해로 면적 피해율이 10%를 초과하고, 재이앙(재직파)한 경우(1회지급)

② 경작불능 보험금 지급사유 : 보험기간 내에 보상하는 재해로 식물체 피해율이 65% 이상(벼(조곡) 분질미는 60%)이고, 계약자가 경작불능보험금을 신청한 경우(보험계약 소멸)

③ 수확감소 보험금 지급사유 : 보험기간 내에 보상하는 재해로 피해율이 자기부담비율을 초과하는 경우 끝

(2)

〈조건 1〉
재이앙·재직파 보험금 = 보험가입금액 × 25% × 면적 피해율
= 2,000,000원 × 0.25 × 0.5 = 250,000원

〈조건 2〉
경작불능 보험금 = 보험가입금액 × 일정비율(자기부담비율 15%인 경우 42%)
= 2,000,000원 × 0.42 = 840,000원

〈조건 3〉
수확감소보험금 = 보험가입금액 × (피해율 − 자기부담비율)
= 2,000,000원 × (0.5 − 0.2) = 600,000원

피해율 = (평년수확량 − 수확량 − 미보상감수량) ÷ 평년수확량
= (1,400kg − 500kg − 200kg) ÷ 1,400kg = 0.5

답 :
〈조건 1〉 재이앙·재직파 보험금 = 250,000원
〈조건 2〉 경작불능 보험금 = 840,000원
〈조건 3〉 수확감소보험금 = 600,000원 끝

20 답 :

유형	조사시기	조사방법
수량요소 조사	수확전 14일 전후	(1) 표본포기수 : 4포기(가입면적과 무관함) (2) 표본포기 선정 　재배 방법 및 품종 등을 감안하여 조사대상 면적에 동일한 간격으로 골고루 배치될 수 있도록 표본포기를 선정한다. 다만, 선정한 포기가 표본으로 부적합한 경우(해당 포기의 수확량이 현저히 많거나 적어서 표본으로 대표성을 가지기 어려운 경우 등)에는 가까운 위치의 다른 포기를 표본으로 선정한다. (3) 표본포기조사 　선정한 표본포기별로 이삭상태 점수 및 완전낟알상태 점수를 조사한다. (4) 수확비율 산정 　(가) 표본포기별 이삭상태 점수(4개) 및 완전낟알상태 점수(4개)를 합산한다. 　(나) 합산한 점수에 따라 조사수확비율 환산표에서 해당하는 수확비율 구간을 확인한다. 　(다) 해당하는 수확비율구간 내에서 조사 농지의 상황을 감안하여 적절한 수확비율을 산정한다. (5) 피해면적 보정계수 산정 : 피해정도에 따른 보정계수를 산정한다. (6) 병해충 단독사고 여부 확인(벼만 해당) 　농지의 피해가 자연재해, 조수해 및 화재와는 상관없이 보상하는 병해충만으로 발생한 병해충 단독사고인지 여부를 확인한다. 이때, 병해충 단독사고로 판단될 경우에는 가장 주된 병해충명을 조사한다.

표본조사	알곡이 여물어 수확이 가능한 시기	(1) 표본구간수 선정 　조사대상 면적에 따라 아래 적정 표본구간수 이상의 표본구간수를 선정한다. 다만, 가입면적과 실제경작면적이 10% 이상 차이가 날 경우(계약 변경 대상)에는 실제경작면적을 기준으로 표본구간수를 선정한다. (2) 표본구간 선정 　선정한 표본구간수를 바탕으로 재배 방법 및 품종 등을 감안하여 조사대상 면적에 동일한 간격으로 골고루 배치될 수 있도록 표본구간을 선정한다. 다만, 선정한 구간이 표본으로 부적합한 경우(해당 작물의 수확량이 현저히 많거나 적어서 표본으로 대표성을 가지기 어려운 경우 등)에는 가까운 위치의 다른 구간을 표본구간으로 선정한다. (3) 표본구간 면적 및 수량조사 　(가) 표본구간 면적 : 표본구간마다 4포기의 길이와 포기당 간격을 조사한다(단, 농지 및 조사 상황 등을 고려하여 4포기를 2포기로 줄일 수 있다). 　(나) 표본중량조사 : 표본구간의 작물을 수확하여 해당 중량을 측정한다. 　(다) 함수율조사 : 수확한 작물에 대하여 함수율을 3회 이상 실시하여 평균값을 산출한다. (4) 병해충 단독사고 여부 확인(벼만 해당) 　농지의 피해가 자연재해, 조수해 및 화재와는 상관없이 보상하는 병해충만으로 발생한 병해충 단독사고인지 여부를 확인한다. 이때, 병해충 단독사고로 판단될 경우에는 가장 주된 병해충명을 조사한다.

		(1) 전수조사대상 농지 여부 확인 　　전수조사는 기계수확(탈곡 포함)을 하는 농지에 한한다. (2) 조곡의 중량조사 　　대상 농지에서 수확한 전체 조곡의 중량을 조사하며, 전 　　체 중량 측정이 어려운 경우에는 콤바인, 톤백, 콤바인 　　용 포대, 곡물적재함 등을 이용하여 중량을 산출한다. (3) 조곡의 함수율조사 　　수확한 작물에 대하여 함수율을 3회 이상 실시하여 평균 　　값을 산출한다. (4) 병해충 단독사고 여부 확인 　　농지의 피해가 자연재해, 조수해 및 화재와는 상관없이 　　보상하는 병해충만으로 발생한 병해충 단독사고인지 여 　　부를 확인한다. 이때, 병해충 단독사고로 판단될 경우에 　　는 가장 주된 병해충명을 조사한다.
전수조사	수확 시	

끝

농작물재해보험 및 가축재해보험의 이론과 실무

01 답 : 5년, 실제수확량, 표준수확량, 가입횟수 끝

02 과수 4종(주요과수 : 사과, 배, 단감, 떫은감) 가입하는 해의 나무 수령(나이)이 다음 기준 미만인 경우 인수가 제한된다.

> 가) 사과 : 밀식재배 3년, 반밀식재배 4년, 일반재배 5년
> 나) 배 : 3년
> 다) 단감·떫은감 : 5년

계약인수는 과수원(농지) 단위로 가입하고 개별 과수원(농지)당 최저 보험가입금액은 200만 원 이상이다. 단, 하나의 리, 동에 있는 각각 보험가입금액 200만 원 미만의 두 개의 과수원(농지)은 하나의 과수원(농지)으로 취급하여 계약 가능하다.
※ 2개의 과수원(농지)을 합하여 인수한 경우 1개의 과수원(농지)으로 보고 손해평가를 한다.

답 :
(1) 보험가입이 가능한 과수원 구성 : ① 1번 과수원 + 2번 과수원, ② 3번 과수원

(2) 이유 : 1번, 2번, 3번 과수원 모두 밀식재배 3년 미만(3번 과수원), 반밀식재배 4년 미만(1번 과수원), 일반재배 5년 미만(2번 과수원)에 인수제한 기준에 해당사항이 없다.

같은 동에 위치하는 1번 과수원(보험가입금액 130만 원), 2번 과수원(보험가입금액 110만 원)은 각각 보험가입금액이 200만 원 미만으로 단독가입은 안되지만, 보험가입금액 200만 원 미만의 두 개의 과수원으로 하나의 과수원(농지)으로 취급하여 가입이 가능하다.

3번 과수원은 보험가입금액이 200만 원 이상으로 단독 가입가능하다.
끝

03 답 :

(1) 보험가입 가능여부 : 가입가능

(2) 이유 :

농업용시설물 및 시설작물의 경우 단지 면적이 300㎡ 이상이여야 가입이 가능하다. 문제의 경우는 900㎡로 그 이상에 해당하여 가입가능함

시설작물(오이)의 재배면적이 시설면적의 50% 미만이거나, 재식밀도가 1,500주/10a 미만인 경우에는 인수가 제한되지만, 문제의 경우는 50%와 1,500주/10a로 모두 그 이상에 해당하여 가입가능함
끝

04 답 : ① 전액, ② 미경과비율, ③ 중대한 과실, ④ 보험계약대출이율, ⑤ 연단위 복리 끝

05

> 보험료 = 보통약관 보험가입금액 × 지역별 보통약관 영업요율 × (1 − 부보장 및 한정보장 특별약관 할인율) × (1 ± 손해율에 따른 할인·할증률) × (1 − 방재시설 할인율)
> = 10,000,000원 × 0.2 × (1 − 0) × (1 − 0.2) × (1 − 0.1) = 1,440,000원

답 : 1,440,000원 끝

06

(1) 최근 3년간 보험에 가입 중이며 3년간 수령한 보험금이 순보험료의 100% 이하 (60%)인 경우 선택할 수 있는 최저 자기부담비율은 10%이다.

답 : 10% 끝

(2) 나무손해보장 특약의 보험가입금액 = 700주 × 10만 원 = 7,000만 원
자기부담비율 = 5%

답 : 7,000만 원, 5% 끝

07

(1) 답 : 포도, 대추, 참다래 끝

(2) 답 : 해당 목적물인 비가림시설의 구조체와 피복재의 재조달가액을 기준으로 수리비를 산출한다. 끝

(3) 답 : 물리적으로 분리 가능한 시설 1동을 기준으로 보험목적물별 평가한다. 끝

(4) 답 :

피복재	피복재의 피해 면적을 조사한다.
구조체	(1) 손상된 골조를 재사용할 수 없는 경우 : 교체수량 확인 후 교체 비용 산정 (2) 손상된 골조를 재사용할 수 있는 경우 : 보수면적 확인 후 보수비용 산정

끝

08

(1) 답 : 적과전 사고가 없으나 적과후 착과량이 평년착과량보다 적게되는 경우에 보험가입금액을 감액한다. 끝

복수정답 : 가입수확량이 기준수확량을 초과하는 경우에는 그 초과분은 제외되도록 가입수확량이 조정되며 보험가입금액을 감액한다. 끝

(2)

차액보험료 = (감액분 계약자부담보험료 × 감액미경과비율) − 미납입보험료
= (150,000원 × 0.9) − 0 = 135,000원

단감, 5종 한정특약가입, 착과감소보험금 보장수준 50%(가장 낮은 것) 일 때 감액미경과비율은 90%

〈감액미경과비율〉

적과종료 이전 특정위험 5종 한정보장 특별약관에 가입하지 않은 경우

품목	착과감소보험금 보장수준 50%형	착과감소보험금 보장수준 70%형
사과,배	70%	63%
단감,떫은감	84%	79%

적과종료 이전 특정위험 5종 한정보장 특별약관에 가입한 경우

품목	착과감소보험금 보장수준 50%형	착과감소보험금 보장수준 70%형
사과,배	83%	78%
단감,떫은감	90%	88%

답 : 135,000원 끝

(3) 답 : 차액보험료는 적과후 착과수 조사일이 속한 달의 다음 달 말일 이내에 지급한다. 끝

(4) 답 : 적과후 착과수조사 이후 착과수가 적과후 착과수보다 큰 경우에는 지급한 차액보험료를 다시 정산한다. 끝

09

(1) 답 : ① 판매개시연도 7월 31일, ② 출수기 전, ③ 수확 개시 시점, ④ 판매개시연도 11월 30일, ⑤ 이듬해 6월 30일 끝

(2) 답 : 10개 끝

구분	품목	보장명 (보통약관)				
		이앙·직파 불능보장	재이앙· 재직파 보장	수확감소 보장	경작불능 보장	수확불능 보장
종합위험 수확감소 보장	〈예〉 벼	○	○	○	○	○
	조사료용 벼				○	
	밀			○	○	
	보리			○	○	

10

(1) 답 : 보상하는 재해로 식물체 피해율이 65% 이상이고, 계약자가 경작불능보험금을 신청한 경우 끝

(2) 답 : 경작불능보험금을 지급한 때에는 그 손해보상의 원인이 생긴 때로부터 해당 농지에 대한 보험 계약은 소멸된다. 끝

(3) 답 :
① 보험가입금액이 200만 원 미만인 농지
② 통상적인 재배 및 영농활동을 하지 않는 농지
③ 다른 작물과 혼식되어 있는 농지
④ 시설재배 농지
⑤ 하천부지 및 상습 침수지역에 소재한 농지
⑥ 판매를 목적으로 경작하지 않는 농지
⑦ 도서지역의 경우 연륙교가 설치되어 있지 않고 정기선이 운항하지 않는 등 신속한 손해평가가 불가능한 지역에 소재한 농지
⑧ 군사시설보호구역 중 통제보호구역내의 농지(단, 통상적인 영농활동 및 손해평가가 가능하다고 판단되는 농지는 인수가능)
⑨ 기타 인수가 부적절한 농지
⑩ 극조생종, 조생종, 중만생종을 혼식한 농지
⑪ 재식밀도가 23,000주/10a 미만, 40,000주/10a 초과인 농지
⑫ 9월 30일 이전 정식한 농지
⑬ 양파 식물체가 똑바로 정식되지 않은 농지(70° 이하로 정식된 농지)
⑭ 부적절한 품종을 재배하는 농지(예 : 고랭지 봄파종 재배 적응 품종 → 게투린, 고떼이황, 고랭지 여름, 덴신, 마운틴1호, 스프링골드, 사포로기, 울프, 장생대고, 장일황, 하루히구마 등)
⑮ 무멀칭농지
⑯ 시설재배농지 끝

11

(1) 실제결과주수

> 실제결과주수 = 가입일자를 기준으로 농지(과수원)에 식재된 모든 나무 수 - 인수 조건에 따라 보험에 가입할 수 없는 나무(유목 및 제한 품종)수
> = 1,000주 - 150주 = 850주

답 : 850주 끝

(2) 나무손해보장 특별약관보험금

> 나무손해보장 특별약관보험금 = 보험가입금액 × (피해율 - 자기부담비율 5%)
> = 8,000만 원 × (0.1 - 0.05) = 400만 원
> 피해율 = 피해주수(고사된 나무) ÷ 실제결과주수 = 85주 ÷ 850주 = 0.1

답 : 400만 원 끝

12 답 :

① 20%형, 40%형, 60%형, 80%형

② 보험가액의 20%를 손해액으로 산출한다.

③ 손해액의 10% 끝

13 답 : ① 수정불량환산, ② 미보상, ③ 평년 끝

14 병충해감수량

> 병충해감수량 = 병충해 입은 괴경의 무게 × 손해정도비율 × 인정비율
> = 10kg × 0.6 × 0.9 = 5.4kg

답 : 5.4kg 끝

〈손해정도에 따른 손해정도 비율〉

품목	손해정도	손해정도비율	손해정도	손해정도비율
감자	1 ~ 20%	20%	61 ~ 80%	80%
	21 ~ 40%	40%	81 ~ 100%	100%
	41 ~ 60%	60%		

〈병·해충 등급별 인정 비율〉

구분		병·해충	인정비율
품목	급수		
감자	1급	역병, 갈쭉병, 모자이크병, 무름병, 둘레썩음병, 가루더뎅이병, 잎말림병, 감자뿔나방	90%
	2급	홍색부패병, 시들음병, 마른썩음병, 풋마름병, 줄기검은병, 더뎅이병, 균핵병, 검은무늬썩음병, 줄기기부썩음병, 진딧물류, 아메리카잎굴파리, 방아벌레류	70%
	3급	반쪽시들음병, 흰비단병, 잿빛곰팡이병, 탄저병, 겹둥근무늬병, 오이총채벌레, 뿌리혹선충, 파밤나방, 큰28점박이무당벌레, 기타	50%

15 답 : ① 5cm, ② 3cm, ③ 3.5cm, ④ 최대 지름, ⑤ 50% 끝

16 답 :
(1) 조사대상 : 사고 여부와 관계없이 보험에 가입한 농지
(2) 조사시기 : 최초 수확 품종 수확기 직전
(3) 조사방법 :
① 주수 조사
농지내 품종별·수령별 실제결과주수, 미보상주수 및 고사나무주수를 파악한다.
② 조사 대상주수 계산
품종별·수령별 실제결과주수에서 미보상주수 및 고사나무주수를 빼서 조사대상주수를 계산하다.

③ 표본주수 산정
- 과수원별 전체 조사대상주수를 기준으로 품목별 표본주수표에 따라 농지별 전체 표본주수를 산정한다.
- 적정 표본주수는 품종별·수령별 조사대상주수에 비례하여 산정하며, 품종별·수령별 적정표본주수의 합은 전체 표본주수보다 크거나 같아야 한다.
④ 표본주 선정
- 조사대상주수를 농지별 표본주수로 나눈 표본주 간격에 따라 표본주 선정 후 해당 표본주에 표시리본을 부착한다.
- 동일품종·동일재배방식·동일수령의 농지가 아닌 경우에는 품종별·재배방식별·수령별 조사대상주수의 특성이 골고루 반영될 수 있도록 표본주를 선정한다.
⑤ 착과된 전체 과실수 조사
선정된 표본주별로 착과된 전체 과실수를 세고 표시리본에 기재한다.
⑥ 미보상비율 확인 : 품목별 미보상비율 적용표에 따라 미보상비율을 조사한다.
끝

17

〈태풍〉

낙과피해 과실수 = 1,000개

낙엽피해 과실수 = 654개
사고당시 착과과실수 × (인정피해율 − MaxA) × (1 − 미보상비율)
=(5,000개 − 1,000개) × (0.16345−0) × (1 − 0) = 653.8개 = 654개

인정피해율 = (1.0115 × 낙엽률) − (0.0014 × 경과일수)
= (1.0115 × 0.3) − (0.0014 × 100) = 0.30345 − 0.14 = 0.16345

〈우박〉

우박피해 과실수 = 546개
사고당시 착과과실수 × (착과피해구성률 − MaxA)
= 4,000개 × (0.3 − 0.16345) = 546.2개 = 546개

착과피해구성률 = (4개 × 1 + 20개 × 0.8 + 20개 × 0.5) / 100개 = 0.3

〈가을동상해〉

가을동상해 피해 과실수 = 300개
사고당시 착과과실수 × (착과피해구성률 − MaxA)
= 3,000개 × (0.4 − 0.3) = 300개

착과피해구성률 = (6개 × 1 + 30개 × 0.8 + 20개 × 0.5) / 100개 = 0.4

적과종료 이후 누적감수과실수 = 1,000개 + 654개 + 546개 + 300개 = 2,500개

답 : 2,500개 끝

18

(1)

피해율 = (평년수확량 − 수확량 − 미보상감수량) ÷ 평년수확량
= (6,000kg − 3,050kg − 295kg) ÷ 6,000kg = 0.4425

수량요소조사 수확량 = 표준수확량 × 조사수확비율 × 피해면적 보정계수
= 5,000kg × 0.61 × 1 = 3,050kg

조사내용	1번 포기	2번 포기	3번 포기	4번 포기
포기당 이삭수	151	162	172	151
이삭당 완전낟알수	512	491	815	754

18점 → 조사수확비율 61%

미보상 감수량 = (6,000kg − 3,050kg) × 0.1 = 295kg

답 : 44.25% 끝

(2)

> 피해율 = (평년수확량 − 수확량 − 미보상감수량) ÷ 평년수확량
> = (6,000kg − 3,327kg − 267kg) ÷ 6,000kg = 0.401
>
> 표본조사 수확량 = (표본구간 단위면적당 유효중량 × 조사대상면적) + {단위면적당 평년수확량 × (타작물 및 미보상면적 + 기수확면적)}
> = 0.8kg × (1 − 0.07) × {(1 − 0.17)÷(1 − 0.15)}÷1.2㎡ × (6,000㎡ − 700㎡ − 300㎡) + 6,000kg / 6,000㎡ × 300㎡ = 3,027.058824 + 300 = 3,327kg
>
> 메벼 기준함수율 = 15%
>
> 미보상감수량 = (6,000kg − 3,327kg) × 0.1 = 267.3 = 267kg

답 : 40.1% 끝

(3)

> 수확감소보험금 = 보험가입금액 × (피해율 − 자기부담비율)
> = 10,200,000원 × (0.401 − 0.2) = 2,050,200원
> 하나의 농지에 대하여 여러종류의 수확량 조사가 실시되었을 경우, 피해율 적용 우선순위는 전수, 표본, 수량요소 순임. 위 경우에는 표본조사의 피해율 40.1%를 적용함

답 : 2,050,200원 끝

19

(1) 답 :
① 지급사유 : 보험기간 내에 보장하는 재해로 10a당 출현주수가 30,000주보다 작고, 10a당 30,000주 이상으로 재파종한 경우(1회에 한하여 보상한다.)
② 계산식 : 재파종보험금 = 보험가입금액 × 35% × 표준출현 피해율
표준출현 피해율(10a기준) = (30,000 − 출현주수) ÷ 30,000
끝

(2)

> 재파종보험금 = 보험가입금액 × 35% × 표준출현 피해율
> = 1,000만 원 × 0.35 × 0.4 = 140만 원
>
> 표준출현 피해율(10a기준) = (30,000 − 18,000) ÷ 30,000 = 0.4
> 1㎡ = 18주이므로 10a(=1,000㎡) = 18,000주

답 : 140만 원 끝

20

(1)

> 수확량 = (표본구간 단위면적당 수확량 × 조사대상면적) + {단위면적당 평년수확량 × (타작물 및 미보상면적＋기수확면적)}
> = 0.1kg/㎡ × 7,000㎡ + 0.247kg/㎡ × 2,000㎡ = 1,194kg
>
> 표본구간 단위면적당 수확량 = 1.2kg ÷ 12㎡ = 0.1kg/㎡
>
> 조사대상면적 = 실제경작면적 − 고사면적 − 타작물 및 미보상 면적 − 기수확면적
> = 10,000㎡ − 1,000㎡ − 0㎡ − 2,000㎡ = 7,000㎡
>
> 단위면적당 평년수확량 = 평년수확량 ÷ 실제경작면적 = 2,470kg ÷ 10,000㎡
> = 0.247kg/㎡

답 : 1,194kg 끝

(2)

> 기준수입 = 평년수확량 × 농지별 기준가격
> = 2,470kg × 3,900원/kg
> = 9,633,000원

답 : 9,633,000원 끝

(3)

실제수입 = (수확량 + 미보상감수량) × 최솟값(농지별 기준가격, 농지별 수확기가격)
= (1,194kg + 200kg) × 3,900원/kg = 5,436,600원

답 : 5,436,600원 끝

(4)

피해율 = (기준수입 − 실제수입) ÷ 기준수입
= (9,633,000원 − 5,436,600원) ÷ 9,633,000원 = 0.43562753 = 43.56%

답 : 43.56% 끝

(5)

농업수입감소보험금 = 보험가입금액 × (피해율 − 자기부담비율)
= 900만 원 × (0.4356 − 0.2) = 2,120,400원

답 : 2,120,400원 끝

🌱 농작물재해보험 및 가축재해보험의 이론과 실무

01 답 : ① 과실, ② 나무, ③ 농업용시설물, ④ 수령, ⑤ 재배방식 끝

02 답 : ① 9월1일, ② 11월10일, ③ 11월15일, ④ 9월30일, ⑤ kg당 평균 가격 끝

03 답 : ① ×, ② ×, ③ ○, ④ ×, ⑤ ○ 끝

> ① 세균구멍병으로 발생한 손해 : 자두품목의 경우 원인의 직·간접을 묻지 않고 병해충으로 발생한 손해는 보상하지 않는 손해에 해당한다(다만, 복숭아의 세균구멍병으로 인한 손해는 제외).
> ②, ④ 보상하지 않는 손해에 해당
> ③ 기온이 0°C 이상에서 발생한 이상저온에 의한 손해 : 자연재해 중 냉해에 해당하는 손해로 보상하는 손해
> ⑤ 최대 순간풍속 15m/sec의 바람으로 발생한 손해 : 자연재해 중 태풍(강풍)에 해당하는 손해로 보상하는 손해

04

> 나무손해보장특약 보험금 = 보험가입금액 × {피해율 − 자기부담비율(5%)}
> = 20,000,000원 × (0.25 − 0.05) = 4,000,000원
> 피해율 = 피해주수(고사된 나무) ÷ 실제결과주수 = 50주 ÷ 200주 = 0.25(25%)

답 : 4,000,000원 끝

05 답 : ① 농업경영정보, ② 축산업 허가(등록), ③ 사육가축, ④ 주택, ⑤ 위반건축물 끝

06

(1) 답 : 자연재해, 조수해, 화재 끝

(2) 답 :

① 계약자, 피보험자 또는 이들의 법정대리인의 고의 또는 중대한 과실로 인한 손해

② 제초작업, 시비관리 등 통상적인 영농활동을 하지 않아 발생한 손해

③ 보장하지 않는 재해로 제방, 댐 등이 붕괴되어 발생한 손해

④ 피해를 입었으나 회생 가능한 나무 손해

⑤ 토양관리 및 재배기술의 잘못된 적용으로 인해 생기는 나무 손해

⑥ 병충해 등 간접손해에 의해 생긴 나무 손해

⑦ 하우스, 부대시설 등의 노후 및 하자로 생긴 손해

⑧ 계약체결 시점 현재 기상청에서 발령하고 있는 기상특보 발령 지역의 기상특보 관련 재해로 인한 손해

⑨ 보상하는 손해에 해당하지 않은 재해로 발생한 손해

⑩ 전쟁, 혁명, 내란, 사변, 폭동, 소요, 노동쟁의, 기타 이들과 유사한 사태로 생긴 손해 끝

07

(1) 답 :

① 최소자기부담금(30만 원)과 최대자기부담금(100만 원)을 한도로 보험사고로 인하여 발생한 손해액의 10%에 해당하는 금액을 적용한다.

② 피복재단독사고는 최소자기부담금(10만 원)과 최대자기부담금(30만 원)을 한도로 한다.

③ 농업용 시설물과 부대시설 모두를 보험의 목적으로 하는 보험계약은 두 보험의 목적의 손해액 합계액을 기준으로 자기부담금을 산출하고 두 목적물의 손해액 비율로 자기부담금을 적용한다.

④ 자기부담금은 단지 단위, 1사고 단위로 적용한다.

⑤ 화재로 인한 손해는 자기부담금을 적용하지 않는다. 끝

(2) 답 : 보장하는 재해로 1사고당 생산비보험금이 10만 원 이하인 경우 보험금이 지급되지 않고, 소손해면책금(10만 원)을 초과하는 경우 손해액 전액을 보험금으로 지급한다. 끝

08

(1) 답 :

지급사유 : 보험기간 내에 보상하는 재해로 식물체 피해율이 65% 이상이고, 계약자가 경작불능보험금을 신청한 경우에 지급한다(보험계약 소멸).

지급금액 산출식 : 보험가입금액 × 42% 끝

(2) 답 :

지급사유 : 보험기간 내에 보상하는 재해로 피해율이 자기부담비율을 초과하는 경우에 지급한다.

지급금액 산출식 : 보험가입금액 × {피해율 − 자기부담비율(15%)} 끝

(3) 답 :

지급사유 : 보험기간 내에 보상하는 재해로 보험의 목적인 벼(조곡) 제현율이 65% 미만으로 떨어져 정상 벼로써 출하가 불가능하게 되고, 계약자가 수확불능보험금을 신청한 경우 지급한다(보험계약 소멸).

지급금액 산출식 : 보험가입금액 × 57% 끝

09

(1)

년도	서울 가락도매시장 캠벨얼리(노지) 연도별 평균 가격(원/kg)	
	중품	상품
2012	3,000	3,600
2013	3,200	5,400
2014	2,500	3,200
2015	3,000	3,600
2016	2,900	3,700

기준가격 = 서울시농수산식품공사 가락도매시장 연도별 중품과 상품 평균가격의 보험가입 직전 5년(가입연도 포함) 올림픽 평균값 × 농가수취비율
= 3,300원/kg × 0.8 = 2,640원/kg

년도	중품과 상품 평균가격(원/kg)
2012	3,300
2013	4,300
2014	2,850
2015	3,300
2016	3,300

답 : 2,640원/kg 끝

(2)

수확기가격
= 수확연도 서울시농수산식품공사 가락도매시장 중품과 상품 평균가격 × 농가수취비율
= 3,450원/kg × 0.8 = 2,760원/kg

년도	서울 가락도매시장 캠벨얼리(노지) 연도별 평균 가격(원/kg)	
	중품	상품
2017	3,000	3,900

수확연도 서울시농수산식품공사 가락도매시장 중품과 상품 평균가격
= (3,000 + 3900) ÷ 2 = 3,450원/kg

답 : 2,760원/kg 끝

10 답 :

(1) 정의

유량검정젖소란 젖소개량사업소의 검정사업에 참여하는 농가 중에서 일정한 요건을 충족하는 농가의 소를 의미하며 요건을 충족하는 유량검정젖소는 시가에 관계없이 협정보험가액 특약으로 보험가입이 가능하다.

(2) 가입기준(대상농가)

직전 월의 305일 평균 유량이 10,000kg 이상이고, 평균 체세포수가 30만 마리 이하를 충족하는 농가가 대상이 된다.

(3) 가입기준(대상젖소)

대상농가 기준을 충족하는 젖소 중 최근 산차 305일 유량이 11,000kg 이상이고, 체세포수가 20만 마리 이하인 젖소가 대상이다. 끝

🤲 농작물재해보험 및 가축재해보험 손해평가의 이론과 실무

11 답 : ① 수확불능(고사)면적, ② 재조사, ③ 조사대상주수, ④ 기수확면적, ⑤ 미보상주수 끝

12 답 : ① 30개, ② 40개, ③ 60개, ④ 60개, ⑤ 80개 끝

> 농지에서 품종별로 착과가 평균적인 3주 이상의 표본주에서 크기가 평균적인 과실을 품종별 20개 이상(포도는 농지당 30개 이상, 복숭아·자두는 농지당 60개 이상) 추출하여 품종별 과실 개수와 무게를 조사한다.

13 답 : ① 도복, ② 120, ③ 95, ④ 꼬투리, ⑤ 결구 끝

14 답 : ① 도살, ② 위탁 도살, ③ 가축전염병예방법, ④ 살처분, ⑤ 도태 권고 끝

15 답 : ① 차, ② 벼, ③ 감자 끝

16 답 :

(1)

① 잔존물처리비용 : 보험목적물이 폐사한 경우 사고 현장에서의 잔존물의 견인비용 및 차에 싣는 비용(사고현장 및 인근 지역의 토양, 대기 및 수질 오염물질 제거비용과 차에 실은 후 폐기물 처리비용은 포함하지 않는다. 다만, 적법한 시설에서의 렌더링비용은 포함한다.) 다만, 보장하지 않는 위험으로 보험의 목적이 손해를 입거나 관계 법령에 의하여 제거됨으로써 생긴 손해에 대하여는 보상하지 않는다.

② 손해방지비용 : 보험사고가 발생 시 손해의 방지 또는 경감을 위하여 지출한 필요 또는 유익한 비용. 다만 약관에서 규정하고 있는 보험목적의 관리 의무를 위하여 지출한 비용은 제외한다.

③ 대위권 보전비용 : 재해보험사업자가 보험사고로 인한 피보험자의 손실을 보상해주고, 피보험자가 보험사고와 관련하여 제3자에 대하여 가지는 권리가 있는 경우 보험금을 지급한 재해보험사업자는 그 지급한 금액의 한도에서 그 권리를 법률상 당연히 취득하게 되며 이와 같이 보험사고와 관련하여 제3자로부터 손해의 배상을 받을 수 있는 경우에는 그 권리를 지키거나 행사하기 위하여 지출한 필요 또는 유익한 비용을 보상한다.

④ 잔존물보전비용 : 보험사고로 인해 멸실된 보험목적물의 잔존물을 보전하기 위하여 지출한 필요 또는 유익한 비용. 잔존물 보전비용은 재해보험사업자가 보험금을 지급하고 잔존물을 취득할 의사표시를 하는 경우에 한하여 지급한다.

⑤ 기타 협력비용 : 재해보험사업자의 요구에 따르기 위하여 지출한 필요 또는 유익한 비용
끝

(2) 답 :
① 보험의 목적이 입은 손해에 의한 보험금과 잔존물 처리비용의 합계액은 보험증권에 기재된 보험가입금액을 한도로 한다. 잔존물 처리비용은 손해액의 10%를 초과할 수 없다.
② 비용손해 중 손해방지비용, 대위권 보전비용 및 잔존물 보전비용은 약관상 지급보험금의 계산을 준용하여 계산한 금액이 보험가입금액을 초과하는 경우에도 이를 지급한다. 단, 이 경우에 자기부담금은 차감하지 않는다.
③ 비용손해 중 기타 협력비용은 보험가입금액을 초과한 경우에도 이를 전액 지급한다.
끝

17

(1)

피해수확량 = (표본구간 단위면적당 피해수확량 × 표본조사대상면적) + (단위면적당 표준수확량 × 고사면적)
= 0.405kg/㎡ × 7,000㎡ + 0.5kg/㎡ × 1,000㎡
= 2,835kg + 500kg = 3,335kg

표본구간 피해수확량 합계 = (표본구간 "하"품 이하 옥수수 개수 + "중"품 옥수수 개수 × 0.5) × 표준중량 × 재식시기지수 × 재식밀도지수
= (20개 + 10개 × 0.5) × 0.18kg/개 × 1 × 0.9 = 4.05kg

표본구간 단위면적당 피해수확량 = 표본구간 피해수확량 합계 ÷ 표본구간 면적
= 4.05kg ÷ 10㎡ = 0.405kg/㎡

표본조사대상면적
= 실제경작면적 − 고사면적 - 타작물 및 미보상면적 − 기수확면적
= 10,000㎡ − 1,000㎡ − 2,000㎡ = 7,000㎡

단위면적당 표준수확량 = 표준수확량 ÷ 실제경작면적
= 5,000kg ÷ 10,000㎡ = 0.5kg/㎡

답 : 3,335kg 끝

(2)

손해액 = (피해수확량 − 미보상감수량) × 가입가격
= 3,335kg × 2,000원/kg = 6,670,000원

답 : 6,670,000원 끝

(3)

수확감소보험금 = Min(보험가입금액, 손해액) − 자기부담금
= Min(15,000,000원, 6,670,000원) − 3,000,000원
= 3,670,000원

자기부담금 = 보험가입금액 × 자기부담비율 = 15,000,000원 × 0.2 = 3,000,000원

답 : 3,670,000원 끝

18

(1)

피해율 = (기준수입 − 실제수입) ÷ 기준수입
= (4,000,000원 − 1,800,000원) ÷ 4,000,000원 = 0.55 = 55%

기준수입 = 평년수확량 × 농지별 기준가격 = 1,000kg × 4,000원/kg = 4,000,000원

실제수입 = (수확량 + 미보상감수량) × 최솟값(농지별 기준가격, 농지별 수확기가격)
= (500kg+100kg) × 3,000원/kg = 1,800,000원

답 : 55% 끝

(2)

농업수입감소보험금 = 보험가입금액 × (피해율 − 자기부담비율)
= 4,000,000원 × (0.55 − 0.2) = 1,400,000원

답 : 1,400,000원 끝

19

(1)

적과후 착과수 = (20주 × 240개 / 3주) + (60주 × 960개 / 8주) + (20주 × 330개/3주)
= 1,600개 + 7,200개 + 2,200개 = 11,000개

답 : 11,000개 끝

(2)

누적감수과실수 = 550개 + 950개 + 3,718개 + 119개 + 30개 + 333개 = 5,700개

① (종합위험) 적과종료 이전 자연재해(우박)로 인한 적과종료 이후 착과손해 부분
착과율 = 적과후 착과수 ÷ 평년착과수 = 11,000개 ÷ 22,000개 = 0.5

감수과실수 = 적과후 착과수 × 5% = 11,000개 × 0.05 = 550개

② 강풍 낙과피해부분
= 총낙과과실수 × (낙과피해구성률 − MaxA) = 1,000개 × (1−0.05) = 950개

③ 강풍 낙엽피해부분
= 사고당시 착과과실수 × (인정피해율 − MaxA)
= 10,000개 × (0.42175 − 0.05) = 3717.5 = 3,718개

사고당시 착과과실수 = 11,000개 − 1,000개 = 10,000개

인정피해율 = (1.0115 × 낙엽률) − (0.0014 × 경과일수)
= (1.0115 × 0.5) − (0.0014 × 60) = 0.50575 − 0.084 = 0.42175

④ 태풍 낙과피해부분
= 총낙과과실수 × (낙과피해구성률 − MaxA)
= 500개 × (0.66 − 0.42175) = 119.125 = 119개

낙과피해구성률 = (200개 + 100개 × 0.8 + 100개 × 0.5) ÷ 500개 = 0.66

⑤ 태풍 낙엽피해부분

사고당시 착과과실수 × (인정피해율 − MaxA)

= 9,500개 × (0.4249 − 0.42175) = 29.925 = 30개

사고당시 착과과실수 = 10,000개 − 500개 = 9,500개

인정피해율 = (1.0115 × 낙엽률) − (0.0014 × 경과일수)

= (1.0115 × 0.6) − (0.0014 × 130) = 0.6069 − 0.182 = 0.4249

⑥ 우박 착과피해부분

사고당시 착과과실수 × (착과피해구성률 − MaxA)

= 9,500개 × (0.46 − 0.4249) = 333.45 = 333개

사고당시 착과과실수 = 9,500개

착과피해구성률 = (20개 + 20개 × 0.8 + 20개 × 0.5) ÷ 100개 = 0.46

⑦ 가을동상해 착과피해부분

사고당시 착과과실수 × (착과피해구성률 − MaxA)

= 3,000개 × (0.3755 − 0.46) = 0

※ "(착과피해구성률 − MaxA)"의 값이 영(0)보다 작은 경우 : 금차 감수과실수는 영 (0)으로 함

사고당시 착과과실수 : 3,000개

착과피해구성률 = (50개 × 0.0031 × 10 + 10개 + 20개 × 0.8 + 20개 × 0.5) ÷ 100개

= 0.3755

답 : 5,700개 끝

20

(1)

> 표본구간 유효중량 = 표본구간 작물 중량 합계 × (1 − Loss율) × {(1 − 함수율) ÷ (1 − 기준함수율)}
> = 0.3kg × (1−0.07) × {(1 − 0.235) ÷ (1 − 0.15)} = 0.2511kg
>
> Loss율 : 7%
> 메벼 기준 함수율 = 15%

답 : 0.2511kg 끝

(2)

> 피해율 = (평년수확량 − 수확량 − 미보상감수량) ÷ 평년수확량
> = (3,500kg − 2,008.8kg − 0kg) ÷ 3,500kg = 0.426057142 = 0.4261 = 42.61%
>
> 수확량 = (표본구간 단위면적당 유효중량 × 조사대상면적) + {단위면적당 평년수확량 × (타작물 및 미보상면적 + 기수확면적)
> = 0.5022kg/㎡ × 4,000㎡ + 0.7kg/㎡ × 0 = 2,008.8kg
>
> 표본구간 단위면적당 유효중량 = 표본구간 유효중량 ÷ 표본구간 면적
> = 0.2511kg ÷ 0.5㎡ = 0.5022kg/㎡
> 조사대상면적 = 5,000㎡ − 1,000㎡ − 0㎡ − 0㎡ = 4,000㎡
>
> 단위면적당 평년수확량 = 평년수확량 ÷ 실제경작면적
> = 3,500kg ÷ 5,000㎡ = 0.7kg/㎡
>
> 미보상감수량 = (평년수확량 − 수확량) × 미보상비율
> = (3,500kg − 2,008.8kg) × 0 = 0kg

답 : 42.61% 끝

(3)

수확감소보장 보험금 = 보험가입금액 × (피해율 − 자기부담비율)
= 5,500,000원 × (0.4261 − 0.15) = 1,518,550원

답 : 1,518,550원 끝

농작물재해보험 및 가축재해보험의 이론과 실무

01 답 :
① 계약 및 기본사항 확인
② 보상하는 재해 여부 심사
③ 관련조사 선택 및 실시
④ 미보상비율(양) 확인
⑤ 조사결과 설명 및 서명확인 끝

02 답 : ① ×, ② ×, ③ ○, ④ ×, ⑤ × 끝

> ① 단동하우스와 연동하우스는 최소가입면적이 300㎡로 같고, 유리온실은 가입면적의 제한이 없다.
> ② 1년 이내에 철거 예정인 고정식 시설은 인수제한 목적물에 해당한다.
> ③ 작물의 재배면적이 시설면적의 50% 미만인 경우 인수제한된다.
> ④ 이동식하우스는 존치기간이 1년 미만인 하우스로 시설작물 경작 후 하우스를 철거하여 노지작물을 재배하는 농지의 하우스를 말한다.
> ⑤ 목재, 죽재로 시공된 시설은 인수제한 목적물에 해당한다.

03 답 :

> 평년착과량 = {A + (B − A) × (1 − Y / 5)} × C / D
> = {6,400 + (8,400 − 6,400) × (1 − 3 / 5)} × 9,350/8,500 = 7,920kg
>
> A : (6,500 + 5,600 + 7,100) ÷ 3 = 6,400
> B : (7,300 + 8,700 + 9,200) ÷ 3 = 8,400
> C : 9,350
> D : 8,500

답 : 7,920kg 끝

04 답 : (1) 1개 (2) 3개 (3) 3개 (4) 1개 (5) 3개 끝

밭작물	재파종 보장	경작불능 보장	수확감소 보장	수입보장	생산비 보장	해가림시설 보장
차	×	×	○	×	×	×
인삼	×	×	×	×	×	○
고구마, 감자(가을감자)	×	○	○	○	×	×
콩, 양파	×	○	○	○	×	×
마늘	○	○	○	○	×	×
고추	×	×	×	×	○	×

05 ①

> 비가림시설 보험가입금액 : 비가림시설의 ㎡당 시설비에 비가림시설 면적을 곱하여
> 산정 (산정된 금액의 80% ~ 130% 범위 내에서 계약자가 보험가입금액 결정)
> 계약자가 가입할 수 있는 보험가입금액의 최소값
> = 2,500㎡ × 15,000원/㎡ × 0.8
> = 30,000,000원

답 : 30,000,000원 끝

②

> 비가림시설 보험가입금액 : 비가림시설의 ㎡당 시설비에 비가림시설 면적을 곱하여
> 산정 (산정된 금액의 80% ~ 130% 범위 내에서 계약자가 보험가입금액 결정)
> 계약자가 가입할 수 있는 보험가입금액의 최대값
> = 2,500㎡ × 15,000원/㎡ × 1.3
> = 48,750,000원

답 : 48,750,000원 끝

③

보험료 = 순보험료 + 부가보험료
부가보험료는 전액 정부지원으로 계약자가 부담하는 부가보험료는 없음
순보험료 = 보험가입금액 × 순보험요율 × 할인·할증률, 하지만 문제 조건으로 할인·할증은 없는 것으로 주어졌기 때문에 감안할 내용이 없음. 그래서 순보험료는 보험가입금액 × 순보험요율로 계산하고, 정부 및 지방자치단체 보조금 부분을 제외한 부분이 계약자 부담 보험료가 됨. 보험료의 최소값은 최소 보험가입금액으로 계산한 값임

계약자가 부담할 보험료의 최소값 = 30,000,000원 × 0.05 × (1 − 0.8) = 300,000원

답 : 300,000원 끝

06

(1) 답 : 가입수확량에 가입가격을 곱하여 산출된 금액(천원 단위 미만 절사)으로 한다. 가입수확량이 기준수확량을 초과하는 경우에는 그 초과분은 제외되도록 가입수확량이 조정되며 보험가입금액을 감액한다. 끝

(2) 답 : 보험에 가입한 결과주수에 1주당 가입가격을 곱하여 계산한 금액으로 한다. 보험에 가입한 결과주수가 과수원 내 실제결과주수를 초과하는 경우에는 보험가입금액을 감액한다. 끝

(3) 답 : 차액보험료 = (감액분 계약자부담보험료 × 감액미경과비율) − 미납입보험료
※ 감액분 계약자부담보험료는 계약자부담보험료 중 감액한 가입금액에 해당하는 부분
끝

(4) 답 : 차액보험료는 적과후 착과수 조사일이 속한 달의 다음 달 말일 이내에 지급한다. 끝

(5) 답 : 적과후 착과수조사 이후 착과수가 적과후 착과수보다 큰 경우에는 지급한 차액보험료를 다시 정산한다. 끝

07

(1) 답 : ① A농지 보험가입 가능여부 = 가입불가, 이유 = 고추는 보험가입금액 200 만 원 미만인 농지는 인수가 제한되기 때문에 가입불가

② B농지 보험가입 가능여부 = 가입가능, 이유 = 보험가입금액이 200만 원 미만에 해 당되지 않고, 10a 당 재식주수도 1,500주 미만 4,000주 초과에 해당하지 않으며, 정식 일자도 4월 1일 이전과 5월 31일 이후에 해당하지 않으며, 재배작형도 노지재배, 터널 재배 이외의 재배작형으로 재배하지 않기 때문에 가입가능

③ C농지 보험가입 가능여부 = 가입불가, 이유 = 10a당 재식주수가 5,000주로 인수 제한 목적물의 기준인 4,000주/10a를 초과하기 때문에 가입불가 끝

(2) 답 : 병충해가 있는 경우 생산비보장 보험금 계산식 = (잔존보험가입금액 × 경과 비율 × 피해율 × 병충해 등급별 인정비율) − 자기부담금

잔존보험가입금액 = 보험가입금액 − 보상액(기발생 생산비보장보험금합계액) 끝

(3) 답 :
수확기 이전에 보험사고가 발생한 경우 경과비율 계산식
= 준비기생산비계수 + {(1 − 준비기생산비계수) × (생장일수 ÷ 표준생장일수)}
① 준비기생산비계수는 52.7%
② 생장일수는 정식일로부터 사고발생일까지 경과일수
③ 표준생장일수는 100일
④ 생장일수를 표준생장일수로 나눈 값은 1을 초과할 수 없다. 끝

08

(1) 답 : 폭염(暴炎)으로 인해 보험의 목적에 일소(日燒)가 발생하여 생긴 피해를 말하 며, 일소는 과실이 태양광에 노출되어 과피 또는 과육이 괴사되어 검게 그을리거나 변 색되는 현상 끝

(2) 답 : 보상하는 손해에도 불구하고 적과종료 이후 일소피해로 인해 입은 손해는 보상 하지 않는다. 끝

(3) 답 : 6% 끝

09 (1) 답 : 환급보험료 = 계약자부담보험료 × 미경과비율
※ 계약자부담보험료는 최종 보험가입금액 기준으로 산출한 보험료 중 계약자가 부담한 금액 끝

(2) 답 :
① 계약자 또는 피보험자가 임의 해지하는 경우
② 사기에 의한 계약, 계약의 해지 또는 중대 사유로 인한 해지에 따라 계약을 취소 또는 는 해지하는 경우
③ 보험료 미납으로 인한 계약의 효력 상실 끝

(3) 답 : ① 보험계약대출이율, ② 연단위 복리 끝

10
(1) 월령 2개월 질병사고 폐사
전전월 전국산지평균 분유떼기 젖소 암컷 가격 100만 원 × 50% = 50만 원

답 : 50만 원(500,000원) 끝

(2) 월령 11개월 대사성 질병 폐사
분유떼기암컷가격 + (수정단계가격 − 분유떼기암컷가격) / 6 × (사고월령 − 7개월)
= 100만 원 + (300만 원 − 100만 원) / 6 × (11 − 7) = 2,333,333.333원
= 2,330,000원(만원 미만 절사)

답 : 233만 원(2,330,000원) 끝

(3) 월령 20개월 유량감소 긴급 도축
수정단계가격 + (초산우가격 − 수정단계가격) / 6 × (사고월령 − 18개월)
= 300만 원 + (350만 원 − 300만 원) / 6 × (20 − 18) = 3,166,666.667
= 3,160,000원(만원 미만 절사)

답 : 316만 원(3,160,000원) 끝

(4) 월령 35개월 급성고창 폐사
초산우가격 + (다산우가격 − 초산우가격) / 9 × (사고월령 − 31개월)
= 350만 원 + (480만 원 − 350만 원) / 9 × (35 − 31) = 4,077,777.778
= 4,070,000원(만원 미만 절사)

답 : 407만 원(4,070,000원) 끝

(5) 월령 60개월 사지골절 폐사

다산우가격 + (노산우가격 − 다산우가격) / 12 × (사고월령 − 55개월)

= 480만 원 + (300만 원 − 480만 원) / 12 × (60 − 55) = 405만 원

답 : 405만 원(4,050,000원) 끝

🤲 농작물재해보험 및 가축재해보험 손해평가의 이론과 실무

11 답 : ① 조사대상주수, ② 결과지, ③ 단감(1.0115 × 낙엽률) − (0.0014 × 경과일수), 떫은 감 0.9662 × 낙엽률 − 0.0703 끝

12 답 : ① 고구마, ② 재파종, ③ 피해사실확인조사, ④ 재정식, ⑤ 목측 끝

13

A농가 식물체피해율 = 고사식물체 면적 ÷ 가입식물체 면적
= 900㎡ ÷ 1,200㎡ = 0.75
식물체피해율 65%이상에 해당 + 계약자가 경작불능보험금 신청

A농가 경작불능보험금 = 보험가입금액 × 40% = 3,000,000원 × 0.4 = 1,200,000원

〈자기부담비율별 경작불능보험금 지급비율표〉

자기부담비율	10%형	15%형	20%형	30%형	40%형
지급 비율	45%	42%	40%	35%	30%

B농가 식물체피해율 = 고사식물체 면적 ÷ 가입식물체 면적
= 850㎡ ÷ 1,500㎡ = 0.56666
식물체피해율 65% 이상 해당 ×

B농가 경작불능보험금 = 0원

답 : A농가 경작불능보험금 = 1,200,000원, B농가 경작불능보험금 = 0원 끝

14

착과감소과실수 = Min(평년착과수 − 적과후 착과수, 평년착과수 × 최대인정피해율)
= Min(20,000개 − 10,000개, 20,000개 × 0.4) = 8,000개

(적과종료 전에 인정된 착과감소과실수가 있는 과수원) 기준착과수
= 적과후 착과수 + 착과감소과실수 = 10,000개 + 8,000개 = 18,000개

답 : 착과감소과실수 8,000개, 기준착과수 18,000개 끝

15

답 : ① 축산휴지손해, ② 가축계열화, ③ 쇠고기 이력제도, ④ 산욕마비, ⑤ 급성고창증
끝

16

농업수입감소보험금 = 보험가입금액 × (피해율 − 자기부담비율)
= 30,000,000원 × (0.36 − 0.2) = 4,800,000원

보험가입금액 = 가입수확량 × 기준(가입)가격
= 10,000kg × 3,000원/kg = 30,000,000원

피해율 = (기준수입 − 실제수입) ÷ 기준수입
= (30,000,000원 − 19,200,000원) ÷ 30,000,000원 = 0.36

기준수입 = 평년수확량 × 농지별 기준가격
= 10,000kg × 3,000원/kg = 30,000,000원

실제수입 = (수확량 + 미보상감수량) × 최솟값(농지별 기준가격, 농지별 수확기가격)
= (7,100kg + 580kg) × 2,500원/kg = 19,200,000원

수확량 = (표본구간 단위면적당 수확량 × 조사대상면적) + {단위면적당 평년수확량 × (타작물 및 미보상면적 + 기수확면적)}
= (3kg/㎡ × 1,700㎡) + (4kg/㎡ × 500㎡) = 5,100kg + 2,000kg = 7,100kg

미보상감수량 = (평년수확량 − 수확량) × 미보상비율
= (10,000kg − 7,100kg) × 0.2
= 580kg

조사대상면적
= 실제경작면적 − 수확불능면적 − 타작물 및 미보상면적 − 기수확면적
= 2,500㎡ − 300㎡ − 500㎡ − 0㎡ = 1,700㎡

표본구간 단위면적당 수확량 = (표본구간 수확량 × 환산계수) ÷ 표본구간 면적
환산계수 미적용 문제조건, 표본구간 단위면적당 수확량
= 표본구간 수확량 ÷ 표본구간 면적 = 30kg ÷ 10㎡ = 3kg/㎡

단위면적당 평년수확량 = 평년수확량 ÷ 실제경작면적
= 10,000kg ÷ 2,500㎡ = 4kg/㎡

답 : 4,800,000원 끝

17

(1) 답 : ① 서양종(양봉)은 꿀벌이 있는 상태의 소비(巢脾)가 3매 이상 있는 벌통,
② 동양종(토종벌, 한봉)은 봉군(蜂群)이 있는 상태의 벌통 끝

(2) 답 : 잔존물 보전비용은 재해보험사업자가 보험금을 지급하고 잔존물을 취득할 의
사표시를 하는 경우에 한하여 지급한다. 끝

(3) 답 : 잔존물처리비용, 손해방지비용, 대위권 보전비용, 잔존물 보전비용, 기타 협력
비용 끝

18 답 : ① 이앙 한계일(7월31일) 이후
② 수확포기가 확인되는 시점
③ 보험기간 내에 보상하는 재해로 농지 전체를 이앙·직파하지 못하게 된 경우
④ 보험기간 내에 보상하는 재해로 면적 피해율이 10%를 초과하고, 재이앙(재직파)한
경우
⑤ 보험기간 내에 보상하는 재해로 식물체 피해율이 65% 이상이고, 계약자가 경작불능
보험금을 신청한 경우

⑥ 보험기간 내에 보상하는 재해로 보험의 목적인 벼(조곡) 제현율이 65% 미만으로 떨어져 정상 벼로써 출하가 불가능하게 되고, 계약자가 수확불능보험금을 신청한 경우
⑦ 보험가입금액 × 25% × 면적 피해율, 면적 피해율 = 피해면적 ÷ 보험가입면적
⑧ 보험가입금액 × 55% 끝

19

답 : ① 2점, ② 2점, ③ 2점, ④ 1점, ⑤ 4점, ⑥ 5점, ⑦ 1점, ⑧ 3점, ⑨ 20점, ⑩ 80%,
⑪ 1,280kg, ⑫ 14.67% 끝

⑩ 조사수확비율 20점 해당 수치 중 가장 큰 비율 적용 = 80%

⑪ 수확량 = 표준수확량 × 조사수확비율
= 1,600kg × 0.8 = 1,280kg
피해면적 보정계수는 고려하지 않는다는 조건있음

⑫ 피해율 = (평년수확량 − 수확량 − 미보상감수량) ÷ 평년수확량
= (1,500 − 1,280 − 0) ÷ 1,500 = 0.146666 = 0.1467 = 14.67%

20

(1)

적과후 착과수 = (품종·재배방식·수령별 표본주의 착과수 합계 / 품종·재배방식·수령별 표본주 합계) × 품종·재배방식·수령별 조사대상주수
= (840개 / 7주 × 200주) + (1,690개 / 13주 × 300주)
= 24,000 + 39,000 = 63,000개

A품종 조사대상주수 = 실제결과주수 200주 − 고사주수 0주 − 수확불능주수 0주 − 미보상주수 0주 − 수확완료주수 0주 = 200주

B품종 조사대상주수 = 실제결과주수 300주 − 고사주수 0주 − 수확불능주수 0주 − 미보상주수 0주 − 수확완료주수 0주 = 300주

답 : 63,000개 끝

(2)

> 누적감수과실수 = 3,150개 + 750개 + 12,400개 + 1,250개 + 325개 = 17,875개
>
> ① 적과종료 이전 자연재해로 인한 적과종료 이후 착과손해 부분
> 감수과실수 = 적과후 착과수 × 5%
> = 63,000개 × 0.05 = 3,150개
>
> 착과율 = 적과후 착과수 ÷ 평년착과수 = 63,000개 ÷ 120,000개
> = 0.525 (60%미만인 경우에 해당)
>
> ② 일소 낙과피해 부분
> 감수과실수 = 총낙과과실수 × (낙과피해구성률 − MaxA)
> = 1,000개 × (0.8 − 0.05) = 750개
>
> 낙과피해구성률 = 80개 / 100개 = 0.8
>
> ③ 일소 착과피해 부분
> 감수과실수 = 사고당시 착과과실수 × (착과피해구성률 − MaxA)
> = (63,000개−1,000개) × (0.25−0.05) = 12,400개
>
> 착과피해구성률 = (50개 × 0.8 + 20개 × 0.5) / 200개 = 0.25
>
> 적과후 착과수의 6% = 3,780개 〈 일소피해(낙과 + 착과)부분
> = 750개 + 12,400개 = 13,150개
>
> ④ 우박
> 착과피해부분
> 감수과실수 = 사고당시 착과과실수 × (착과피해구성률 − MaxA)
> = 5,000개 × (0.5 − 0.25) = 1,250개
> 착과피해구성률 = (100개 × 0.8 + 40개 × 0.5) / 200개 = 0.5
>
> 낙과피해부분
> 감수과실수 = 총낙과과실수 × (낙과피해구성률 − MaxA)
> = 500개 × (0.9 − 0.25) = 325개
> 낙과피해구성률 = 90개 / 100개 = 0.9

답 : 17,875개 끝

농작물재해보험 및 가축재해보험의 이론과 실무

01 답 : ① 피보험이익, ② 금전, ③ 최대 손해액, ④ 적과, ⑤ 자연낙과 끝

02 답 : ① 미보상감수량

② 보장하는 재해 이외의 원인으로 감소되었다고 평가되는 부분을 말하며, 계약 당시 이미 발생한 피해, 병해충으로 인한 피해 및 제초상태 불량 등으로 인한 수확감소량으로써 감수량에서 제외된다. (감수량 중 보상하는 재해 이외의 원인으로 감소한 양) 끝

03

평년수확량 = {A + (B − A) × (1 − Y / 5)} × C / B
- A(과거평균수확량) = Σ과거 5년간 수확량 ÷ Y
- B(평균표준수확량) = Σ과거 5년간 표준수확량 ÷ Y
- C(당해연도(가입연도) 표준수확량)
- Y = 과거수확량 산출연도 횟수(가입횟수)

과거수확량
조사수확량 〉 평년수확량50% → 조사수확량
평년수확량 50% ≧ 조사수확량 → 평년수확량 50%
무사고 시 → Max(표준수확량 × 1.1, 평년수확량 × 1.1)

2015년 : 조사수확량 7,000 〉 평년수확량50% 4,000 → 7,000
2016년 : 평년수확량50% 4,050 ≧ 조사수확량 4,000 → 4,050
2017년 : Max(8,200 × 1.1, 8,100 × 1.1) → 9,020
2018년 : Max(8,200 × 1.1, 8,300 × 1.1) → 9,130
2019년 : 조사수확량 8,500 〉 평년수확량 50% 4,200 → 8,500

A = (7,000 + 4,050 + 9,020 + 9,130 + 8,500) ÷ 5 = 7,540
B = 8,200
C = 8,200

평년수확량 = {7,540 + (8,200 − 7,540) × (1 − 5 / 5)} × 8,200 / 8,200 = 7,540

답 : 7,540kg 끝

04 답 : ① 폭염재해보장 특약, 전기적장치위험보장 특약

② 화재대물배상책임 특약 끝

※ 참고 : 폭염재해보장 특약은 전기적장치위험보장 특약 가입자에 한하여 가입가능

축사는 기존에 특별약관 형식으로 가입했었지만, 현재 보통약관 형식으로 바뀌었다.

05 답 : ① 협정보험가액 특약, ② 종빈우, 종빈돈, 종가금,(자돈, 종모돈, 유량검정젖소) 끝

06

(1) 답 :

① 계약자에게 설치시기를 고지 받아 해당일자를 기초로 감가상각 하되, 최초 설치시기를 특정하기 어려운 때에는 인삼의 정식시기와 동일한 시기로 할 수 있다.

② 해가림시설 구조체를 재사용하여 설치를 하는 경우에는 해당 구조체의 최초 설치시기를 기초로 감가상각하며, 최초 설치시기를 알 수 없는 경우에는 해당 구조체의 최초 구입시기를 기준으로 감가상각한다. 끝

(2) 답 :

① 동일한 재료(목재 또는 철제)로 설치하였으나 설치시기 경과년수가 각기 다른 해가림시설 구조체가 상존하는 경우, 가장 넓게 분포하는 해가림시설 구조체의 설치시기를 동일하게 적용한다.

② 1개의 농지 내 감가상각률이 상이한 재료(목재 + 철제)로 해가림시설을 설치한 경우, 재료별로 설치구획이 나뉘어 있는 경우에만 인수 가능하며, 각각의 면적만큼 구분하여 가입한다. 끝

07 답 :

A씨 딸기 생산비보장보험금

= 피해작물 재배면적 × 단위면적당 보장생산비 × 경과비율 × 피해율

B씨 시금치 생산비보장보험금

= 피해작물 재배면적 × 단위면적당 보장생산비 × 경과비율 × 피해율

C씨 부추 생산비보장보험금

= 부추 재배면적 × 부추 단위면적당 보장생산비 × 피해율 × 70%

D씨 장미(보상하는 재해로 나무가 죽은 경우) 생산비보장보험금
= 장미 재배면적 × 장미 단위면적당 나무고사 보장생산비 × 피해율 끝

08

(1) 답 :
해당 품목 = 벼
보험금 지급사유 = 보험기간 내에 보상하는 재해로 면적 피해율이 10%를 초과하고, 재이앙(재직파)한 경우 보험금을 1회 지급한다.
보험금 산출식
= 보험가입금액 × 25% × 면적 피해율, 면적 피해율 = 피해면적 ÷ 보험가입면적 끝

(2) 답 :
해당 품목 = 마늘
보험금 지급사유 = 보험기간 내에 보장하는 재해로 10a당 출현주수가 30,000주보다 작고, 10a당 30,000주 이상으로 재파종한 경우 1회에 한하여 보상한다.
보험금 산출식 = 지급보험금 = 보험가입금액 × 35% × 표준출현 피해율, 표준출현 피해율(10a 기준) = (30,000 − 출현주수) ÷ 30,000 끝

(3) 답 :
해당 품목 = 양배추
보험금 지급사유 = 보험기간 내에 보장하는 재해로 면적 피해율이 자기 부담비율을 초과하고, 재정식한 경우 1회 지급한다.
보험금 산출식
= 보험가입금액 × 20% × 면적 피해율, 면적 피해율 = 피해면적 ÷ 보험 가입면적 끝

09

①
답 : 보상하는 재해로 인하여 피해율이 자기부담비율을 초과하는 경우에 지급한다. 끝

②

> 보험금 = 보험가입금액 × (피해율 − 자기부담비율)
> = 25,000,000원 × (0.45 − 0.15)
> = 7,500,000원
>
> 피해율 = (평년수확량 − 수확량 − 미보상감수량 + 병충해감수량) ÷ 평년수확량
> = (9,000kg − 4,500kg − 450kg) ÷ 9,000kg = 0.45
>
> 미보상감수량 = (평년수확량 - 수확량) × 최댓값(미보상비율 1, 미보상비율 2, …)
> = (9,000kg − 4,500kg) × 0.1 = 450kg
>
> 2년 연속가입 및 2년간 수령보험금이 순보험료의 100% 이하인 과수원으로 최저 자기부담비율 = 15%

답 : 7,500,000원 끝

③

> 보험금 = 보험가입금액 × 피해율 × 10%
> = 25,000,000원 × 0.45 × 0.1 = 1,125,000원

답 : 1,125,000원 끝

10

답 : ① 수확개시 시점. 다만, 이듬해 10월31일을 초과할 수 없음, ② 12월 1일, ③ 이듬해 11월 30일, ④ 이듬해 7월 31일, ⑤ 태풍(강풍), 우박, ⑥ 이듬해 8월 1일, ⑦ 이듬해 수확기 종료 시점. 다만, 이듬해 10월 31일을 초과할 수 없음, ⑧ 판매개시연도 12월 1일, ⑨ 이듬해 11월 30일, ⑩ 이듬해 10월 10일, ⑪ 판매개시연도, ⑫ 발아기, ⑬ 판매개시연도 11월 30일, ⑭ 발아기, ⑮ 이듬해 2월 말일 끝

11

①

13주 × 440주 / 690주 = 8.289855072 = 9주

답 : 9주 끝

②

9주 × 4가지/주 = 36가지

답 : 36가지 끝

③

36가지 × 5개/가지 = 180개

답 : 180개 끝

④

13주 × 250주 / 690주 = 4.710144928 = 5주

답 : 5주 끝

⑤

5주 × 4가지/주 = 20가지

답 : 20가지 끝

⑥

20가지 × 5개/가지 = 100개

답 : 100개 끝

12 답 : ① 고구마, ② 고구마, ③ 양파, ④ 마늘(난지형), ⑤ 0.72 끝

13

수확량 = (품종·수령별 착과수 × 품종별 과중 × {1 − 피해구성률)} +
(품종·수령별 면적(㎡)당 평년수확량 × 품종·수령별 미보상주수 × 품종·수령별 재식면적)
= 235,000개 × 0.0528kg/개 × (1 − 0.3) + 0 (미보상주수가 없으므로) = 8,685.6kg
= 8,686kg

품종·수령별 착과수 = 품종·수령별 표본조사 대상면적 × 품종·수령별 면적(㎡)당 착과수
= 5,000㎡ × 47개/㎡ = 235,000개

품종·수령별 표본조사 대상면적 = 품종·수령별 재식 면적 × 품종·수령별 표본조사 대상 주수
= 4 × 5 × (300 − 50) = 5,000㎡

품종·수령별 면적(㎡)당 착과수 = 품종·수령별(표본구간 착과수 ÷ 표본구간 넓이)
= 850개 ÷ 18㎡ = 47.22222 = 47개/㎡

표본구간 넓이 = (윗변 + 아랫변) × 높이 ÷ 2 × 8구간
= (1.2+1.8) × 1.5 ÷ 2 × 8
= 2.25㎡ × 8 = 18㎡

품종별 과중 = (1,440g × 0.7 + 2,160g) ÷ (36개 + 24개) = 52.8g/개
= 0.0528kg/개

답 : 8,686kg 끝

14

보험가입금액=1,000만 원 〈 보험가액 = 30두 × 50만 원/두 =1,500만 원
→ 일부보험
보험금 = Min(1,500만 원 × 1,000만 원 / 1,500만 원, 1,000만 원) × (1 − 0.1)
= 900만 원

재해보험사업자가 잔존물 취득의사가 없으므로 지급할 잔존물보전비용으로 산정할 금액 없음

지급보험금(비용 포함) = 900만 원 + 30만 원 = 930만 원

답 : 930만 원 끝

15

피해율 = 7월 31일 이전 사고피해율 + 8월1일 이후 사고피해율 = 34.18%

7월31일 이전 사고피해율 = 20%

8월1일 이후 사고피해율
= (1 − 수확전 사고 피해율) × 잔여수확량비율 × 결과지 피해율
= 0.8 × 0.5909 × 0.3 = 0.141816 = 0.1418 = 14.18%

잔여수확량비율 = {(100 − 33) − (1.13 × 사고발생일)}
= {(100 − 33) − (1.13 × 7)} = 59.09%

결과지피해율
= (고사결과지수 + 미고사결과지수 × 착과피해율 − 미보상고사결과지수) ÷ 기준결과지수
= (20개 + 20개 × 0 − 8) ÷ 40개 = 0.3

고사결과지수 = 보상고사결과지수 + 미보상고사결과지수 = 12 + 8 = 20개
기준결과지수 = 고사결과지수 + 미고사결과지수 = 20개 + 20개 = 40개

답 : 34.18% 끝

16

(1)

보험가액 = 2,200칸 × 3.3㎡/칸 × 5,500원/㎡
= 39,930,000원

보험가액의 20% = 7,986,000원

피해액 = 400칸 × 3.3㎡/칸 × 5,500원/㎡ = 7,260,000원 〈 보험가액의 20%
※ 피해액이 보험가액의 20%이하인 경우에는 감가를 적용하지 않는다.
　　피해액 = 손해액 = 7,260,000원

답 : 7,260,000원 끝

(2)

> 자기부담금 = 10만 원 ≤ 손해액의 10% ≤ 100만 원
> 손해액의 10% = 7,260,000원 × 0.1 = 726,000원

답 : 726,000원 끝

(3)

> 보험가입금액 = 보험가액
> 보험금 = Min(손해액 − 자기부담금, 보험가입금액)
> = Min(7,260,000원 − 726,000원, 39,930,000원) = 6,534,000원 → 6,530,000원

답 : 6,530,000원 끝

17

① 답 : 포도, 대추, 참다래 끝
② 답 : 해당 목적물인 비가림시설의 구조체와 피복재의 재조달가액을 기준금액으로 수리비를 산출한다. 끝
③ 답 :

피복재	• 피복재의 피해면적을 조사한다.
구조체	• 손상된 골조를 재사용할 수 없는 경우 : 교체 수량 확인 후 교체 비용 산정 • 손상된 골조를 재사용할 수 있는 경우 : 보수 면적 확인 후 보수비용 산정

끝

18

(1) 답 : 흰잎마름병, 줄무늬잎마름병, 세균성벼알마름병, 도열병, 깨씨무늬병, 먹노린재, 벼멸구 끝

(2) 답 : ① 피해율 = 70%, ② 보험금 = 8,840,000원, ③ 피해율 = 61.9%, ④ 보험금 = 6,894,300원 끝

A농지 피해율 = (평년수확량 − 수확량 − 미보상감수량) ÷ 평년수확량

= (13,600kg − 2,720kg − 0) ÷ 13,600kg = 0.8

평년수확량 = 16,000㎡ × 0.85kg/㎡ = 13,600kg

미보상감수량 = 0

병해충 단독사고일 경우 병해충 최대인정피해율 70%를 적용

A농지 보험금 = 보험가입금액 × (피해율 − 자기부담비율)

= 17,680,000원 × (0.7 − 0.2) = 8,840,000원

보험가입금액 = 13,600kg × 1,300원/kg = 17,680,000원

B농지 피해율 = A농지 피해율 = (평년수확량 − 수확량 − 미보상감수량) ÷ 평년수확량

= (10,500kg − 4,000kg − 0) ÷ 10,500kg = 0.619047619 = 0.6190

평년수확량 = 12,500㎡ × 0.84kg/㎡ = 10,500kg

B농지 보험금 = 보험가입금액 × (피해율 − 자기부담비율)

= 14,700,000원 × (0.619 − 0.15) = 6,894,300원

보험가입금액 = 10,500kg × 1,400원/kg = 14,700,000원

(3) 답 : ⑤ 7,072,000원, ⑥ 6,174,000원 끝

A농지 보험금(자기부담비율 20%형) = 보험가입금액 × 40%

= 17,680,000원 × 0.4

= 7,072,000원

B농지 보험금(자기부담비율 15%형) = 보험가입금액 × 42%

= 14,700,000원 × 0.42

= 6,174,000원

19

(1)

> 수확일로부터 수확종료일까지의 기간 중 1/5 경과시점에서 사고가 발생
> → 수확기 중 사고
> 경과비율 = 1 − (수확일수 ÷ 표준수확일수) = 1 − (10일 ÷ 50일) = 0.8
> 수확일수 = 수확개시일부터 사고발생일까지 경과일수 = 50일 × 1/5 = 10일
> 표준수확일수 = 수확개시일부터 수확종료일까지의 일수 = 50일

답 : 0.8 끝

(2)

> 정식일로부터 수확개시일까지의 기간 중 1/5 경과시점에서 사고가 발생
> → 수확기 이전 사고
> 경과비율 = a + (1 − a) × (생장일수 ÷ 표준생장일수)
> = 0.4 + (1 − 0.4) × (18일 ÷ 90일) = 0.52
>
> a = 준비기 생산비 계수 40%
> 생장일수 = 정식(파종)일로부터 사고발생일까지 경과일수 = 90일 × 1/5 = 18일
> 표준생장일수 = 정식일로부터 수확개시일까지 표준적인 생장일수 = 90일
>
> 피해율 = 피해비율 × 손해정도비율
> = 0.3 × 0.4 = 0.12 = 12%
> 손해정도30% = 손해정도비율40%
>
> 생산비보장보험금
> = 피해작물 재배면적 × 단위면적당 보장생산비 × 경과비율 × 피해율
> = 1,000㎡ × 15,800원/㎡ × 0.52 × 0.12 = 985,920원

답 : 985,920원 끝

20 답 : 착과감소보험금 = 252,000원, 과실손해보험금 = 11,685,200원 끝

착과감소보험금
= (착과감소량 − 미보상감수량 − 자기부담감수량) × 가입가격 × 70%
= (5,200kg − 1,840kg − 3,000kg) × 1,000원 / kg × 70% = 252,000원

착과감소량 = 착과감소과실수 × 가입과중 = 13,000개 × 0.4kg / 개 = 5,200kg

착과감소과실수 = 최솟값(평년착과수 − 적과후 착과수, 평년착과수 × 최대인정피해율)
= 최솟값(75,000개 − 62,000개, 75,000개 × 0.3) = 13,000개

적과후 착과수 = (140개 / 주 × 300주) + (100개 / 주 × 200주) = 62,000개

최대인정피해율 = 0.3
우박 유과타박률 = 90개 / 300개 = 0.3
집중호우 나무피해율 = {100주 + 40주 + (90주 × 210개 / 300개)} ÷ 750주
= 0.27066666

미보상감수량
= 착과감소량 × Max미보상비율 + 미보상주수 × 주당평년착과수 × 가입과중
= 5,200kg × 0.2 + 20주 × 75,000개 / 750주 × 0.4kg / 개 = 1,040kg + 800kg
= 1,840kg

자기부담감수량 = (적과후 착과수 + 착과감소과실수) × 가입과중 × 자기부담비율
= (62,000개 + 13,000개) × 0.4kg / 개 × 0.1 = 3,000kg

한도체크 = 보험가입금액 × (1 − 자기부담비율)
= 30,000,000원 × (1 − 0.1) = 27,000,000원

과실손해보험금
= (적과종료이후 누적감수량 − 자기부담감수량) × 가입가격
= (11,685.2kg − 0) × 1,000원 / kg = 11,685,200원

누적감수량 = 29,213개 × 0.4kg / 개 = 11,685.2kg

누적감수과실수 = 2,600개 + 26,613개 + 0개 = 29,213개

태풍낙과피해 감수과실수 = 총낙과과실수 × (낙과피해구성률 − MaxA)
= 5,000개 × (0.52−0) = 2,600개
낙과피해구성률 = (1,000 × 1 + 2,000 × 0.8) / 5,000 = 0.52

태풍낙엽피해 감수과실수
= 사고당시 착과과실수 × (인정피해율 − Max A)
= 57,000개 × (0.4669 − 0) = 26,613.3 = 26,613개

사고당시 착과수= 62,000개 − 5,000개 = 57,000개

인정피해율 = (1.0115 × 낙엽률) − (0.0014 × 경과일수)
= (1.0115 × 0.6) − (0.0014 × 100) = 0.6069 − 0.14 = 0.4669

낙엽률 = 180개 / 300개 = 0.6

우박 착과피해 감수과실수 = 사고당시 착과과실수 × (착과피해구성률 − Max A)
= 57,000개 × (0.33−0.4669) = 0개

착과피해구성률 = (20 × 1 + 10 × 0.8 + 10 × 0.5) ÷ 100 = 0.33

자기부담감수량 = 3000kg − (5,200kg − 1,840kg) = 0

한도체크 = 보험가입금액 × (1 − 자기부담비율)
= 30,000,000원 × (1 − 0.1)
= 27,000,000원

농작물재해보험 및 가축재해보험의 이론과 실무

01 답 : ① 한 덩어리, ② 필지(지번), ③ 자기부담비율, ④ 50, ⑤ 꽃눈분화 끝

02 답 : 감자(봄재배), 감자(가을재배), 감자(고랭지재배), 옥수수, 콩 끝

03 답 : ① 이듬해 10월10일, ② 꽃눈분화기, ③ 이듬해 11월30일, ④ 신초발아기, ⑤ 판매개시연도 10월31일 끝

04 답 : ① 농업정책보험금융원, ② 농림축산식품부(재해보험정책과), ③ 금융위원회, ④ 농업재해보험심의회, ⑤ 금융감독원 끝

05 답 : ① 계약자·피보험자, ② 재해보험사업자, ③ 손해평가반, ④ 7일, ⑤ 50%까지 끝

06 답 :
① 10%형 : 최근 3년간 연속 보험가입과수원으로서 3년간 수령한 보험금이 순보험료의 100% 이하인 경우에 한하여 선택 가능하다.
② 15%형 : 최근 2년간 연속 보험가입과수원으로서 2년간 수령한 보험금이 순보험료의 100% 이하인 경우에 한하여 선택 가능하다.
③ 20%형, 30%형, 40%형 : 제한 없음. 끝

07 답 :
① 복숭아 상품의 평년수확량 산출식 = $\{A + (B - A) \times (1 - Y/5)\} \times C/B$
② 산출식 구성요소
- A(과거평균수확량) = Σ과거 5년간 수확량 ÷ Y
- B(평균표준수확량) = Σ과거 5년간 표준수확량 ÷ Y
- C(당해연도(가입연도) 표준수확량)
- Y = 과거수확량 산출연도 횟수(가입횟수) 끝

08

(1)

> 잡초가 농지 면적의 60% 이상으로 분포하는 경우 제초상태는 매우 불량으로 미보상비율은 20% 이상 적용할 수 있다. 문제조건에 따라 적용할 수 있는 미보상비율 중 최저비율이기 때문에 20% 적용
>
> 병해충상태에서 세균구멍병외 다른 병해충은 없는 것으로 확인되었고, 세균구멍병은 보상하는 병해충으로 병해충상태 미보상비율 판단에서는 제외되므로, 병해충상태 부분에서는 해당없음으로 미보상비율 0%
>
> 기타 : 해당없음으로 미보상비율 0%
>
> 미보상비율은 제초상태, 병해충상태 및 기타 항목에 따라 개별 적용한 해당 비율을 합산하여 산정한다. 20% + 0% + 0% = 20%

답 : 20% 끝

(2)

> 수확감소보험금 = 보험가입금액 × (피해율 − 자기부담비율)
> = 40,000,000원 × (0.42 − 0.1) = 12,800,000원
>
> 피해율 = {(평년수확량 − 수확량 − 미보상감수량) + 병충해감수량} ÷ 평년수확량
> = {(10,000kg − 6,000kg − 800kg) + 1,000kg} ÷ 10,000 = 0.42
>
> 미보상감수량 = (평년수확량−수확량) × Max미보상비율
> = (10,000kg − 6,000kg) × 0.2 = 800kg
>
> 최근 3년간 연속 보험가입과수원으로서 3년간 수령한 보험금이 순보험료의 98%인 과수원이 선택할 수 있는 최저 자기부담비율 = 10%

답 : 12,800,000원 끝

09

(1)

> 비가림시설의 최소가입면적은 200㎡
> 비가림시설의 보험가입금액은 비가림시설의 ㎡당 시설비에 비가림시설 면적을 곱하여 산정(산정된 금액의 80% ～ 130% 범위 내에서 계약자가 보험가입금액을 결정)
>
> 최소 보험가입금액 = 18,000원/㎡ × 200㎡ × 0.8 = 2,880,000원

답 : 2,880,000원 끝

(2)

> 최대 보험가입금액 = 19,000원/㎡ × 300㎡ × 1.3 = 7,410,000원

답 : 7,410,000원 끝

(3)

> 목재 경년감가율 = 13.33%
> 인삼 해가림시설의 보험가입금액 = 30,000원/㎡ × 300㎡ × (1 − 0.1333×5)
> = 3,001,500원(천원 단위 미만 절사) = 3,001,000원

답 : 3,001,000원 끝

10 답 :

내용	보상하는 손해 여부
〈예〉 사육하는 장소에서 부상으로 긴급도축 한 경우	○
1. 불임으로 젖소의 유량 감소가 확실시되어 긴급도축을 한 경우	○
2. 계약자 또는 피보험자의 위탁 도살에 의한 가축 폐사로 인한 손해	×
3. 정부의 살처분으로 발생한 손해	×
4. 젖소의 유량감소에 따른 도태로 인한 손해	○
5. 재해보험사업자의 승낙을 얻어 연구기관에 연구용으로 공여하여 발생된 손해	○
6. 독극물의 투약에 의한 폐사 손해	×
7. 작업장 내에서 좀도둑으로 인한 도난손해	×
8. 보험목적의 생명유지를 위하여 질병 치료가 필요하다고 자격 있는 수의사가 확인하고, 외과적 치료행위를 하던 중 폐사하여 발생한 손해	○
9. 사고의 예방 및 손해의 경감을 위하여 당연하고 필요한 안전대책을 강구하지 않아 발생한 손해	×

끝

 농작물재해보험 및 가축재해보험 손해평가의 이론과 실무

11 답 : ① 법정대리인, ② 도살, ③ 위탁 도살, ④ 살처분, ⑤ 도태 권고 끝

12

(1)

> A농지의 재이앙·재직파보험금 = 보험가입금액 × 25% × 면적피해율
> = 5,000,000원 × 0.25 × 0.25 = 312,500원
> 면적피해율 = 피해면적 ÷ 보험가입면적 = 500㎡ ÷ 2,000㎡ = 0.25

답 : 312,500원 끝

(2)

B농지의 수확감소보험금 = 보험가입금액 × (피해율 − 자기부담비율)
= 8,000,000원 × (0.35 − 0.2) = 1,200,000원

※ 동일 농지에 대하여 복수의 조사방법을 실시한 경우 피해율 산정의 우선 순위는 전수조사 표본조사 수량요소조사 순으로 적용한다. 따라서 피해율 = 35%

답 : 1,200,000원 끝

13 답 :
① 묘가 본답의 바닥에 있는 흙과 분리되어 물위에 뜬 면적
② 묘가 토양에 의해 묻히거나 잎이 흙에 덮여져 햇빛이 차단된 면적
③ 묘는 살아 있으나 수확이 불가능할 것으로 판단된 면적 끝

14

①

실제결과주수 : "가입일자"(2019년 11월 14일)를 기준으로 농지(과수원)에 식재된 모든 나무수. 다만 인수조건에 따라 보험에 가입할 수 없는 나무 유목 및 제한 품종 등 수는 제외
실제결과주수 = 270주 + 25주 + 15주 = 310주

답 : 310주 끝

②

미보상주수 : 실제결과나무수 중 보상하는 손해 이외의 원인으로 고사되거나 수확량(착과량)이 현저하게 감소된 나무수
미보상주수 = 15주 + 10주 = 25주

답 : 25주 끝

③

고사주수 : 실제결과나무수 중 보상하는 손해로 고사된 나무수
고사주수 = 25주

답 : 25주 끝

15

착과감소보험금
= (착과감소량 - 미보상감수량 - 자기부담감수량) × 가입가격 × (50%, 70%)
= (4,800kg − 480kg − 1,650kg) × 2,200원/kg × 0.5 = 2,937,000원

착과감소과실수 = 평년착과수 − 적과후 착과수
= 27,500개 − 15,500개 = 12,000개

착과감소량 = 착과감소과실수 × 가입과중
= 12,000개 × 0.4kg/개 = 4,800kg

미보상감수량
= 착과감소량 × Max미보상비율 + 미보상주수 × 주당평년착과수 × 가입과중
= 4,800kg × 0.1 + 0주 × ~ = 480kg

자기부담감수량 = (적과후 착과수 + 착과감소과실수) × 가입과중 × 자기부담비율
= 27,500개 × 0.4kg/개 × 0.15 = 1,650kg

답 : 2,937,000원 끝

16

① 답 : 지급불가 끝

잔존물처리비용은 사고 현장 및 인근 지역의 토양, 대기 및 수질 오염물질 제거비용
과 차에 실은 후 폐기물 처리비용은 포함하지 않는다.

② 답 : 지급불가 끝

보험사고가 발생 시 손해의 방지 또는 경감을 위하여 지출한 필요 또는 유익한 비용을 손해방지비용으로 보상한다. 다만 약관에서 규정하고 있는 보험목적의 관리의무를 위하여 지출한 비용은 제외한다.

③ 답 : 지급 끝

대위권 보전비용 : 재해보험사업자가 보험사고로 인한 피보험자의 손실을 보상해주고, 피보험자가 보험사고와 관련하여 제3자에 대하여 가지는 권리가 있는 경우 보험금을 지급한 재해보험사업자는 그 지급한 금액의 한도에서 그 권리를 법률상 당연히 취득하게 되며 이와 같이 보험사고와 관련하여 제3자로부터 손해의 배상을 받을 수 있는 경우에는 그 권리를 지키거나 행사하기 위하여 지출한 필요 또는 유익한 비용을 보상한다.

④ 답 : 지급 끝

기타 협력비용 : 재해보험사업자의 요구에 따르기 위하여 지출한 필요 또는 유익한 비용을 보상한다.

⑤ 답 : 290만 원 끝

폐사 시점 보험가입금액 = 보험가액 = 전부보험 = 300만 원
최종 지급금액 = 손해액 - 자기부담금 + 대위권보전비용 + 기타협력비용
= 300만 원 - 60만 원 + 30만 원 + 20만 원 = 290만 원

17

①

수확량 = (표본구간 단위면적당 수확량 × 조사대상면적) + {단위면적당 평년수확량 × (타작물 및 미보상면적 + 기수확면적)}
= 1.1kg/㎡ × 1,800㎡ + 3.2kg/㎡ × 200㎡ = 2,620kg

표본구간 단위면적당 수확량 = 표본구간 수확량 ÷ 표본구간 면적 (환산계수 미적용)
= 5.5kg ÷ 5㎡ = 1.1kg/㎡

조사대상면적 = 실제경작면적 − 고사면적 − 타작물 및 미보상면적 − 기수확면적
= 2,500㎡ − 500㎡ − 200㎡ − 0㎡ = 1,800㎡

단위면적당 평년수확량 = 평년수확량 ÷ 실제경작면적
= 8,000kg ÷ 2,500㎡ = 3.2kg/㎡

답 : 2,620kg 끝

②

피해율 = (기준수입 − 실제수입) ÷ 기준수입
= (22,400,000원 − 9,595,600원) ÷ 22,400,000원 = 0.571625 = 57.16%

기준수입 = 평년수확량 × 농지별 기준가격
= 8,000kg × 2,800원/kg = 22,400,000원
실제수입 = (수확량 + 미보상감수량) × 최솟값(농지별 기준가격, 농지별 수확기가격)
= (2,620kg + 807kg) × 최솟값(2,800원/kg, 2,900원/kg) = 9,595,600원

미보상감수량 = (평년수확량 − 수확량) × 미보상비율
= (8,000kg − 2,620kg) × 0.15 = 807kg

답 : 57.16% 끝

③

> 보험금 = 보험가입금액 × (피해율 − 자기부담비율)
> = 2,000만 원 × (0.5716 − 0.2) = 7,432,000원

답 : 7,432,000원 끝

18

(1) 답 :

① 사고(발생)일자 : 2020년 8월 8일

② 근거 : 가뭄과 같이 지속되는 재해의 사고발생일은 재해가 끝나는 날(가뭄 이후 첫 강우일의 전날)을 사고 발생일로 한다. 다만, 재해가 끝나기 전에 조사가 이루어질 경우에는 조사가 이루어진 날을 사고일자로 한다. 끝

(2)

> 수확기 이전 보험사고가 발생한 경우 경과비율
> = 준비기생산비계수 + {(1 − 준비기생산비계수) × (생장일수 ÷ 표준생장일수)}
> = 0.527 + {(1 − 0.527) × (90 ÷ 100)} = 0.9527 = 95.27%
>
> 준비기생산비계수 = 52.7%
> 생장일수 = 정식일로부터 사고발생일까지 경과일수 = 90일
> 표준생장일수 = 100일

답 : 95.27% 끝

(3)

> 보험금 = (잔존보험가입금액 × 경과비율 × 피해율) − 자기부담금
> = (8,000,000원 × 0.9527× 0.16) − 400,000원 = 819,456원
>
> 피해율 = 피해비율 × 손해정도비율 × (1 − 미보상비율)
> = 0.5 × 0.4 × (1 − 0.2) = 0.16
>
> 자기부담금 = 잔존보험가입금액 × 5% = 8,000,000원 × 0.05 = 400,000원

답 : 819,456원 끝

19

다음 각 호의 어느 하나에 해당하는 손해평가에 대하여는 해당자를 손해평가반 구성에서 배제하여야 한다.
1. 자기 또는 자기와 생계를 같이 하는 친족(이하 "이해관계자"라 한다)이 가입한 보험계약에 관한 손해평가
2. 자기 또는 이해관계자가 모집한 보험계약에 관한 손해평가
3. 직전 손해평가일로부터 30일 이내의 보험가입자간 상호 손해평가
4. 자기가 실시한 손해평가에 대한 검증조사 및 재조사 해당사항없음

배제되어야 하는 자 :
H(자기가 가입한 보험계약)
E(자기가 모집한 보험계약)
A(직전 손해평가일로부터 30일 이내의 보험가입자간 상호 손해평가)

답 : ① 불가능, ② 불가능, ③ 가능, ④ 불가능, ⑤ 가능 끝

20

①

A품종 수확량 = (A품종) 착과량 − (A품종) 사고당 감수량의 합
= 1,530kg − 0kg = 1,530kg

A품종 착과량
= (품종·수령별 착과수 × 품종별 과중) + (품종·수령별 주당 평년수확량 × 미보상주수)
= (5,000개 × 0.29kg/개) + (10kg/주 × 8주) = 1,530kg

A품종 평년수확량
= 4,000kg × (200주×15kg/주) ÷ {(200주 × 15kg/주) + (100주 × 30kg/주)}
= 2,000kg

A품종 주당 평년수확량 = 2,000kg ÷ 200주 = 10kg/주

답 : 1,530kg 끝

②

B품종 수확량 = (B품종) 착과량 − (B품종) 사고당 감수량의 합
= 1,030kg − 0kg = 1,030kg

(B품종) 착과량
= (품종·수령별 착과수 × 품종별 과중) + (품종·수령별 주당 평년수확량 × 미보상주수)
= (3,000개 × 0.31kg/개) + (20kg/주 × 5주) = 1,030kg

B품종 평년수확량 = 2,000kg

B품종 주당 평년수확량 = 2,000kg ÷ 100주 = 20kg/주

답 : 1,030kg 끝

③

수확감소보장피해율(%)
= (평년수확량 − 수확량 − 미보상감수량 + 병충해감수량) ÷ 평년수확량
= (4,000kg − 2,560kg − 144kg +0kg) ÷ 4,000kg = 0.324 = 32.4%

미보상감수량 = (4,000kg − 2,560kg) × Max미보상비율 10% = 144kg

답 : 32.4% 끝

농작물재해보험 및 가축재해보험의 이론과 실무

01 답 : 흰잎마름병, 줄무늬잎마름병, 세균성벼알마름병, 도열병, 깨씨무늬병, 먹노린재, 벼멸구 끝

02 답 : ① 위태, ② 손인, ③ 손해, ④ 동태적 위험, ⑤ 기본적 위험 끝

> 재파종보험금 = 보험가입금액 × 35% × 표준출현 피해율
> = 100,000,000원 × 0.35 × 0.1 = 3,500,000원
>
> 표준출현피해율(10a 기준) = (30,000 − 출현주수) ÷ 30,000
> = (30,000 − 27,000주) ÷ 30,000 = 0.1

03 답 : 3,500,000원 끝

04

(1)

> 110kg 비육돈 수취가격 = 사고 당일 포함 직전 5영업일 평균돈육대표가격(전체, 탕박)
> 4,800원/kg × 110kg × 지급율(76.8%) = 405,504원

답 : 405,504원 끝

(2)

> 보험가액 = 자돈가격(30kg 기준) + (적용체중 − 30kg) × {110kg 비육돈 수취가
> 격 − 자돈가격(30kg 기준)} / 80
> = 150,000원 + (75 − 30) × (405,504원 − 150,000원) / 80 = 293,721원
>
> 적용 체중 = 78kg → 75kg

답 : 293,721원 끝

05 답 : 살구, 유자 끝

06

(1) 답 : 재이앙·재직파보험금과 경작불능보험금을 지급하는 경우

재이앙·재직파보험금 : 보상하는 재해로 면적 피해율이 10%를 초과하고, 재이앙(재직파)한 경우(1회 지급)

경작불능보험금 : 보상하는 재해로 식물체 피해율이 65%이상이고, 계약자가 경작불능보험금을 신청한 경우(보험계약소멸) 끝

(2) 답 : 재이앙·재직파보험금과 경작불능보험금의 보장종료시점

재이앙·재직파보험금 : 판매개시연도 7월 31일

경작불능보험금 : 출수기 전 끝

(3)

재이앙·재직파보험금 = 보험가입금액 × 25% × 면적 피해율
= 3,500,000원 × 0.25 × 0.3 = 262,500원
면적 피해율 = (피해면적 ÷ 보험가입면적)
= 2,100㎡ ÷ 7,000㎡ = 0.3

답 : 262,500원 끝

07

(1)

> 과거수확량 산출방법
> 사고 시 : 조사수확량 〉 평년수확량50% → 조사수확량, 평년수확량50% ≧
> 조사수확량 → 평년수확량 50%
> 무사고 시 : Max(표준수확량 × 1.1, 평년수확량 × 1.1)
> 2018년 : 평년수확량50% 450 ≧ 조사수확량 300 → 450
> 2019년 : Max(900 × 1.1, 1,000 × 1.1) → 1,100
> 2020년 : 조사수확량 700 〉 평년수확량50% 550 → 700
>
> 과거평균수확량 = (450 + 1,100 + 700) ÷ 3 = 750

답 : 750kg 끝

(2)

> 평년수확량 = {A + (B − A) × (1 − Y / 5)} × C / B
> = {750 + (950 − 750) × (1 − 3 / 5)} × 1,045 / 950 = 913
> A(과거평균수확량) = 750
> B(평균표준수확량) = (950 + 900 + 1,000) ÷ 3 = 950
> C(가입연도 표준수확량) = 1,045
> Y = 3

답 : 913kg 끝

①

영업보험료 = 순보험료 + 부가보험료

부가보험료 = 12,000,000 − 10,000,000 = 2,000,000원(전액 정부지원)

순보험료의 38% 정부지원 = 10,000,000 × 0.38 = 3,800,000원

정부지원액 = 2,000,000원 + 3,800,000원 = 5,800,000원

정부는 농업인의 경제적 부담을 줄이고 농작물재해보험 사업의 원활한 추진을 위하여 농작물재해보험에 가입한 계약자의 납입 순보험료의 일정비율을 지원한다.
사과(자기부담비율 15%)의 경우 38%를 지원한다.

〈정부의 농가부담보험료 지원 비율〉

구분	품목	보장 수준 (%)				
		60	70	80	85	90
국고 보조율 (%)	사과, 배, 단감, 떫은감	60	60	50	38	33
	벼	60	55	50	44	41

부가보험료는 정부에서 전액 지원한다. 계약자 부담 부가보험료 없음

답 : 5,800,000원 끝

②

영업보험료 = 순보험료 + 부가보험료

부가보험료 = 1,800,000 − 1,600,000 = 200,000원(전액 정부지원)

순보험료의 41% 정부지원 = 1,600,000 × 0.41 = 656,000원

정부지원액 = 200,000원 + 656,000원 = 856,000원

벼(자기부담비율 10%)의 경우 순보험료의 41%를 지원한다.

〈정부의 농가부담보험료 지원 비율〉

구분	품목	보장 수준 (%)				
		60	70	80	85	90
국고 보조율 (%)	사과, 배, 단감, 떫은감	60	60	50	38	33
	벼	60	55	50	44	41

답 : 856,000원 끝

③

말은 마리당 가입금액 4,000만 원 한도 내 보험료의 50%를 지원하되, 4,000만 원을 초과하는 경우는 초과 금액의 70%까지 가입금액을 산정하여 보험료의 50% 지원

납입보험료 = 보험가입금액 × 보험요율 ???

영업보험료 = 납입보험료 = 5,000,000원 = 보험가입금액(60,000,000원) × x

$x = 5,000,000$원$/60,000,000$원

x = 보험요율 만일지 아니면 보험요율 × (1 + 손)일지 ~ 뭔지 모른다고 가정
따라서 x이다.

정부지원액 = (40,000,000 + 20,000,000 × 0.7) × x × 0.5 = 2,250,000원

답 : 2,250,000원 끝

09

(1) 답 :
① 구조체, 피복재 등 농업용 시설물에 직접적인 피해가 발생한 경우
② 농업용 시설물에 직접적인 피해가 발생하지 않은 자연재해로서 작물 피해율이 70% 이상 발생하여 농업용 시설물 내 전체 작물의 재배를 포기하는 경우
③ 기상청에서 발령하고 있는 기상특보 발령지역의 기상특보 관련 재해로 인해 작물에 피해가 발생한 경우 끝

(2) 답 : 보장하는 재해로 1사고당 생산비보험금이 10만 원 이하인 경우 보험금이 지급되지 않고, 소손해면책금을 초과하는 경우 손해액 전액을 보험금으로 지급한다. 끝

(3) 답 : ① 50%미만, ② 200㎡ 이상 끝

10 (1)

①

수확감소보험금 = 보험가입금액 × (피해율 − 자기부담비율)
= 20,000,000원 × (0.48 − 0.1) = 7,600,000원

피해율 = (평년수확량 − 수확량 − 미보상감수량) ÷ 평년수확량
= (1,500kg − 700kg − 80kg) ÷ 1,500kg = 0.48

미보상감수량 = (평년수확량 − 수확량) × 미보상비율
= (1,500kg − 700kg) × 0.1 = 80kg

3년 연속가입 및 3년간 수령한 보험금이 순보험료의 100%이하인 과수원으로 최저
자기부담비율 선택 = 10%

답 : 7,600,000원 끝

②

수확량감소추가보장보험금 = 보험가입금액 × 피해율 × 10%
= 20,000,000원 × 0.48 × 0.1 = 960,000원

피해율 = (평년수확량 − 수확량 − 미보상감수량) ÷ 평년수확량
= (1,500kg − 700kg − 80kg) ÷ 1,500kg = 0.48

답 : 960,000원 끝

③

나무손해보장보험금 = 보험가입금액 × (피해율 − 자기부담비율5%)
= 4,000,000원 × (0.3 − 0.05) = 1,000,000원
피해율 = 피해주수(고사된 나무) ÷ 실제결과주수 = 30주 ÷ 100주 = 0.3

답 : 1,000,000원 끝

(2) 답 : ① 단지, ② 200㎡ 이상, ③ 3m ± 5% 끝

11 답 : ① 계약자, ② 기망, ③ 과실, ④ 지급을 거절, ⑤ 계약을 취소 끝

12 답 : ① 17cm 이상, ② 15cm 이상 17cm 미만, ③ 15cm 미만, ④ 20cm × 20cm
⑤ 5cm 끝

13 답 :
① 조사대상주수 = 620주 − 10주 = 610주
② 조사대상주수 = 60주 − 30주 = 30주
③ 적정표본주수 = 13주 × 610주 / 640주 = 12.390625 = 13주
④ 적정표본주수 = 13주 × 30주 / 640주 = 0.609375 = 1주
⑤ 적정표본주수 산정식 = 전체표본주수 × (품종별 조사대상주수 / 조사대상주수 합)
(소수점 첫째 자리에서 올림)
= 13주 × 610주 / 640주 끝

14

피해율 = (평년수확량 − 수확량 − 미보상감수량) ÷ 평년수확량
= (6,000kg − 3,850kg − 215kg) ÷ 6,000kg = 0.3225 = 32.25%

수확량 = 표준수확량 × 조사수확비율 × 피해면적보정계수
= 5,000kg × 0.7 × 1.1 = 3,850kg

피해정도 경미, 피해면적비율 10% 이상 ~ 30% 미만일 때 피해면적 보정계수 = 1.1

미보상감수량 = (6,000kg − 3,850kg) × 0.1 = 215kg

답 : 32.25% 끝

15 답 : ① 경년감가율, ② 50%, ③ 70%, ④ 6개월, ⑤ 30% 끝

16 (1)

수확량 = (표본구간 단위면적당 수확량 × 조사대상면적) + {단위면적당 평년수확량 × (타작물 및 미보상면적 + 기수확면적)}

= 0.18kg/㎡ × 7,000㎡ + 0.2kg/㎡ × 2,000㎡

= 1,260kg + 400kg = 1,660kg

표본구간 단위면적당 수확량 = 표본구간별 수확량 합계 ÷ 표본구간 면적

= 1.8kg ÷ 10㎡ = 0.18kg/㎡

표본구간 수확량 합계

= 표본구간별 종실중량 합계 × {(1 − 함수율) ÷ (1 − 기준함수율)}

= 2kg × {(1 − 0.226) ÷ (1 − 0.14)} = 1.8kg

콩 기준함수율 : 14%

단위면적당 평년수확량 = 평년수확량 ÷ 실제경작면적

= 2,000kg ÷ 10,000㎡ = 0.2kg/㎡

답 : 1,660kg 끝

(2)

> 피해율 = (기준수입 − 실제수입) ÷ 기준수입
> = (10,000,000원 − 7,623,000원) ÷ 10,000,000원 = 0.2377 = 23.77%
>
> 기준수입 = 평년수확량 × 농지별 기준가격
> = 2,000kg × 5,000원/kg = 10,000,000원
>
> 실제수입 = (수확량 + 미보상감수량) × 최솟값(농지별 기준가격, 농지별 수확기가격)
> = (1,660kg + 34kg) × 최솟값(5,000원/kg, 4,500원/kg) = 7,623,000원
>
> 미보상감수량 = (평년수확량 − 수확량) × 미보상비율
> = (2,000kg − 1,660kg) × 0.1 = 34kg
>
> 농지별 수확기가격 = 4,500원/kg

답 : 23.77% 끝

(3)

> 농업수입감소보험금 = 보험가입금액 × (피해율 − 자기부담비율)
> = 10,000,000원 × (0.2377 − 0.2) = 377,000원

답 : 377,000원 끝

17

(1)

표고버섯(원목재배) 생산비보장보험금
= 재배원목(본)수 × 원목(본)당 보장생산비 × 피해율
= 2,000개 × 7,000원/개 × 0.1 = 1,400,000원

피해율 = 피해비율 × 손해정도비율 × (1 − 미보상비율)
= 0.2 × 0.5 × (1 − 0) = 0.1

피해비율 = 피해원목(본)수 ÷ 재배원목(본)수
= 400개 ÷ 2,000개 = 0.2

손해정도비율 = 원목의 피해면적 ÷ 원목의 면적
= 20㎡ ÷ 40㎡ = 0.5

답 : 1,400,000원 끝

(2)

표고버섯(톱밥배지재배) 생산비보장보험금
= 재배배지(봉)수 × 배지(봉)당 보장생산비 × 경과비율 × 피해율
= 2,000개 × 2,600원/개 × 0.8315 × 0.125 = 540,475원

경과비율(수확기 이전사고) = a + {(1 − a) × (생장일수 ÷ 표준생장일수)}
= 0.663 + {(1 − 0.663) × (45일 ÷ 90일)} = 0.8315

표고버섯(톱밥배지재배) 표준생장일수 = 90일

피해율 = 피해비율 × 손해정도비율 × (1 − 미보상비율)
= 0.25 × 0.5 × (1 − 0) = 0.125

피해비율 = 피해배지(봉)수 ÷ 재배배지(봉)수 = 500개 ÷ 2,000개 = 0.25

답 : 540,475원 끝

(3)

느타리버섯(균상재배) 생산비보장보험금
= 재배면적 × 단위면적당 보장생산비 × 경과비율 × 피해율
= 2,000㎡ × 11,480원/㎡ × 0.838 × 0.15 = 2,886,072원

경과비율(수확기 이전사고) = a + {(1 − a) × (생장일수 ÷ 표준생장일수)}
= 0.676 + {(1 − 0.676) × (14일 ÷ 28일)} = 0.838

피해율 = 피해비율 × 손해정도비율 × (1 − 미보상비율)
= 0.25 × 0.6 × (1 − 0) = 0.15

피해비율 = 피해면적 ÷ 재배면적
= 500㎡ ÷ 2,000㎡ = 0.25

손해정도 55% → 손해정도비율 60%

답 : 2,886,072원 끝

18

(1)

과실손해피해율 = {(등급 내 피해과실수 + 등급 외 피해과실수 × 50%)
÷ 기준과실수} × (1 − 미보상비율)
= [{(80 × 0.3 + 120 × 0.5 + 120 × 0.8 + 60 × 1) + (110 × 0.3 + 130 × 0.5 + 90 × 0.8 + 140 × 1) × 0.5} ÷ (80 + 120 + 120 + 60 + 110 + 130 + 90 + 140 + 1,150)] × (1 − 0) = {(24 + 60 + 96 + 60) + (33 + 65 + 72 + 140) × 0.5} ÷ 2,000 = 0.1975 = 19.75%

답 : 19.75% 끝

(2)

> 과실손해보험금 = 손해액 − 자기부담금
> = 4,937,500원 − 2,500,000원
> = 2,437,500원
>
> 손해액 = 보험가입금액 × 피해율 = 25,000,000원 × 19.75% = 4,937,500원
>
> 자기부담금 = 보험가입금액 × 자기부담비율
> = 25,000,000원 × 10% = 2,500,000원

답 : 2,437,500원 끝

(3) 답 : ① 2, ② 1 ~ 3 끝

19

(1)

> 인삼 피해율 = (1 − 수확량 / 연근별기준수확량) × 피해면적 / 재배면적
> = (1 − 0.146kg/㎡ / 0.73kg) × 350칸 / 500칸 = 0.56 = 56%
>
> 수확량 = 단위면적당 조사수확량 + 단위면적당 미보상감수량 = 0.146kg/㎡
>
> 단위면적당 조사수확량 = 표본수확량 합계 ÷ 표본칸 면적
> = 9.636kg ÷ 66㎡
> = 0.146kg/㎡
>
> 표본칸 면적 = 표본칸수 × 지주목간격 × (두둑폭 + 고랑폭)
> = 10칸 × 3m × (1.5m + 0.7m) = 66㎡
>
> 단위면적당 미보상감수량
> = (기준수확량 − 단위면적당 조사수확량) × 미보상비율
> = (0.73kg − 0.146kg/㎡) × 0 = 0

답 : 56% 끝

(2)

인삼 보험금 = 보험가입금액 × (피해율 − 자기부담비율)
= 120,000,000원 × (0.56 − 0.2) = 43,200,000원

답 : 43,200,000원 끝

(3)

해가림시설 보험금 = (손해액 − 자기부담금) × (보험가입금액 ÷ 보험가액)
= (5,000,000원 − 50만 원) × (20,000,000원 ÷ 25,000,000원) = 3,600,000원

산출된 피해액에 대하여 감가상각을 적용하여 손해액을 산정한다. 다만, 피해액이 보험가액의 20% 이하인 경우에는 감가를 적용하지 않고, 피해액이 보험가액의 20%를 초과하면서 감가 후 피해액이 보험가액의 20% 미만인 경우에는 보험가액의 20%를 손해액으로 산출한다.

보험가액의 20% = 25,000,000원 × 0.2 = 5,000,000원
해가림시설 피해액 = 5,000,000원(보험가액의 20% 이하에 해당) = 손해액
손해액 = 5,000,000원

자기부담금 = 10만 원 ≤ 손해액의 10% ≤ 100만 원 = 50만 원

비용 = 216,000원 + 144,000원 = 360,000원

잔존물 제거비용 = (300,000원 − 30,000원) × 20 / 25 = 216,000원
손해액의 10%(500,000원) 초과 할 수 없다.
해가림시설 보험금(3,600,000원)과 잔존물 제거비용의 합은 보험가입금액(20,000,000원)을 한도로 한다.

대위권 보전비용 = (200,000원 − 20,000원) × 20 / 25 = 144,000원
보험가입금액을 초과하는 경우에도 지급한다.

해가림시설 보험금(비용포함) = 3,600,000원 + 360,000원 = 3,960,000원

답 : 3,960,000원 끝

20

(1)

착과감소보험금
= (착과감소량 - 미보상감수량 − 자기부담감수량) × 가입가격 × 50%
= (19,890kg − 0kg − 4,500kg) × 1,200원/kg × 0.5 = 9,234,000원

적과후 착과수 = (390주 × 60개/주) + (360주 × 90개/주)
= 23,400 + 32,400 = 55,800개

착과감소과실수 = 평년착과수 − 적과후 착과수
= 100,000개 − 55,800개 = 44,200개

착과감소량 = 착과감소과실수 × 가입과중 = 44,200개 × 0.45kg/개 = 19,890kg

미보상감수량 = 0

자기부담 감수량 = (적과후 착과수 + 착과감소과실수) × 가입과중 × 자기부담비율
= 100,000개 × 0.45kg/개 × 0.1 = 4,500kg

답 : 9,234,000원 끝

(2)

과실손해보험금
= (적과종료이후 누적감수량 − 자기부담감수량)× 가입가격
= (10,073.7kg − 0) × 1,200원/kg = 12,088,440원

누적감수과실수 = 2,790 + 2,568 + 17,028 = 22,386개
누적감수량 = 22,386개 × 0.45kg/개 = 10,073.7kg

적과종료 이전 자연재해로 인한 적과종료 이후 착과손해
착과율 = 적과후 착과수 ÷ 평년착과수
= 55,800개 ÷ 100,000개 = 0.558 (60%미만)
감수과실수 = 적과후 착과수 × 5% = 55,800개 × 0.05 = 2,790개

태풍 낙과피해 감수과실수 = 총낙과과실수 × (낙과피해구성률 − MaxA) × 1.07
= 4,000개 × {(2,000 × 0.8 + 1,000) / 4,000 − 0.05} × 1.07 = 2,568개

우박 착과피해 감수과실수 = 사고당시 착과과실수 × (착과피해구성률 − MaxA)
= 47,300개 × {(10 × 0.5 + 20 × 0.8 + 20 × 1) / 100 − 0.05} = 17,028개

사고당시 착과과실수 = 55,800개 − 4,000개 − (30주 × 60개/주 + 30주 × 90개/주)
= 47,300개

자기부담감수량 = 4,500 − (19,890 − 0) = 0

답 : 12,088,440원 끝

(3)

나무손해보험금 = 보험가입금액 × (피해율 − 자기부담비율 5%)
= (750주 × 100,000원/주) × (0.08 − 0.05) = 2,250,000원
피해율 = 피해주수(고사된 나무) ÷ 실제결과주수 = 60주 / 750주 = 0.08

답 : 2,250,000원 끝

농작물재해보험 및 가축재해보험의 이론과 실무

01 답 : 위험회피, 손실통제, 위험 요소의 분리, 계약을 통한 위험 전가, 위험을 스스로 인수 끝

02 답 : 불예측성, 광역성, 동시성·복합성, 계절성, 피해의 대규모성, 불가항력성 끝

03 답 : ① 신의성실의 원칙, ② 인쇄, ③ 수기, ④ 보험자, ⑤ 계약자 끝

04 답 : 고추, 브로콜리 끝

05 답 : ① 50, ② 3, ③ 11, ④ 20, ⑤ 23,000 끝

06

(1)

> 백태(2016 ~ 2020년) 서울 양곡도매시장의 연도별 중품과 상품 평균가격의 보험가입 직전 5년 올림픽 평균값에 농가수취비율을 곱하여 산출한다.
> (6,200 6,150 7,000 7,200 7,350) / 3 = 6,800원/kg × 0.8 = 5,440원/kg
>
> 서리태(2016 ~ 2020년) 서울 양곡도매시장의 연도별 중품과 상품 평균가격의 보험가입 직전 5년 올림픽 평균값에 농가수취비율을 곱하여 산출한다.
> (7,600 8,300 7,500 7,200 8,400) / 3 = 7,800원/kg × 0.8 = 6,240원/kg
>
> 하나의 농지에 2개 이상 용도(또는 품종)의 콩이 식재된 경우에는 기준가격과 수확기가격을 해당용도(또는 품종)의 면적의 비율에 따라 가중 평균하여 산출한다.
> 기준가격 = 5,440 × 1,500 / 2,500 + 6,240 × 1,000 / 2,500
> = 3,264 + 2,496 = 5,760원/kg

답 : 5,760원/kg 끝

(2)

수확연도의 서울 양곡도매시장 중품과 상품 평균가격에 농가수취비율을 곱하여 산출한다. 백태 6,300원/kg × 0.8 = 5,040원/kg
서리태 8,300원/kg × 0.8 = 6,640원/kg
수확기가격 = 5,040 × 1,500 / 2,500 + 6,640 × 1,000 / 2,500
= 3,024 + 2,656 = 5,680원/kg

답 : 5,680원/kg 끝

(3)

농업수입감소보장보험금 = 보험가입금액 × (피해율 − 자기부담비율)
= 8,640,000원 × (0.3425 − 0.2) = 1,231,200원

보험가입금액 = 가입수확량 × 기준가격
= 1,500kg × 5,760원/kg = 8,640,000원

피해율 = (기준수입 − 실제수입) ÷ 기준수입
= (8,640,000원 − 5,680,000원) ÷ 8,640,000원 = 0.342592592 =34.2592592%
= 34.25%(%로 둘째자리 미만 절사)

기준수입 = 평년수확량 × 농지별 기준가격 = 1,500kg × 5,760원/kg
= 8,640,000원
실제수입 = (수확량 + 미보상감수량) × 최솟값(농지별 기준가격, 농지별 수확기가격)
= (1,000kg + 0kg) × 5,680원/kg = 5,680,000원

답 : 1,231,200원 끝

07

(1)

> 보험가입금액 = 가입수확량 × 가입(표준)가격
> = 4,500kg × 2,160원/kg = 9,720,000원
>
> 표준가격 = 1,800원/kg × 1.2 = 2,160원/kg
>
> 벼의 표준가격은 보험 가입연도 직전 5개년의 시·군별 농협 RPC 계약재배 수매가 최근 5년 평균 값에 민간 RPC 지수를 반영하여 산출한다.
> 문제 조건) 계산 시 민간 RPC 지수는 농협 RPC 계약재배 수매가에 곱하여 산출할 것

답 : 9,720,000원 끝

(2)

> 수확감소보장 보통약관(주계약) 적용보험료 = 주계약 보험가입금액 × 지역별 기본 영업요율 × (1 + 손해율에 따른 할인·할증률) × (1 + 친환경 재배시 할증률) × (1 + 직파재배 농지 할증률)
> = 9,720,000원 × 0.12 × (1 − 0.13) × (1 + 0.08) × (1 + 0.1)
> = 9,720,000원 × 0.12 × 0.87 × 1.08 × 1.1 = 1,205,544.384
> = 1,205,000원(천원 단위 미만 절사)

답 : 1,205,000원 끝

(3)

> 병해충보장 특별약관 적용보험료 = 특별약관 보험가입금액 × 지역별 기본 영업요율 × (1 + 손해율에 따른 할인·할증률) × (1 + 친환경 재배 시 할증률) × (1 + 직파재배 농지 할증률)
> = 9,720,000원 × 0.05 × 0.87 × 1.08 × 1.1 = 502,310.16
> = 502,000원(천원 단위 미만 절사)

답 : 502,000원 끝

08

(1)

영업보험료 = 순보험료 + 부가보험료
= 1,500,000원 + 250,000원 = 1,750,000원

순보험료 = 보험가입금액 × 순보험요율 × 할인·할증률
= 10,000,000원 × 0.15 × 1 = 1,500,000원

답 : 1,750,000원 끝

(2)

부가보험료 = 보험가입금액 × 부가보험요율 × 할인·할증률
= 10,000,000원 × 0.025 × 1 = 250,000원

답 : 250,000원 끝

(3)

농가부담보험료 = 순보험료 × (1 − 국고보조율)
= 1,500,000원 × (1 − 0.5) = 750,000원

답 : 750,000원 끝

09

(1)

해가림시설(목재)의 보험가입금액 = 재조달가액 × (1 − 감가상각율) (만원 단위 미만 절사)
= 120,000,000원 × (1 − 0.1333×5) = 40,020,000원
재조달가액 = 4,000㎡ × 30,000원/㎡ = 120,000,000원
감가상각율 = 경년감가율 × 경과년수
시설년도 2015년 9월 → 가입시기 2021년 6월 → 5년 9개월 → 5년

답 : 40,020,000원 끝

(2)

> 해가림시설(철재)의 보험가입금액 = 재조달가액 × (1 − 감가상각율) (만원 단위 미만 절사)
>
> = 300,000,000원 × (1 − 0.0444 × 4) = 246,720,000원
>
> 재조달가액 = 6,000㎡ × 50,000원/㎡ = 300,000,000원
>
> 동일한 재료(목재 또는 철재)로 설치하였으나 설치시기 경과년수가 각기 다른 해가림시설 구조체가 상존하는 경우, 가장 넓게 분포하는 해가림시설 구조체의 설치시기를 동일하게 적용한다.
>
> 시설년도 2017년 3월 → 가입시기 2021년 6월 → 4년 3개월 → 4년

답 : 246,720,000원 끝

10

(1)

> 500만 원 × (1 − 0.2) = 400만 원

답 : 400만 원 끝

(2) 답 : ① 乙, ② 청구권대위, ③ 400만 원 끝

🤲 농작물재해보험 및 가축재해보험 손해평가의 이론과 실무

11 답 : ① 영농활동, ② 14m/sec 미만, ③ 잎소지(잎 제거), ④ 태양광, ⑤ 화상병 끝

12 답 : ① 0.8, ② 0.7, ③ 착과, ④ 낙과, ⑤ 20 끝

13 답 : ① 면적피해율 10% 초과, ② 식물체피해율 65% 이상, ③ 자기부담비율 초과, ④ 손해평가반, ⑤ 추가조사 끝

14

피해율 = {(평년수확량 − 수확량 − 미보상감수량) + 병충해감수량} ÷ 평년수확량
= {(6,000kg − 3,200kg − 560kg) + 403.2kg} ÷ 6,000kg = 0.44053333
= 44.05%

수확량 = (표본구간 단위면적당 수확량 × 조사대상면적) + {단위면적당 평년수확량 × (타작물 및 미보상면적 + 기수확면적)}
= (1kg/㎡ × 2,800㎡) + {2kg/㎡ × (200㎡)} = 3,200kg

표본구간 단위면적당 수확량 = 표본구간 수확량 합계 ÷ 표본구간 면적
= 10kg ÷ 10㎡ = 1kg/㎡

표본구간 수확량 합계 = 표본구간별 정상 감자 중량 + (최대지름이 5cm 미만이거나 50%형 피해 감자 중량 × 0.5) + 병충해 입은 감자 중량
= 5kg + (2kg × 0.5) + 4kg = 10kg

조사대상면적 = 실제경작면적 − 고사면적 − 타작물 및 미보상면적 − 기수확면적
= 3,000㎡ − 200㎡ = 2,800㎡

타작물 및 미보상 면적 + 기수확면적 = 100㎡ + 100㎡ = 200㎡

단위면적당 평년수확량 = 평년수확량 ÷ 실제경작면적
= 6,000kg ÷ 3,000㎡ = 2kg/㎡

미보상감수량 = (평년수확량 − 수확량) × 미보상비율
= (6,000kg − 3,200kg) × 0.2
= 560kg

표본구간 병충해감수량 = 병충해 입은 괴경의 무게 × 손해정도비율 × 인정비율
= 4kg × 0.4 × 0.9 = 1.44kg
병충해감수량 = 1.44kg / 10㎡ × 2,800㎡ = 403.2kg

답 : 44.05% 끝

15 답 : ① 복분자, ② 복숭아, ③ 콩, ④ 양배추, ⑤ 차 끝

16

(1)

> 지급보험금 = Min(손해액 − 자기부담금, 보험가입금액)
> = Min(252만 원 - 30만 원, 500만 원) = 222만 원
> 손해액 = 300만 원 × (1 − 0.08 × 2) = 252만 원

답 : 222만 원 끝

(2)

> 지급보험금 = Min(60만 원 − 10만 원, 200만 원) = 50만 원
> 손해액 = 100만 원 × (1 − 0.4 × 1) = 60만 원

답 : 50만 원 끝

(3)

> 지급보험금 = Min(84만 원 − 10만 원, 200만 원) = 74만 원
> 손해액 = 100만 원 × (1 − 0.16 × 1) = 84만 원

답 : 74만 원 끝

17

(1) 답 : 1회 끝

(2)

> 재이앙보험금 = 보험가입금액 × 0.25 × 면적피해율
> = 3,000,000원 × 0.25 × 0.32 = 240,000원
> 면적피해율 = 피해면적 ÷ 보험가입면적 = 800㎡ ÷ 2,500㎡ = 0.32

답 : 240,000원 끝

(3)

> 수확량감소보험금 = 보험가입금액 × (피해율 - 자기부담비율)
> = 3,000,000원 × (0.61 - 0.2) = 1,230,000원
>
> 피해율 = (평년수확량 - 수확량 - 미보상감수량) ÷ 평년수확량
> = (3,500kg - 1,103kg - 239kg) ÷ 3,500kg = 0.616571428
> = 61%(문제조건 절사)
>
> 수확량 = 조사대상면적 수확량 + {단위면적당 평년수확량 × (타작물 및 미보상면적 + 기수확면적)}
> = 1,103kg + 0kg = 1,103kg
>
> 조사대상면적 수확량 = 1,200kg × (1 - 0.2) / (1 - 0.13) = 1,103.448276
> = 1,103kg(문제조건 절사)
>
> 찰벼 기준 함수율 13%
> 미보상감수량 = (평년수확량 - 수확량) × 미보상비율
> = (3,500kg - 1,103kg) × 0.1 = 239.7kg
> = 239kg(문제조건 절사)

답 : 1,230,000원 끝

18

(1)

> 착과감소과실수 = 평년착과수 - 적과후 착과수
> = 40,000개 - 30,000개 = 10,000개
> 적과후 착과수 = (250주 - 50주) × 150개/주 = 30,000개

답 : 10,000개 끝

(2)

> 적과종료 이후 착과손해 감수과실수(종자착)
> 착과율 = 적과후 착과수 ÷ 평년착과수
> = 30,000개 ÷ 40,000개 = 0.75
> 적과종료 이후 착과손해 감수과실수
> = 30,000개 × 0.05 × (1 − 0.75) / 0.4 = 900개
> → 문제조건 절사로 3%(MaxA)

답 : 900개 끝

(3)

> 7,000개 × {(40 + 2) / 100 − 0.03} × 1.07 = 2,921.1 = 2,921개

답 : 2,921개 끝

19

(1)

> 보험가액(7개월 이상) = 체중 × kg당 금액
> = 250kg × 350만 원 / 350kg = 2,500,000원

답 : 2,500,000원 끝

(2) 답 : 지급보험금 = 0원, 보관장소를 72시간 이상 비워둔 동안에 생긴 도난손해는 보상하지 않는다. 끝

(3) 답 : ① 난산, ② 산욕마비, ③ 급성고창증 끝

20

(1)

피해율 = (평년수확량 − 수확량 − 미보상감수량) ÷ 평년수확량
= (6,000kg − 3262.4kg − 273.76kg) ÷ 6,000kg = 0.41064 = 41.06%

수확량 = {품종별·수령별 조사대상주수 × 품종·수령별 주당 수확량 × (1 − 피해구성률)} + (품종·수령별 주당 평년수확량 × 미보상주수)
= [260주 × (1,800개 × 0.08kg/개) / 9주 × {1 − (10 + 10 + 16) / 100}] + (6,000kg / 300주 × 30주) = 3262.4kg

조사대상주수 = 300주 − 10주 − 10주 − 20주 = 260주

미보상감수량 = (평년수확량−수확량) × 미보상비율
= (6,000kg − 3262.4kg) × 0.1 = 273.76kg

답 : 41.06% 끝

(2)

피해율 = (1 − 수확전 사고피해율) × 잔여수확량비율 × 결과지 피해율
= (1 − 0.4106) × 0.788 × 0.36 = 0.167200992 = 16.72%
잔여수확량비율(8월20일) = {100 − (1.06 × 20)} = 78.8% = 0.788
결과지피해율 = (5 + 20 × 0.3 − 2) ÷ 25 = 0.36

답 : 16.72% 끝

(3)

지급보험금 = 보험가입금액 × (피해율 − 자기부담비율)
= 10,000,000원 × (0.5778 − 0.2) = 3,778,000원
피해율 = 0.4106 + 0.1672 = 0.5778

답 : 3,778,000원 끝

제9회 손해평가사 기출문제 정답 및 해설

농작물재해보험 및 가축재해보험의 이론과 실무

01 답 : ① 해당, ② 미해당, ③ 미해당, ④ 해당, ⑤ 해당 끝

02 답 : ① 5월 20일, ② 7월 31일, ③ 8월 31일, ④ 9월 30일, ⑤ 10월 31일 끝

03 답 : ① 24, ② 5, ③ 0.5, ④ 30, ⑤ 50 끝

04 답 : ① 305, ② 10,000, ③ 30, ④ 11,000, ⑤ 20 끝

05 답 : ① 6, ② 5, ③ 20, ④ 6, ⑤ 10 끝

06

(1)

> 평년착과량 = {A + (B − A) × (1 − Y / 5)} × C / D
> = {2,500 + (4,200 − 2,500) × (1 − 4 / 5)} × 9,000 / 6,000 = 4,260kg
>
> A = 과거 5년간 적과후착과량 ÷ 과거 5년간 가입횟수
> = (2,000 + 800 + 1,200 + 6,000) ÷ 4 = 2,500
> B = 과거 5년간 표준수확량 ÷ 과거 5년간 가입횟수
> = (1,500 + 3,000 + 5,700 + 6,600) ÷ 4 = 4,200
> Y = 과거 5년간 가입횟수 = 4
> C = 당해연도(가입연도) 기준표준수확량
> = 9,000
> D = 과거 5년간 기준표준수확량 ÷ 과거 5년간 가입횟수
> = (3,000+4,500+8,000+8,500) ÷ 4 = 6,000

답 : 4,260kg 끝

(2)

착과감소보험금 = (착과감소량 − 미보상감수량 − 자기부담감수량) × 가입가격
× 보장수준 50% 또는 70%
= (1,760kg − 0kg − 852kg) × 2,000원/kg × 0.5 = 908,000원

착과감소량 = 착과감소과실수 × 가입과중 = (평년착과수 − 적과후착과수) × 가
입과중 = 평년착과량 − 적과후착과량
= 4,260kg − 2,500kg = 1,760kg

미보상감수량 = 0kg

자기부담감수량 = (적과후착과수 + 착과감소과실수) × 가입과중 × 자기부담비율
= (2,500kg + 1,760kg) × 0.2 = 852kg

〈한도체크〉 보험가입금액 × (1 − 자기부담비율)
= 8,520,000원 × (1 − 0.2) = 6,816,000원 OK

보험가입금액 = 4,260kg × 2,000원/kg = 8,520,000원

답 : 908,000원 끝

(3)

> 차액보험료 = (감액분 계약자부담보험료 × 감액미경과비율) − 미납입보험료
> = (82,629.10798원 × 0.7) − 0원 = 57,840.37559원 = 57,840원
>
> 계약자부담보험료 = 보험가입금액 × 보험요율 × (1 − 부) × (1 ± 손) × (1 − 방) × (1 − 국고보조율 − 지자체보조율)
> = 가입수확량(= 평년착과량) × 가입가격 × 보험요율 × (1 − 부) × (1 ± 손) × (1 − 방) × (1 − 국고보조율 −지 자체보조율)
> = 4,260 × 가입가격 × 보험요율 × (1 − 부) × (1 ± 손) × (1 − 방) × (1 − 국고보조율 − 지자체보조율) = 200,000원
>
> 4,260 : 200,000원 = (4,260 − 2,500) : 감액분 계약자부담보험료
> 4,260 : 200,000원 = 1,760 : 감액분 계약자부담보험료
> 감액분 계약자부담보험료 = 82,629.10798원

답 : 57,840원 끝

07

(1)

> 과실손해보장 보험금 = 손해액 − 자기부담금 = 0원
>
> 손해액 = 보험가입금액 × 피해율 = 10,000,000 × 0.12 = 1,200,000원
>
> 피해율 = (등급 내 피해과실수 + 등급 외 피해과실수 × 50%) ÷ 기준과실수 × (1 − 미보상비율)
> = (30개 + 24 × 0.5) ÷ 280 × (1 − 0.2) = 0.12
>
> 자기부담금 = 보험가입금액 × 자기부담비율
> = 10,000,000 × 0.2 = 2,000,000원

답 : 0원

(2)

동상해과실손해보장 보험금 = 손해액 − 자기부담금
= 2,409,750원 − 800,000원 = 1,609,750원

손해액 = {보험가입금액 − (보험가입금액 × 기사고피해율)} × 수확기 잔존비율
× 동상해피해율 × (1 − 미보상비율)
= {10,000,000 − (10,000,000 × 0.15)} × 0.7 × 0.45 × (1 − 0.1) = 2,409,750원

기사고피해율 = 0.15

수확기잔존비율 = 100 − 1.5 × 20 = 70% = 0.7

동상해피해율 = (50개 × 1 + 50개 × 0.8) / 200개 = 0.45

자기부담금 = | 보험가입금액 × 최솟값(주계약피해율 − 자기부담비율, 0) |
= | 10,000,000 × 최솟값(0.12 − 0.2, 0) | = 800,000원

답 : 1,609,750원 끝

08

답 :
유상계약성 - 손해보험 계약은 계약자의 보험료 지급과 보험자의 보험금 지급을 약속하는 유상계약이다.
쌍무계약성 - 보험자인 손해보험회사의 손해보상 의무와 계약자의 보험료 납부 의무가 대가 관계에 있으므로 쌍무계약이다.
상행위성 - 손해보험 계약은 상행위이며(상법 제46조) 영업행위이다.
최고 선의성 - 손해보험 계약에 있어 보험자는 사고의 발생 위험을 직접 관리할 수 없기 때문에 도덕적 위태의 야기 가능성이 큰 계약이다. 따라서 신의성실의 원칙이 무엇보다도 중요시되고 있다.
계속계약성 - 손해보험 계약은 한 때 한번만의 법률행위가 아니고 일정 기간에 걸쳐 당사자 간에 권리의무 관계를 존속시키는 법률행위이다. 끝

09

(1)

$3,000㎡ \times 6,000원 \times (1 - 0.1333 \times 5) = 6,003,000원$

답 : 6,003,000원 끝

(2)

$1,250㎡ \times 6,000원 \times (1 - 0.0444 \times 8) = 4,836,000원$

답 : 4,836,000원 끝

10 답 : ① 불가능(고추 정식 6개월 이내에 인삼을 재배한 농지는 인수불가), ② 불가능(직파한 농지는 인수불가), ③ 불가능(풋고추 형태로 판매하기 위해 재배하는 농지는 인수불가), ④ 불가능(시설재배 농지는 인수불가), ⑤ 가능 끝

🤲 농작물재해보험 및 가축재해보험 손해평가의 이론과 실무

11 답 : 역병, 걀쭉병, 모자이크병, 무름병, 둘레썩음병, (가루더뎅이병, 잎말림병, 감자뿔나방) 끝

12

(1)

$120개 / (12 \times 4 \times 10)개 = 0.25 = 25\%$

답 : 25% 끝

(2)

$0.9662 \times 0.25 - 0.0703 = 0.17125 = 17.125\% = 17.13\%$

답 : 17.13% 끝

13

보험금 = (잔존보험가입금액 × 경과비율 × 피해율) − 자기부담금
= (15,000,000원 × 0.746 × 0.36) − 450,000원 = 3,578,400원

잔존보험가입금액 = 15,000,000원

경과비율 = 준비기생산비계수 + {(1 − 준비기생산비계수) × 생장일수 / 표준생장일수}
= 0.492 + {(1 − 0.492) × 65 / 130} = 0.746

피해율 = 면적피해율 × 작물피해율 × (1 − 미보상비율)
= 0.6 × 0.6 × (1 − 0) = 0.36
면적피해율 = 피해면적 ÷ 재배면적 = 600 ÷ 1,000 = 0.6
작물피해율 = (33 × 1 + 15 × 0.8 + 30 × 0.5) ÷ (22 + 30 + 15 + 33)
= 60 ÷ 100 = 0.6

자기부담금 = 15,000,000원 × 0.03 = 450,000원

답 : 3,578,400원 끝

14

보험금 = 보험가입금액 × (피해율 − 자기부담비율)
= 20,000,000원 × (0.4887 − 0.2) = 5,774,000원

피해율 = (평년수확량 − 수확량 − 미보상감수량) ÷ 평년수확량
= (8,000kg − 3,656kg − 434.4) ÷ 8,000kg = 0.4887

수확량 = 370주 × 160kg / 8주 × (1 − 0.56) + 8,000kg / 400주 × 20주
= 3,256 + 400 = 3,656kg

착과피해구성률 = (20개 × 0.5 + 20개 × 0.8 + 30개 × 1) ÷ (30개 + 20개 + 20개 + 30개)

= 0.56

미보상감수량 = (평년수확량 − 수확량) × 미보상비율 = (8,000kg − 3,656kg) × 0.1

= 434.4

답 : 5,774,000원 끝

15

(1)

재파종보험금 = 3,000,000원 × 0.35 × 0.2 = 210,000원

표준출현피해율 = (30,000 − 24,000) ÷ 30,000 = 0.2

답 : 210,000원 끝

(2)

재정식보험금 = 2,000,000원 × 0.2 × 0.25 = 100,000원

면적피해율 = 피해면적 ÷ 보험가입면적 = 500 ÷ 2,000 = 0.25

답 : 100,000원 끝

16

(1) 답 : ① 1, ② 3, ③ 10, ④ 15, ⑤ 30 끝

(2)

> 지급보험금 = 손해액 − 자기부담금
> = 5,426,000원 − 1,085,200원 = 4,340,800원
>
> 손해액 = 보험가액 − 이용물처분액 및 보상금 등
> = 6,026,000원 − (800,000×0.75)
> = 5,426,000원
> 보험가액 = 655kg × 9,200원/kg = 6,026,000원 (비례보상 X 확인)
> kg당 금액 = Max(3,220,000원 / 350kg, 3,600,000원 / 600kg) = 9,200원/kg

답 : 4,340,800원 끝

17

(1) 답 : ① 8, ② 5.3, ③ 1, ④ 40, ⑤ 16 끝

(2)

> 생산비보장보험금 = 피해작물 재배면적 × 피해작물 단위 면적당 보장생산비 × 경과비율 × 피해율
> = 1,000㎡ × 2,600원/㎡ × 0.55 × 0.3 = 429,000원
>
> 경과비율 = 0.1 + {(1 − 0.1) × (25일 / 50일)} = 0.55
>
> 피해율 = 피해비율 × 손해정도비율 × (1 − 미보상비율)
> = 0.5 × 0.6 × (1 − 0) = 0.3
> 피해비율 = 500 ÷ 1,000 = 0.5
> 손해정도비율 = 0.6

답 : 429,000원 끝

18

(1)

경작불능보험금 = 10,000,000원 × 0.45 × 0.9 = 4,050,000원

답 : 4,050,000원 끝

(2)

수확감소보험금 = 보험가입금액 × (피해율 − 자기부담비율)
= 10,000,000원 × (0.3173 − 0.1) = 2,173,000원

피해율 = (평년수확량 − 수확량 − 미보상감수량) ÷ 평년수확량
= (1,500kg − 905kg − 119kg) ÷ 1,500kg = 0.3173333 = 31.73%

수확량 = (표본구간 단위면적당 유효중량 × 조사대상면적) + {단위면적당 평년수확량 × (타작물 및 미보상면적 + 기수확면적)
= (0.262kg/㎡ × 2,500㎡) + (1,500kg/3,000㎡ × 500㎡) = 905kg

표본구간 유효중량 = 400g × (1 − 0.07) × {(1 − 0.22) ÷ (1 − 0.15)}
= 341.3647059g = 341g
표본구간 단위면적당 유효중량 = 341g ÷ 1.3㎡ = 262.3076923g/㎡ = 262g/㎡

미보상감수량 = (1,500kg − 905kg) × 0.2 = 119kg

답 : 2,173,000원 끝

(3)

수확감소보험금 = 보험가입금액 × (피해율 − 자기부담비율)
= 10,000,000원 × (0.5047 − 0.1) = 4,047,000원

피해율 = (평년수확량 − 수확량 − 미보상감수량) ÷ 평년수확량
= (1,500kg − 659kg − 84kg) ÷ 1,500kg = 0.504666666 = 50.47%

수확량 = 조사대상면적 수확량 + {단위면적당 평년수확량 × (타작물 및 미보상면적 + 기수확면적)}
= 509kg + {0.5kg/㎡ × 300㎡} = 659kg

조사대상면적 수확량 = 작물 중량 × {(1 − 함수율) ÷ (1 − 기준함수율)}
= 540kg × {(1 − 0.18)÷(1 − 0.13)} = 508.9655172 = 509kg

단위면적당 평년수확량 = 1,500kg ÷ 3,000㎡ = 0.5kg/㎡

미보상감수량 = (1,500kg − 659kg) × 0.1 = 84.1kg = 84kg

답 : 4,047,000원 끝

19

(1)

피해수확량 = (표본구간 단위면적당 피해수확량 × 조사대상면적) + (단위면적당 표준수확량 × 고사면적)
= (0.25kg/㎡ × 7,000㎡) + (0.25kg/㎡ × 500㎡) = 1,750kg + 125kg
= 1,875kg

표본구간 피해수확량 합계 = (18개 + 14개 × 0.5) × 0.16kg × 1 × 1 = 4kg
대학찰(연농2호) 표준중량 160g

표본구간 단위면적당 피해수확량 = 4kg ÷ 16㎡ = 0.25kg/㎡

단위면적당 표준수확량 = 2,000kg ÷ 8,000㎡ = 0.25kg/㎡

답 : 1,875kg 끝

(2)

> 손해액 = (1,875kg − 0) × 2,000원/kg = 3,750,000원
>
> 미보상감수량 = 피해수확량 × 미보상비율 = 1,875kg × 0 = 0

답 : 3,750,000원 끝

(3)

> 수확감소보험금 = Min(보험가입금액, 손해액) − 자기부담금
> = Min(20,000,000원, 3,750,000원) − 2,000,000원 = 1,750,000원
>
> 자기부담금 = 보험가입금액 × 자기부담비율
> = 20,000,000원 × 0.1 = 2,000,000원

답 : 1,750,000원 끝

20

(1) 답 : ① 98 − 사고발생일자, ② (사고발생일자^2 − 43 × 사고발생일자 + 460 / 2 끝

(2)

> 과실손해보험금 = 5,000,000원 × (0.4286 − 0.2) = 1,143,000원
>
> 피해율 = 고사결과모지수 ÷ 평년결과모지수 = 3 ÷ 7 = 0.428571428 = 42.86%
>
> 고사결과모지수(5월31일이전) = 평년결과모지수 − (기준 살아있는 결과모지수 −
> 수정불량환산 고사결과모지수) − 미보상 고사결과모지수
> = 7 − 3.25 − 0.75 = 3
>
> 기준 살아있는 결과모지수 = 표본구간 살아있는 결과모지수의 합 ÷ (표본구간수 × 5)
> = 250개 ÷ (10 × 5) = 5개

수정불량환산 고사결과모지수 = 87.5 ÷ (10 × 5) = 1.75개

표본구간 수정불량 고사결과모지수 = 표본구간 살아있는 결과모지수 × 수정불량
환산계수
= 250개 × 0.35 = 87.5
수정불량환산계수 = (수정불량결실수 ÷ 전체결실수) − 자연수정불량률
= (200개 ÷ 400개) − 0.15 = 0.35

미보상 고사결과모지수 = {평 − (기 − 수)} × 미보상비율
= {7 − (5 − 1.75)} × 0.2
= 0.75개

(기 − 수) = 3.25

답 : 1,143,000원 끝

농작물재해보험 및 가축재해보험의 이론과 실무

01 다음은 농작물재해보험 제도의 손해평가에 관한 내용이다. 괄호에 알맞은 내용을 순서대로 쓰시오. (각 1점) (5점)

> 손해평가에 참여하고자 하는 손해평가사는 (①)에게, 손해평가인은 (②)에게 정기적으로 교육을 받아야 하며, 손해평가사는 1회 이상 (③)을 이수하고 3년마다 1회 이상의 (④)을 이수하여야 한다. 손해평가인 및 손해사정사, 손해사정사 보조인은 연 1회 이상 (⑤)을 필수적으로 받아야 하며, 필수교육을 이수하지 않았을 경우에는 손해평가를 할 수 없다.

02 아래 주어진 내용을 보고, 시설작물의 생산비보장 보험금을 산정하시오. (단, 주어진 내용 외는 고려하지 않는다.) (5점)

(1) 부추의 생산비보장 보험금은? (2점)

> • 부추 재배면적 : 1,000㎡
> • 부추단위면적당보장생산비 : 5,500원/㎡
> • 피해면적 : 800㎡
> • 피해율 : 20%

(2) 멜론의 생산비보장 보험금은? (3점)

> • 멜론 재배면적 : 400㎡
> • 멜론 단위면적당 보장생산비 : 7,400원/㎡
> • 피해면적 200㎡
> • 경과비율 : 30%, 피해율 10%

03 다음은 농업수입보장보험 포도(델라웨어) 품목에 관한 내용이다. 아래 주어진 내용을 보고 농업수입감소보장 보험금을 계산하시오. (단, 피해율은 %단위로 소수점 셋째자리에서 반올림하여 소수점 둘째자리까지 구한다.) (5점)

- 보험가입금액 : 50,000,000원
- 평년수확량 : 10,000kg
- 자기부담비율 : 20%
- 실제수입 : 20,000,000원
- 해당품종의 수확연도의 서울시농수산식품공사 가락도매시장 중품과 상품 평균가격 : 4,000원/kg
- 해당품종의 서울시농수산식품공사 가락도매시장 연도별 중품과 상품 평균가격의 보험가입 직전 5년(가입연도 포함) 올림픽평균값 : 4,200원/kg
- 농가수취비율 : 80%

04 다음은 가축재해보험에 관한 내용이다. 각 물음에 답하시오. (5점)

(1) 돼지의 질병위험보장 특별약관에서 보상하는 질병을 3가지 쓰시오. (부분점수 없음) (3점)

(2) 폐사 · 긴급도축 확장보장 특약에 가입 가능한 축종을 2가지 쓰시오. (부분점수 없음) (2점)

05 다음은 재해보험사업자가 판매위탁 계약을 체결한 지역 대리점 및 계약자 등으로부터 보조금을 회수 조치하는 부당사유에 관한 내용이다. 아래 (   )에 알맞은 내용을 순서대로 쓰시오. (각 1점) (5점)

〈부당사유〉
- (①)을 목적 외로 사용한 때
- (②) 또는 (③) 보험계약을 체결하여 (①)을 집행할 때
- (④)을 위반한 때
- 기타 (⑤) 미이행 등

06 다음은 방재시설 할인율(%)에 관한 내용이다. 농업정책보험금융원에서 공지한 「농업재해보험·손해평가의 이론과 실무」에 근거하여 다음 각 물음에 답하시오. (단, 주어진 내용 외는 고려하지 않는다.) (15점)

(1) 사과 과수원 전체에 방충망, 방상팬, 서리방지용 미세살수장치가 설치되어 있는 경우 적용되는 방재시설할인율은 몇%인가? (5점)

(2) 경음기가 설치되어 있는 경우 방제시설 할인율이 적용되는 품목을 2가지 쓰시오. (5점, 부분점수 없음)

(3) 바닥멀칭이 설치되어 있는 경우 방재시설 할인율이 적용되는 품목은? (5점)

07 다음은 종합위험방식 수확감소보장 벼 품목에 관한 내용이다. 각 물음에 답하시오. (15점)

(1) 수확불능보험금의 지급 효과에 대해 약술하시오. (3점)

(2) 귀리 품목의 경우 선택할 수 있는 자기부담비율을 모두 쓰시오. (3점)

(3) 자기부담비율 10%형의 선택 기준을 약술하시오. (3점)

(4) 벼 품목 병해충 보장 특별약관에 대해 약술하시오. (3점)

(5) 이앙·직파불능 부보장 특별약관에 대해 약술하시오. (3점)

08 가축재해보험에 가입 중인 소 축사에 화재로 인하여 소가 모두 폐사하였다. 각 물음에 답하시오. (단, 주어진 내용 외는 고려하지 않는다.) (15점)

(1) 축사피해부분에 대한 지급보험금(비용포함)을 산정하시오. (단, 자기부담금은 적용하지 않는다.) (8점)

• 보험가입금액 6천만 원	• 보험가액 1억 5천만 원
• 축사손해액 4천만 원	• 잔존물제거비용 5백만 원

(2) 소 피해부분에 대한 지급보험금(비용포함)을 산정하시오. (7점)

• 보험가입금액 3억 원	• 보험가액 4억 원
• 자기부담비율 20%	• 잔존물처리비용 3천만 원

09 다음은 버섯재배사 및 부대시설, 그리고 시설재배 버섯의 특별약관에 관한 내용이다. 각 물음에 답하시오. (15점)

(1) 화재대물배상책임 특별약관의 가입대상 및 지급사유에 대하여 약술하시오. (부분점수 없음) (7점)

(2) 표고버섯 확장위험 담보 특별약관에 가입하면, 특정한 경우에 한하여 자연재해 및 조수해로 입은 손해를 보상한다. 여기서 말하는 특정한 경우를 2가지 쓰시오. (부분점수 없음) (8점)

10 아래 주어진 내용을 보고, 감귤 동상해과실손해보장 보험금을 산출하시오. (단, 주어진 내용 외는 고려하지 않는다.) (15점)

보험가입금액	기준과실수	수확기 동상해 피해과실수
30,000,000원	1,000개	400개

기사고피해율	수확기잔존비율	주계약피해율	자기부담비율	미보상비율
20%	50%	15%	20%	10%

농작물재해보험 및 가축재해보험 손해평가의 이론과 실무

11 다음은 손해평가 기본단계에 관한 내용이다. 아래 주어진 내용을 보고 괄호에 알맞은 내용을 순서대로 쓰시오. (5점)

> 재해보험에 가입한 (①)가 해당 농지에 자연재해 등 피해가 발생하면 보험에 가입했던 대리점(지역농협 등) (②)에 사고 접수를 한다. (②)은 (③)에게 사고접수 사실을 알리고 (③)는 (④)을 배정한다. (④)은 소속된 조사자를 빠르게 배정하여 (⑤)을 구성하고 해당 (⑤)은 신속하게 손해평가업무를 수행한다.

12 아래 주어진 내용을 보고, 단감의 낙엽인정피해율을 산출하시오. (단, 낙엽인정피해율은 %단위로 소수점 셋째자리에서 반올림하여 소수점 둘째자리까지 구한다.) (5점)

- 해당재해 : 태풍
- 사고일자 : 6월 20일, 조사일자 : 6월 21일

표본조사 내용	잎수
일부가 찢겨진 잎	2잎
전체 잎의 40%부분이 완전히 짤린 잎	3잎
잎의 극히 일부만 찢겨진 채로 떨어진 잎	3잎
잎의 40%정도가 90도로 꺽인 잎	3잎
무피해 잎	1잎

※ 잎의 일부만 찢겨진 채로 떨어진 잎 외는 모두 나뭇가지에 달려있는 상태이다.
※ 경과일수는 해당 일자들을 모두 포함하여, 예시와 같이 계산한다.
〈예시〉 1월1일 ~ 1월5일 → 경과일수 5일

13 다음은 종합위험 수확감소보장방식 밤 품목의 과중조사에 관한 내용이다. 각 물음에 답하시오. (단, 주어진 내용 외는 고려하지 않는다.) (5점)

〈과중조사〉
농지에서 품종별로 평균적인 (①)을 가진 3주 이상의 표본주에서 크기가 평균적인 과실을 품종별로 20개 이상(농지당 최소 (②)이상) 추출한다.
밤의 경우, 품종별 과실(송이) 개수를 파악하고, 과실(송이) 내 과립을 분리하여 (③)를 기준으로 정상(30mm 초과)·소과(30mm 이하)를 구분하여 무게를 조사한다.

(1) 위 괄호 안에 알맞은 내용을 순서대로 쓰시오. (각 1점, 3점)

(2) 아래 주어진 내용을 보고 개당 과중을 계산하시오. (2점)

구분	소과 무게 합계	정상 무게 합계	표본과실 갯수
무게	1,000g	1kg	②

14 다음은 종합위험 생산비보장방식 메밀 품목에 관한 내용이다. 아래 주어진 내용을 보고, 생산비보장보험금을 산출하시오. (5점)

- 보험가입금액 500만 원
- 자기부담비율 20%
- 도복 이외 피해면적 300㎡
- 실제경작면적 1,000㎡
- 도복으로 인한 피해면적 200㎡
- 손해정도비율 40%

15 다음은 시설작물 무 품목에 관한 내용이다. 주어진 내용을 보고 각 물음에 답하시오. (5점)

품목	품종	표준생장일수
시설작물 무	일반	80일
	기타	50일

(1) 시설작물 무(일반)의 경우, 수확기 이전 사고 시에 생장일수가 40일이라고 할 때 경과비율은 얼마인가? (3점)

(2) 위 표에서 무 품목의 기타 품종에 해당하는 것을 2가지 쓰시오. (각 1점, 2점)

16 다음은 종합위험 수확감소보장방식 밭작물 품목 중 옥수수(대학찰(연농2호))품목에 관한 내용이다. 아래 주어진 내용을 보고, 각 물음에 답하시오. (15점)

- 계약내용

보험가입면적	보험가입금액	표준수확량	자기부담비율
15,000㎡	12,000,000원	7,500kg	신규보험가입자가 선택할 수 있는 최저비율

- 조사내용

실제경작면적	고사면적	타작물 및 미보상면적	기수확면적
15,000㎡	1,500㎡	1,500㎡	0㎡

표본구간 면적합계	표본구간 "상"품 옥수수	표본구간 "중"품 옥수수	표본구간 "하"품이하 옥수수
150㎡	150개	200개	50개

가입가격	재식시기지수	재식밀도지수	미보상비율
1,500원	0.99	0.98	10%

(1) 괄호 안에 알맞은 내용을 순서대로 쓰시오. (각 1점, 6점)

<옥수수>
• 수확량조사 적기 : 옥수수의 수확 적기{(①)이 나온 후 (②)일 이후}
• 표본구간 면적 조사방법 : 이랑 길이(③) 및 이랑 폭 조사
• 표본구간별 수확량 조사방법 : 표본구간 내 작물을 수확한 후 (④)길이에 따라 상 {(⑤) 이상}·중{(⑥) 이상 (⑤) 미만}·하{(⑥) 미만}로 구분한 후 해당 개수를 조사

(2) 위에 주어진 계약내용 및 조사내용을 보고 지급보험금을 산출하시오. (단, 손해액은 원단위 미만 절사한다.) (9점)

---

17 다음은 종합위험 수확감소보장방식 차 품목에 관한 내용이다. 아래 주어진 내용을 보고, 각 물음에 답하시오. (단, 보험기간내 보상하는 재해에 의한 피해이며, 주어진 내용 외는 고려하지 않는다.) (15점)

• 계약사항

가입면적	보험가입금액	평년수확량	자기부담비율
15,000㎡	30,000,000원	1,500kg	20%

• 조사내용

조사명	조사방법	수확면적율	미보상비율
수확량조사	표본조사	80%	0%

실제경작면적	고사면적	타작물 및 미보상면적	기수확면적
15,000㎡	1,500㎡	1,000㎡	500㎡

표본구간 수	표본구간 면적 합계	표본구간 수확한 새싹무게 합계	표본구간 수확한 새싹수 합계	표본구간 기수확 새싹수 합계
8구간	0.54㎡	0.05kg	500개	40개

[표 2-4-6] 기수확비율에 따른 기수확지수(차(茶)만 해당)

기수확비율	기수확지수	기수확비율	기수확지수
10% 미만	1.000	50% 이상 60% 미만	0.958
10% 이상 20% 미만	0.992	60% 이상 70% 미만	0.949
20% 이상 30% 미만	0.983	70% 이상 80% 미만	0.941
30% 이상 40% 미만	0.975	80% 이상 90% 미만	0.932
40% 이상 50% 미만	0.966	90% 이상	0.924

• 차 품목

• 수확량조사 적기 : 조사 가능일 직전(조사 가능일은 대상 농지에 식재된 차나무
의 대다수 신초가 (①)의 형태를 형성하며 수확이 가능할 정도의 크기(신초장
4.8cm 이상 2.8cm 이상, 엽폭 (②) 이상)로 자란 시기를 의미하며, 해당 시기가
수확연도 (③)을 초과하는 경우에는 수확년도 (③)을 기준으로 함)
• 표본구간 면적 조사방법 : (④) 사용
• 표본구간별 수확량 조사방법 : 표본구간 중 두곳에 (⑤)테를 두고 테 내의 수확
이 완료된 새싹의 수를 세고, 남아있는 모든 새싹(①)을 따서 개수를 세고 무게
를 조사

(1) 괄호 ① ~ ⑤에 알맞은 내용을 순서대로 쓰시오. (각 1점, 5점)

(2) 위 주어진 내용을 보고, 수확감소보험금을 산출하시오. (10점)

18 보험기간 내에 보상하는 재해로 산란계 농장에 손해가 발생하였다. 아래 주어진 내용을 보고 각 물음에 답하시오. (단, 손해액 및 보험가액은 소수점 이하 절사하며, 주어진 내용 외는 고려하지 않는다.) (15점)

- 피해내용

병아리 생후 5주 폐사 1마리
중추 생후 19주 폐사 1마리
산란계 생후 50주 폐사(사고당시 350일령) 1마리

- 내용 2

사고 당일 포함 직전 5영업일의 산란실용계 병아리 평균가격 = 520원
사고 당일 포함 직전 5영업일의 산란실용계 병아리 가격 = 510원
산란실용계 병아리 평균가격 = 480원
산란실용계 병아리 가격 = 500원
사고 당일 포함 직전 5영업일의 산란중추 평균가격 = 2,800원
산란중추가격 = 2,800원
20주 산란계가격 = 5,600원
사고 당일 포함 직전 5영업일의 산란성계육 평균가격 = 1,800원
사고 당일 포함 직전 5영업일의 왕란 평균가격 = 200원
사고 당일 포함 직전 5영업일의 특란 평균가격 = 180원
사고 당일 포함 직전 5영업일의 대란이하 평균가격 = 160원

(1) 생후 5주 산란계 병아리 1마리의 보험가액은? (5점)

(2) 생후 19주 중추 1마리의 보험가액은? (5점)

(3) 생후 50주(사고당시 350일령) 산란계 1마리의 보험가액은? (5점)

19 다음은 수확전 종합위험보장방식 복분자 품목에 관한 내용이다. 아래 주어진 내용을 보고 각 물음에 답하시오. (단, 주어진 내용 외는 고려하지 않는다.) (15점)

• 계약사항

보험가입금액	평년결과모지수	자기부담비율
30,000,000원	5개	30%

• 조사내용

재해종류	사고일자	조사일자	조사내용

냉해	4월19일	4월20일	• 표본구간수 : 10구간
			  표본구간 살아있는 결과모지수 : 200개
			• 표본포기 6송이 피해 열매수 합계 : 75개
			  표본포기 6송이 열매수의 합계 : 300개
			• 미보상비율 10%

우박	6월9일	6월11일	• 표본구간수 : 10구간 • 표본송이의 수확가능한 열매수 합계 : 100개 표본송이의 총열매수 합계 : 200개 • 미보상비율 0%

〈표 2-2-2 기준일자별 잔여수확량비율표〉

기준 일자	잔여 수확량비율(%)	기준 일자	잔여 수확량비율(%)	기준 일자	잔여 수확량비율(%)
6.1	97	6.8	90	6.15	20
6.2	96	6.9	77	6.16	14
6.3	95	6.10	65	6.17	9
6.4	94	6.11	54	6.18	5
6.5	93	6.12	44	6.19	2
6.6	92	6.13	35	6.20	0
6.7	91	6.14	27		

(1) 종합위험 과실손해 고사결과모지수를 산출하시오. (5점)

(2) 특정위험 과실손해 고사결과모지수를 산출하시오. (5점)

　※ 기준일자는 사고발생일자로 한다.

(3) 과실손해보험금을 산출하시오. (5점)

20 다음은 종합위험 과실손해보장방식 오디품목에 가입 중인 농지에 대한 내용이다. 가입한 농지에 보험기간 내에 보상하는 재해로 인한 피해가 발생하였다. 아래 주어진 내용을 보고, 과실손해보험금을 산출하시오. (단, 조사결실수는 소수점 이하 값은 절사하고, 피해율은 %단위로 소수점 셋째자리에서 반올림하며, 주어진 내용 외는 고려하지 않는다.) (15점)

- 계약사항

보험가입금액	평년결실수	품종	표준결실수	가입주수	자기부담비율
30,000,000원	150개	A	150개	100주	20%
		B	150개	100주	

- 조사내용

품종	실제결과주수	미보상주수	고사주수	포본가지 결실수 합계	표본가지 길이 합계	미보상비율
A	100주	0주	0주	456개	4m	0%
B	100주	10주	10주	396개	4m	

🤲 농작물재해보험 및 가축재해보험의 이론과 실무

01 다음은 위험 특성에 따른 위험관리 방법에 관한 내용이다. 아래 내용을 보고 괄호에 알맞은 내용을 순서대로 쓰시오. (5점)

손실 횟수(빈도) / 손실 규모(심도)	적음(少)	많음(多)
작음(小)	보유 - ① ( )	③ ( )
큼(大)	전가 - ② ( )	④ ( )

손실통제는 손실 예방과 ⑤( )로 구분할 수 있다.

02 지상등의 원칙을 아래 예시를 참조하여 주어진 알파벳과 수학기호를 이용하여 표현하시오. (5점)

- 계약자 수 = a
- 평균 지급보험금 = b
- 사고발생 건수 = c
- 보험료 = d

〈예〉 $a \div b = c \div d, a = b \times c \times d$

03 다음은 농작물재해보험 대상 품목 및 가입자격에 관한 내용이다. 괄호에 알맞은 내용을 순서대로 쓰시오. (5점)

품목명	가입자격
매실	농지의 보험가입금액 ( ) 이상
콩	농지의 보험가입금액 ( ) 이상
보리	농지의 보험가입금액 ( ) 이상
농업용 시설물 및 시설작물	단지 면적이 ( ) 이상
차	농지 면적이 ( ) 이상

04 다음은 보험 대상 품목별 대상 재해에 관한 내용이다. 각 물음에 답하시오. (5점)

(1) 비가림시설 대상 품목 3가지를 쓰시오. (3점)

(2) 복분자 품목에서 6월1일 이후 보험 대상 재해 2가지를 쓰시오. (2점)

05 다음은 벼 품목의 보험기간에 관한 표의 일부 내용이다. 아래 표를 보고 괄호에 알맞은 내용을 순서대로 쓰시오. (5점)

구분			보험의 목적	보험기간	
약관	보장	대상 재해		보장개시	보장종료
보통 약관	재이앙 재직파 보장	종합 위험	벼 (조곡)	이앙(직파)완료일 24시 다만, 보험계약시 이앙(직파)완료일이 경과한 경우에는 계약체결일 24시	① ( )
	경작 불능 보장		벼(조곡), 조사료용 벼	이앙(직파)완료일 24시 다만, 보험계약시 이앙(직파)완료일이 경과한 경우에는 계약체결일 24시	② ( ) 다만, 조사료용 벼의 경우 판매개시연도 8월 31일
			밀, 보리	계약체결일 24시	③ ( )
	수확 감소 보장	종합 위험	벼 (조곡)	이앙(직파)완료일 24시 다만, 보험계약시 이앙(직파)완료일이 경과한 경우에는 계약체결일 24시	수확기종료 시점 다만, ④ ( )을 초과할 수 없음
			밀, 보리	계약체결일 24시	수확기종료 시점 다만, ⑤ ( )을 초과할 수 없음

06 다음은 종합위험 수확감소보장 마늘 품목에 관한 내용이다. 각 물음에 답하시오. (15점)

(1) 재파종 보장방식의 보험금 지급사유를 쓰고, 보험가입금액이 100,000,000원이며, 출현주수(10a기준)가 27,000주 일 때 재파종 보험금을 그 산식과 함께 구하시오.

지급사유(3점) :

보험금(4점) :

(2) 조기파종 보장방식의 재파종 보험금 지급사유를 쓰고, 보험가입금액이 50,000,000원이며, 출현주수(10a기준)가 24,000주 일 때 조기파종 보험금을 그 산식과 함께 구하시오.

지급사유(4점) :

보험금(4점) :

07 다음은 생산비 보장 품목 고추에 관한 내용이다. 아래 내용을 보고, 각 물음에 답하시오. (15점)

보험가입일자	보험가입금액	자기부담비율
2022년 9월 20일	30,000,000원	?

※ 보상액 : 5,000,000원

사고발생일자	손해정도비율	재배면적	피해면적	발생 병충해명	미보상비율
수확개시일로부터 10일이 경과한 시점	60%	10,000㎡	4,500㎡	시들음병	20%

※ 표준수확일수 : 50일

최근 5년간 보험가입내역					
가입연도	2017년	2018년	2019년	2020년	2021년
순보험료	1,470,000원	1,360,000원	1,550,000원	1,490,000원	1,510,000원
지급보험금	0원	5,235,000원	610,000원	1,680,000원	1,375,000원

(1) 위 경우 계약자가 선택 가능한 최저 자기부담비율은 몇%형인가? (3점)

(2) 경과비율을 계산하시오. (3점)

(3) 피해율을 계산하시오. (3점)

(4) (1)의 자기부담비율을 적용하여 자기부담금을 계산하시오. (3점)

(5) (4)의 자기부담금을 적용하여 생산비보장보험금을 계산하시오. (3점)

08 「농업재해보험·손해평가의 이론과 실무」에서 정하는 시설작물의 보상 기준에 대하여 서술하시오. (15점)

09 다음은 포도 품목의 인수 제한 목적물에 관한 내용이다. 아래 내용을 보고 괄호에 들어갈 알맞은 내용을 순서대로 쓰시오. (15점)

〈인수제한목적물(포도)〉

(1) 가입하는 해의 나무 수령(나이)이 ① (　　　) (3점)인 과수원

(2) 보험가입 직전연도(이전)에 역병 및 궤양병 등의 병해가 발생하여 보험가입시 전체 나무의 ② (　　) (3점)이 고사하였거나 정상적인 결실을 하지 못할 것으로 판단되는 과수원

(3) ③ (　　　) (1점) 재배과수원으로서 일반재배와 결실 차이가 현저히 있다고 판단되는 과수원

(4) 비가림 폭과 동고가 일정 범위를 벗어나는 비가림시설

위 비가림 폭의 최대 길이는 얼마인가? 단위와 함께 쓰시오. ④ (　　　) (2점)

위 비가림 폭의 최소 길이는 얼마인가? 단위와 함께 쓰시오. ⑤ (　　　) (2점)

위 동고의 최대 길이는 얼마인가? 단위와 함께 쓰시오. ⑥ (　　) (2점)

위 동고의 최소 길이는 얼마인가? 단위와 함께 쓰시오. ⑦ (　　) (2점)

10 물음별로 주어진 내용을 보고, 각 시설작물별 생산비보장보험금을 산출하시오. (단, 모두 보상하는 재해(1사고)로 인한 피해로 간주하며, 주어진 내용 외는 고려하지 않음) (15점)

(1) 생산비보장 보험금을 산출하시오. (5점)

- 피해품목 : 카네이션(재절화재배)
- 피해작물 재배면적 : 1,000㎡
- 피해작물 피해면적 : 375㎡
- 카네이션(재절화재배) 보장생산비 : 15,300원/㎡
- 피해율 : 30%
- 생장일수 ÷ 표준생장일수 = ? (이론적으로 나올 수 있는 최대값으로 가정함)
- 수확기 중 사고는 아닌 것으로 확인됨

(2) 생산비보장 보험금을 산출하시오. (5점)

- 피해품목 : 장미 (나무고사로 확인됨)
- 피해작물 재배면적 : 2,000㎡
- 피해작물 피해면적 : 1,000㎡
- 보장생산비 : 13,500원/㎡(나무생존 시), 17,900원/㎡(나무고사 시)

(3) 생산비보장 보험금을 산출하시오. (5점)

- 피해품목 : 부추
- 피해작물 재배면적 : 1,500㎡
- 피해작물 피해면적 : 1,200㎡
- 손해정도 : 50%
- 부추 보장생산비 : 5,500원/㎡

농작물재해보험 및 가축재해보험 손해평가의 이론과 실무

11 다음은 적과전 종합위험방식 품목들의 손해평가 중 침수주수 산정방법에 관한 내용의 일부이다. 아래 주어진 내용을 보고 괄호 안에 들어갈 알맞은 내용을 순서대로 쓰시오. (5점)

〈침수주수 산정방법〉
- 표본주는 (　　)·(　　)·(　　)별 침수피해를 입은 나무 중 가장 평균적인 나무로 (　　)이상 선정한다.
- 표본주의 침수된 착과(화)수와 전체 착과(화)수를 조사한다.
- 침수주수 = 침수피해를 입은 나무수 × (　　)

12 다음은 적과전 종합위험방식 사과 품목에 가입 중인 사과과수원의 현황이다. 주어진 표의 내용을 보고, 괄호에 알맞은 내용을 순서대로 쓰시오. (단, 적정표본주수 계산법은 농업정책보험금융원에서 공지한 「농업재해보험·손해평가의 이론과 실무」의 내용을 기준으로 함) (5점)

품종	재배 방식	수령	실제 결과 주수	미보상 주수	고사 주수	수확 불능 주수	조사 대상 주수	적정 표본 주수
스가루	반밀식	20	200	0	0	0	200	① (　)
홍로	밀식	10	300	20	10	0	② (　)	③ (　)
부사	일반	10	200	④ (　)	0	0	190	⑤ (　)
합계			700	–	10	0	–	–

13 다음은 종합위험 과실손해보장방식 감귤 품목의 동상해 과실손해조사 중 표본주 조사에 관한 내용이다. 아래 주어진 내용을 보고 괄호에 알맞은 내용을 순서대로 쓰시오. (5점)

〈표본주 조사〉

(1) 선정한 표본주에 리본을 묶고 동서남북 ① (　　) 에 대하여 기수확한 과실수를 조사한다.

(2) 기수확한 과실수를 파악한 뒤, ① (　　) 에 착과된 과실을 전부 수확한다.

(3) 수확한 과실을 ② (　　) 과실, ③ (　　) 과실, ④ (　　) 과실로 구분하여 동상해 피해과실수를 산정한다(다만, 필요시에는 해당 기준 ⑤ (　　) 도 가능하다).

14 다음은 가축재해보험 손해평가 내용 중 소의 보상하는 손해에 관한 내용이다. 아래 주어진 내용을 보고, 괄호에 알맞은 내용을 순서대로 쓰시오. (5점)

- 폐사는 질병 또는 불의의 사고에 의하여 수의학적으로 구할 수 없는 상태가 되고 맥박, 호흡, 그 외 일반증상으로 폐사한 것이 확실한 때로 하며 통상적으로는 수의사의 (　　) 등의 소견을 기준으로 판단하게 된다.
- 긴급도축에서 부상 범위는 (　　), (　　) 및 (　　) 에 한하며, 젖소의 유량감소는 유방염, 불임 및 각종 (　　) 으로 인하여 수의학적으로 유량감소가 예견되어 젖소로서의 경제적 가치가 없다고 판단이 확실시되는 경우에 한정하고 있으나 약관에서 열거하는 질병 및 상해 이외의 경우에도 수의사의 진료소견에 따라서 치료 불가능사유 등으로 불가피하게 긴급도축을 시켜야 하는 경우도 포함된다.

15 다음은 가축재해보험에서 손해의 일부로 간주하여 보상하는 5가지 비용에 관한 내용이다. 아래 주어진 내용을 보고 해당하는 비용명을 순서대로 쓰시오. (5점)

① (　　　） : 목적물이 폐사한 경우에 한정하여 인정하고 있으며 인정하는 비용의 범위는 폐사한 가축에 대한 매몰 비용이 아니라 견인비용 및 차에 싣는 비용에 한정하여 인정하고 있으나 매몰에 따른 환경오염 문제 때문에 적법한 시설에서의 렌더링비용은 이 비용으로 보상하고 있다.

② (　　　） : 재해보험사업자의 요구에 따르기 위하여 지출한 필요 또는 유익한 비용

③ (　　　） : 이 비용은 재해보험사업자가 보험금을 지급하고 잔존물을 취득할 의사표시를 하는 경우에 한하여 지급한다. 재해보험사업자가 잔존물에 대한 취득 의사를 포기하는 경우에는 지급되지 않는다.

④ (　　　） : 보험사고와 관련하여 제3자로부터 손해의 배상을 받을 수 있는 경우에 그 권리를 지키거나 행사하기 위하여 지출한 필요 또는 유익한 비용

⑤ (　　　） : 보험사고 발생 시 손해의 방지 또는 경감을 위하여 지출한 필요 또는 유익한 비용

16 다음은 수확전 종합위험방식 무화과 품목에 관한 내용이다. 아래 주어진 내용을 보고, 각 물음에 답하시오. (단, 모든 피해율은 %단위로 소수점 셋째자리에서 반올림하며, 주어진 내용 외는 고려하지 않음.) (15점)

- 보험가입금액 : 50,000,000원
- 자기부담비율 : 신규보험가입자가 선택할 수 있는 최저 자기부담비율

〈7월25일 자연재해〉
- 평년수확량 = 10,000kg
- 수확량 = 6,800kg
- 미보상감수량 = 320kg

〈9월15일 우박〉
- 미고사결과지수(＝정상결과지수) = 10개
- 보상고사결과지수 = 2개
- 미보상고사결과지수 = 3개
- 착과피해율 = 20%

〈참고자료〉

사고발생 월	잔여수확량 산정식(%)
8월	{100 - (1.06 × 사고발생일자)}
9월	{(100 - 33) - (1.13 × 사고발생일자)}
10월	{(100 - 67) - (0.84 × 사고발생일자)}

(1) 위 경우 자기부담비율은 몇%인가? (3점)

(2) 피해율을 그 산식과 함께 구하시오. (7점)

(3) 지급보험금을 그 산식과 함께 구하시오. (5점)

17 다음은 종합위험 수확감소보장방식 밭작물 품목들의 품목별 수확량조사 적기에 관한 내용이다. 아래 주어진 내용을 보고 괄호에 알맞은 내용을 순서대로 쓰시오. (15점)

품목	수확량조사 적기
양파	양파의 비대가 종료된 시점 ① ( ) (2점)
마늘	마늘의 비대가 종료된 시점 ② ( ) (2점)
고구마	고구마의 비대가 종료된 시점 ③ ( ) (2점)
감자 (고랭지재배)	감자의 비대가 종료된 시점 ④ ( ) (2점)
옥수수	옥수수의 수확 적기 ⑤ ( ) (2점)
차(茶)	조사 가능일 직전 (조사 가능일은 대상 농지에 식재된 차나무의 대다수 신초가 1심2엽의 형태를 형성하며 수확이 가능할 정도의 크기 ⑥ ( ) (3점)로 자란 시기를 의미하며, 해당 시기가 수확연도 5월 10일을 초과하는 경우에는 수확년도 5월 10일을 기준으로 함)
팥	팥의 수확 적기 ⑦ ( ) (2점)

18 다음은 가축재해보험 육우에 관한 내용이다. 아래 주어진 자료 내용을 보고, 각 물음에 답하시오. (단, 주어진 내용 외는 고려하지 않음)

〈자료 1〉 전국산지 평균 분유떼기 젖소 수컷 가격

년월	2022년3월	2022년4월	2022년5월	2022년6월	2022년7월	2022년8월
가격	100만 원	110만 원	110만 원	115만 원	100만 원	120만 원

〈자료 2〉 전국산지 젖소 수컷 평균가격

년월	2022년3월	2022년4월	2022년5월	2022년6월	2022년7월	2022년8월
350kg	190만 원	200만 원	180만 원	–	200만 원	180만 원
500kg	300만 원	300만 원	–	300만 원	280만 원	290만 원
600kg	350만 원	–	360만 원	380만 원	350만 원	370만 원

〈자료 3〉 전국도매시장·지육평균가격

년월	2022년3월	2022년4월	2022년5월	2022년6월	2022년7월	2022년8월
kg당 가격	10,000원	11,000원	10,000원	12,000원	11,000원	10,000원

〈자료 4〉 발육표준표(육우)

월령	2	3	4	5	6	7	8	9	10	11
체중 (kg)	–	210	220	230	240	250	270	290	310	330
월령	12	13	14	15	16	17	18	19	20	21
체중 (kg)	350	370	390	410	430	450	470	490	500	520

(1) 2022년 5월 1일 출생한 육우 수컷이 2022년 7월 5일 질병으로 폐사한 경우 보험가액은? (3점)

(2) 2022년 5월 1일 출생한 육우 수컷이 2022년 7월 5일 부상으로 폐사한 경우 보험가액은? (3점)

(3) 육우 수컷 11월령이 2022년 9월 3일 부상으로 폐사한 경우 보험가액은? (3점)

(4) 육우 수컷 30월령이 2022년 7월 4일 질병으로 폐사한 경우 보험가액은? (3점)

(5) 육우 수컷 32월령이 2022년 5월 15일 부상으로 폐사하였다. 이 건의 합의금 명목의 보상금 50만 원 수령이 확인 된 경우 손해액은? (3점)

19 다음은 논작물 벼의 손해평가에 관한 내용이다. 주어진 내용을 보고, 각 물음에 답하시오. (15점)

(1) 벼 품목의 수량요소조사를 한 결과 아래와 같이 조사되었다. 조사내용을 보고 조사수확비율 환산표에 적용할 점수합계를 산출하시오. (8점)

조사내용	1번 포기	2번 포기	3번 포기	4번 포기
포기당 이삭수	16	16	18	14
이삭당 완전낟알수	51	49	81	75

〈조사수확비율 환산표〉

점수합계	조사수확비율(%)	점수합계	조사수확비율(%)
10점 미만	0% ~ 20%	16점 ~ 18점	61% ~ 70%
10점 ~ 11점	21% ~ 40%	19점 ~ 21점	71% ~ 80%
12점 ~ 13점	41% ~ 50%	22점 ~ 23점	81% ~ 90%
14점 ~ 15점	51% ~ 60%	24점 이상	91% ~ 100%

(2) 벼 품목 수확불능 보험금 지급대상 여부 조사 중 수확포기 여부를 확인할 때, 수확포기에 해당되는 3가지 경우를 모두 쓰시오. (7점)

20 다음은 적과전 종합위험방식 배 품목에 관한 내용이다. 아래 주어진 내용을 보고, 각 물음에 답하시오. (단, 각 감수과실수는 소수점 첫째자리에서 반올림한다.) (15점)

- 보험계약사항

보험가입금액	가입특약	평년착과수	가입가격 (원/kg)	가입과중 (kg/개)	자기부담비율	보장수준
37,500,000원	없음	50,000개	1,500	0.5	20%	50%

- 조사내용

- 적과전 보험사고 : 냉해 (보상하는 재해로 인한 착과피해 등이 확인됨), 미보상감수량 0kg
- 적과후 착과수 : 30,000개
- 적과후
  - 8월 15일 태풍(강풍)
    총 낙과과실수 : 3,000개
    낙과피해구성률 : 100%

  - 8월 28일 일소
    착과피해 감수과실수 : 1,500개

(1) 위 주어진 내용의 경우 착과감소보험금을 그 산식과 함께 구하시오. (5점)

(2) 위 주어진 내용의 경우 과실손해보험금을 그 산식과 함께 구하시오. (10점)

PART

4

손해평가사
실전 모의고사
정답 및 해설

농작물재해보험 및 가축재해보험의 이론과 실무

01 다음은 농작물재해보험 제도의 손해평가에 관한 내용이다. 괄호에 알맞은 내용을 순서대로 쓰시오. (각 1점) (5점)

> 손해평가에 참여하고자 하는 손해평가사는 (①)에게, 손해평가인은 (②)에게 정기적으로 교육을 받아야 하며, 손해평가사는 1회 이상 (③)을 이수하고 3년마다 1회 이상의 (④)을 이수하여야 한다. 손해평가인 및 손해사정사, 손해사정사 보조인은 연 1회 이상 (⑤)을 필수적으로 받아야 하며, 필수교육을 이수하지 않았을 경우에는 손해평가를 할 수 없다.

✏️ **Answer**

답 : ① 농업정책보험금융원, ② 재해보험사업자, ③ 실무교육, ④ 보수교육, ⑤ 정기교육 끝

02 아래 주어진 내용을 보고, 시설작물의 생산비보장 보험금을 산정하시오. (단, 주어진 내용 외는 고려하지 않는다.) (5점)

(1) 부추의 생산비보장 보험금은? (2점)

- 부추 재배면적 : 1,000㎡
- 부추단위면적당보장생산비 : 5,500원/㎡
- 피해면적 : 800㎡
- 피해율 : 20%

> ✏ **Answer**

생산비보장 보험금
= 부추 재배면적 × 부추단위면적당보장생산비 × 피해율 × 70%
= 1,000㎡ × 5,500원/㎡ × 0.2 × 0.7 = 770,000원

답 : 770,000원 끝

(2) 멜론의 생산비보장 보험금은? (3점)

- 멜론 재배면적 : 400㎡
- 멜론 단위면적당 보장생산비 : 7,400원/㎡
- 피해면적 200㎡
- 경과비율 : 30%, 피해율 10%

> ✏ **Answer**

생산비보장 보험금 = 피해작물 재배면적 × 피해작물 단위면적당 보장생산비
× 경과비율 × 피해율
= 400㎡ × 7,400원/㎡ × 0.3 × 0.1 = 88,800원 (10만 원 이하에 해당)

답 : 0원 끝

03 다음은 농입수입보장보험 포도(델라웨어) 품목에 관한 내용이다. 아래 주어진 내용을 보고 농업수입감소보장 보험금을 계산하시오. (단, 피해율은 %단위로 소수점 셋째자리에서 반올림하여 소수점 둘째자리까지 구한다.) (5점)

- 보험가입금액 : 50,000,000원
- 평년수확량 : 10,000kg
- 자기부담비율 : 20%
- 실제수입 : 20,000,000원
- 해당품종의 수확연도의 서울시농수산식품공사 가락도매시장 중품과 상품 평균가격 : 4,000원/kg
- 해당품종의 서울시농수산식품공사 가락도매시장 연도별 중품과 상품 평균가격의 보험가입 직전 5년(가입연도 포함) 올림픽평균값 : 4,200원/kg
- 농가수취비율 : 80%

✎ Answer

농업수입감소보장 보험금 = 보험가입금액 × (피해율 − 자기부담비율)
= 50,000,000원 × (0.4048 − 0.2) = 10,240,000원

피해율 = (기준수입 − 실제수입) ÷ 기준수입
= (33,600,000원 − 20,000,000원) ÷ 33,600,000원
= 0.404761904 = 0.4048

기준수입 = 평년수확량 × 기준가격
= 10,000kg × 3,360원/kg = 33,600,000원
실제수입 = 20,000,000원

기준가격 = 서울시농수산식품공사 가락도매시장 연도별 중품과 상품 평균가격의 보험가입 직전 5년(가입연도 포함) 올림픽평균값 × 농가수취비율
= 4,200원/kg × 0.8 = 3,360원/kg

답 : 10,240,000원 끝

04 다음은 가축재해보험에 관한 내용이다 각 물음에 답하시오. (5점)

(1) 돼지의 질병위험보장 특별약관에서 보상하는 질병을 3가지 쓰시오. (부분점수 없음)
(3점)

답 : TGE, PED, Rota virus 끝

(2) 폐사 · 긴급도축 확장보장 특약에 가입 가능한 축종을 2가지 쓰시오. (부분점수 없음)
(2점)

답 : 사슴, 양 끝

05 다음은 재해보험사업자가 판매위탁 계약을 체결한 지역 대리점 및 계약자 등으로부터 보조금을 회수 조치하는 부당사유에 관한 내용이다. 아래 (   )에 알맞은 내용을 순서대로 쓰시오. (각 1점) (5점)

〈부당사유〉
- (①)을 목적 외로 사용한 때
- (②) 또는 (③) 보험계약을 체결하여 (①)을 집행할 때
- (④)을 위반한 때
- 기타 (⑤) 미이행 등

✏️ Answer

답 : ① 보조금, ② 허위, ③ 가공, ④ 관련 법령, ⑤ 약정사항 끝

06 다음은 방재시설 할인율(%)에 관한 내용이다. 농업정책보험금융원에서 공지한 「농업재해보험·손해평가의 이론과 실무」에 근거하여 다음 각 물음에 답하시오. (단, 주어진 내용 외는 고려하지 않는다.) (15점)

(1) 사과 과수원 전체에 방충망, 방상팬, 서리방지용 미세살수장치가 설치되어 있는 경우 적용되는 방재시설 할인율은 몇%인가? (5점)

✎ Answer

방충망 20%, 방상팬 20%, 서리방지용 미세살수장치 20%, 총 60%이지만, 2개 이상의 방재시설이 있는 경우 합산하여 적용하되 최대 할인폭은 30%이므로, 적용되는 방재시설할인율은 30%이다.

답 : 30% 끝

(2) 경음기가 설치되어 있는 경우 방제시설 할인율이 적용되는 품목을 2가지 쓰시오. (5점, 부분점수 없음)

✎ Answer

답 : 브로콜리, 양배추 끝

(3) 바닥멀칭이 방재시설이 설치되어 있는 경우 방재시설 할인율이 적용되는 품목은? (5점)

✎ Answer

답 : 포도 끝

07 다음은 종합위험방식 수확감소보장 벼 품목에 관한 내용이다. 각 물음에 답하시오. (15점)

(1) 수확불능보험금의 지급 효과에 대해 약술하시오. (3점)

✎ **Answer**

답 : 수확불능보험금을 지급한 경우 그 손해보상의 원인이 생긴 때로부터 해당 농지의 계약은 소멸된다. 끝

(2) 귀리 품목의 경우 선택할 수 있는 자기부담비율을 모두 쓰시오. (3점)

✎ **Answer**

답 : 20%, 30%, 40% 끝

(3) 수확감소보장 자기부담비율 10%형의 선택 기준을 약술하시오. (3점)

✎ **Answer**

답 : 최근 3년간 연속 보험가입계약자로서 3년간 수령한 보험금이 순보험료의 120% 미만인 경우에 한하여 선택 가능하다. 끝

(4) 벼 품목 병해충 보장 특별약관에 대해 약술하시오. (3점)

✎ **Answer**

답 : 보험의 목적이 보상하는 병해충(흰잎마름병, 줄무늬잎마름병, 벼멸구, 도열병, 깨씨무늬병, 먹노린재, 세균성 벼알마름병)으로 입은 손해를 보상한다. 끝

(5) 이앙·직파불능 부보장 특별약관에 대해 약술하시오. (3점)

✎ **Answer**

답 : 보상하는 손해로 이앙·직파를 하지 못하게 되어 생긴 손해를 보상하지 않는다. 끝

08 가축재해보험에 가입 중인 소 축사에 화재로 인하여 소가 모두 폐사하였다. 각 물음에 답하시오. (단, 주어진 내용 외는 고려하지 않는다.) (15점)

(1) 축사피해부분에 대한 지급보험금(비용포함)을 산정하시오. (단, 자기부담금은 적용하지 않는다.) (8점)

> • 보험가입금액 6천만 원　　• 보험가액 1억 5천만 원
> • 축사손해액 4천만 원　　　• 잔존물제거비용 5백만 원

📝 **Answer**

보험가입금액 6천만 원 〈 보험가액 1억 5천만 원 → 일부보험
보험금 = Min{(4천만 원) × 6천만 원 / (1억 5천만 원 × 0.8), 6천만 원}
= 2천만 원

잔존물제거비용 = Min{5백만 원 × 6천만 원 / (1억 5천만 원 × 0.8), 4백만 원}
= 2,500,000원

지급보험금(비용포함) = Min(20,000,000원 + 2,500,000원, 60,000,000원)
= 22,500,000원

답 : 22,500,000원 끝

(2) 소 피해부분에 대한 지급보험금(비용포함)을 산정하시오. (7점)

> • 보험가입금액 3억 원　　• 보험가액 4억 원
> • 자기부담비율 20%　　　• 잔존물처리비용 3천만 원

📝 **Answer**

보험가입금액 3억 원 〈 보험가액 4억 원 → 일부보험
보험금
= Min(손해액 × 보험가입금액/보험가액, 보험가입금액) × (1 − 자기부담비율)
= Min(4억 원 × 3억 원/4억 원, 3억 원) × (1 − 0.2) = 240,000,000원

잔존물처리비용 = Min(30,000,000원 × 3억 원 / 4억 원, 40,000,000원) ×
(1 − 0.2) = 18,000,000원(손해액의 10% 이내 OK)

지급보험금(비용포함) = Min(240,000,000원 + 18,000,000원, 300,000,000원)
= 258,000,000원

답 : 258,000,000원 끝

09 다음은 버섯재배사 및 부대시설, 그리고 시설재배 버섯의 특별약관에 관한 내용이다. 각 물음에 답하시오. (15점)

(1) 화재대물배상책임 특별약관의 가입대상 및 지급사유에 대하여 약술하시오. (부분점 수 없음) (7점)

> ✎ **Answer**
>
> 답 : ① 가입대상 : 이 특별약관은 '화재위험보장 특별약관'에 가입한 경우에 한하여 가입할 수 있다. ② 지급사유 : 피보험자가 보험증권에 기재된 농업용시설물 및 부대시설 내에서 발생한 화재사고로 인하여 타인의 재물을 망가트려 법률상의 배상책임이 발생한 경우 끝

(2) 표고버섯 확장위험 담보 특별약관에 가입하면, 특정한 경우에 한하여 자연재해 및 조수해로 입은 손해를 보상한다. 여기서 말하는 특정한 경우를 2가지 쓰시오. (부분점 수 없음) (8점)

> ✎ **Answer**
>
> 답 : 농업용 시설물(버섯재배사)에 직접적인 피해가 발생하지 않은 자연재해로서 작물피해율이 70%이상 발생하여 농업용 시설물 내 전체 시설재배버섯의 재배를 포기하는 경우, 기상청에서 발령하고 있는 기상특보 발령지역의 기상특보 관련 재해로 인해 작물에 피해가 발생한 경우 끝

10 아래 주어진 내용을 보고, 감귤 동상해과실손해보장 보험금을 산출하시오. (단, 주어진 내용 외는 고려하지 않는다.) (15점)

보험가입금액	기준과실수	수확기 동상해 피해과실수
30,000,000원	1,000개	400개

기사고피해율	수확기잔존비율	주계약피해율	자기부담비율	미보상비율
20%	50%	15%	20%	10%

✏️ Answer

동상해과실손해보장 보험금 = 손해액 − 자기부담금
= 4,320,000원 − 1,500,000원 = 2,820,000원

손해액 = {보험가입금액 − (보험가입금액 × 기사고피해율)} ×
수확기잔존비율 × 동상해피해율 × (1 − 미보상비율)
= {30,000,000원 − (30,000,000원 × 0.2)} × 0.5 × 0.4 × (1 − 0.1)
= 4,320,000원

동상해 피해율 = 수확기 동상해 피해과실수 ÷ 기준과실수
= 400개 ÷ 1,000개 = 0.4

자기부담금 = | 보험가입금액 × Min(주계약피해율 − 자기부담비율, 0) |
= | 30,000,000원 × Min(0.15 − 0.2, 0) | = 1,500,000원

답 : 2,820,000원 끝

11 다음은 손해평가 기본단계에 관한 내용이다. 아래 주어진 내용을 보고 괄호에 알맞은 내용을 순서대로 쓰시오. (5점)

> 재해보험에 가입한 (①)가 해당 농지에 자연재해 등 피해가 발생하면 보험에 가입했던 대리점(지역농협 등) (②)에 사고 접수를 한다. (②)은 (③)에게 사고접수 사실을 알리고 (③)는 (④)을 배정한다. (④)은 소속된 조사자를 빠르게 배정하여 (⑤)을 구성하고 해당 (⑤)은 신속하게 손해평가업무를 수행한다.

✎ **Answer**

답 : ① 보험가입자, ② 영업점, ③ 재해보험사업자, ④ 조사기관, ⑤ 손해평가반

끝

12 아래 주어진 내용을 보고, 낙엽인정피해율을 산출하시오. (단, 낙엽인정피해율은 %단위로 소수점 셋째자리에서 반올림하여 소수점 둘째자리까지 구한다.) (5점)

- 해당재해 : 태풍
- 사고일자 : 6월 20일, 조사일자 : 6월 21일

표본조사 내용	잎수
일부가 찢겨진 잎	2잎
전체 잎의 40%부분이 완전히 짤린 잎	3잎
잎의 극히 일부만 찢겨진 채로 떨어진 잎	3잎
잎의 40%정도가 90도로 꺾인 잎	3잎
무피해 잎	1잎

※ 잎의 일부만 찢겨진 채로 떨어진 잎 외는 모두 나뭇가지에 달려있는 상태이다.
※ 경과일수는 해당 일자들을 모두 포함하여, 예시와 같이 계산한다.
  〈예시〉 1월1일 ~ 1월5일 → 경과일수 5일

✎ Answer

낙엽인정피해율 = (1.0115 × 낙엽률) − (0.0014 × 경과일수)
= (1.0115 × 0.25) − (0.0014 × 20) = 0.252875 − 0.028 = 0.224875
= 22.49%
※ 경과일수 = 6월 1일부터 낙엽피해 발생일까지 경과된 일수
  6.1 ~ 6.20 → 경과일수 20일

낙엽률 = 표본주의 낙엽수 합계 / (표본주의 낙엽수 합계 + 표본주의 착엽수 합계)
= 3 / (3 + 9) = 0.25

표본주의 낙엽수 합계 = 3잎, 표본주의 착엽수 합계 = 9잎

답 : 22.49% 끝

13 다음은 종합위험 수확감소보장방식 밤 품목의 과중조사에 관한 내용이다. 각 물음에 답하시오. (단, 주어진 내용 외는 고려하지 않는다.) (5점)

〈과중조사〉

농지에서 품종별로 평균적인 (①)을 가진 3주 이상의 표본주에서 크기가 평균적인 과실을 품종별로 20개 이상(농지당 최소 (②) 이상) 추출한다.

밤의 경우, 품종별 과실(송이) 개수를 파악하고, 과실(송이) 내 과립을 분리하여 (③)를 기준으로 정상(30mm 초과)·소과(30mm 이하)를 구분하여 무게를 조사한다.

(1) 위 괄호 안에 알맞은 내용을 순서대로 쓰시오. (각 1점, 3점)

✏️ Answer

답 : ① 착과량, ② 60개, ③ 지름 길이 끝

(2) 아래 주어진 내용을 보고 개당 과중을 계산하시오. (2점)

구분	소과 무게 합계	정상 무게 합계	표본과실 갯수
무게	1,000g	1kg	②

✏️ Answer

개당 과중
= (정상 표본과실 무게 합 + 소과 표본과실 무게합 × 0.8) ÷ 표본과실 수
= (1kg + 1kg × 0.8) ÷ 60개 = 0.03kg/개

답 : 0.03kg/개 끝

14 다음은 종합위험 생산비보장방식 메밀 품목에 관한 내용이다. 아래 주어진 내용을 보고, 생산비보장보험금을 산출하시오. (5점)

- 보험가입금액 500만 원
- 자기부담비율 20%
- 도복 이외 피해면적 300㎡
- 실제경작면적 1,000㎡
- 도복으로 인한 피해면적 200㎡
- 평균 손해정도비율 40%

✎ Answer

생산비보장보험금 = 보험가입금액 × (피해율 − 자기부담비율)
= 500만 원 × (0.26 − 0.2) = 300,000원

피해율 = 피해면적 ÷ 재배면적 × (1 − 미보상 비율)
= 260㎡ ÷ 1,000㎡ × (1 − 0) = 0.26

피해면적
= (도복으로 인한 피해면적 × 70%) + (도복 이외 피해면적 × 평균 손해정도비율)
= (200㎡ × 0.7) + (300㎡ × 0.4) = 140 + 120 = 260㎡

답 : 300,000원 끝

15 다음은 시설작물 무 품목에 관한 내용이다. 주어진 내용을 보고 각 물음에 답하시오. (5점)

품목	품종	표준생장일수
시설작물 무	일반	80일
	기타	50일

(1) 시설작물 무(일반)의 경우, 수확기 이전 사고 시에 생장일수가 40일이라고 할 때 경과비율은 얼마인가? (3점)

✎ Answer

(수확기 이전 사고) 경과비율 = a + (1 − a) × (생장일수÷표준생장일수)
= 0.1 + (1 − 0.1) × (40일 ÷ 80일) = 0.55 = 55%

답 : 55% 끝

(2) 위 표에서 무 품목의 기타 품종에 해당하는 것을 2가지 쓰시오. (각 1점, 2점)

✎ Answer

답 : 알타리무, 열무 끝

16 다음은 종합위험 수확감소보장방식 밭작물 품목 중 옥수수(대학찰(연농2호))품목에 관한 내용이다. 아래 주어진 내용을 보고, 각 물음에 답하시오. (15점)

• 계약내용

보험가입면적	보험가입금액	표준수확량	자기부담비율
15,000㎡	12,000,000원	7,500kg	신규보험가입자가 선택할 수 있는 최저비율

• 조사내용

실제경작면적	고사면적	타작물 및 미보상면적	기수확면적
15,000㎡	1,500㎡	1,500㎡	0㎡

표본구간 면적합계	표본구간 "상"품 옥수수	표본구간 "중"품 옥수수	표본구간 "하"품이하 옥수수
150㎡	150개	200개	50개

가입가격	재식시기지수	재식밀도지수	미보상비율
1,500원	0.99	0.98	10%

(1) 괄호 안에 알맞은 내용을 순서대로 쓰시오. (각 1점, 6점)

〈옥수수〉
• 수확량조사 적기 : 옥수수의 수확 적기((①)이 나온 후 (②)일 이후)
• 표본구간 면적 조사방법 : 이랑 길이(③) 및 이랑 폭 조사
• 표본구간별 수확량 조사방법 : 표본구간 내 작물을 수확한 후 (④)길이에 따라 상 {(⑤) 이상·중((⑥) 이상 (⑤) 미만)·하((⑥) 미만}로 구분한 후 해당 개수를 조사

 Answer

답 : ① 수염, ② 25, ③ 5주 이상, ④ 착립장, ⑤ 17cm, ⑥ 15cm 끝

(2) 위에 주어진 계약내용 및 조사내용을 보고 지급보험금을 산출하시오. (단, 손해액은 원단위 미만 절사한다.) (9점)

✎ Answer

지급보험금 = Min(보험가입금액, 손해액) − 자기부담금
= Min(12,000,000원, 3,527,258원) − 2,400,000원 = 1,127,258원

손해액 = (피해수확량 − 미보상감수량) × 가입가격
= (2,612.784kg − 261.2784kg) × 1,500원 = 3,527,258.4원 = 3,527,258원

피해수확량 = (표본구간 단위면적당 피해수확량 × 표본조사대상면적) + (단위면적당 표준수확량 × 고사면적)
= 0.155232kg/㎡ × 12,000㎡ + 0.5kg/㎡ × 1,500㎡ = 1,862.784 + 750
= 2,612.784kg

표본조사대상면적 = 15,000㎡ − 1,500㎡ − 1,500㎡ − 0㎡ = 12,000㎡

표본구간 단위면적당 피해수확량 = 표본구간 피해수확량 합계 ÷ 표본구간 면적
= 23.2848kg ÷ 150㎡ = 0.155232kg/㎡

표본구간 피해수확량 합계 = (표본구간 "하"품 이하 옥수수 개수 + "중"품 옥수수 개수 × 0.5) × 표준중량 × 재식시기지수 × 재식밀도지수
= (50개 + 200개 × 0.5) × 0.16kg/개 × 0.99 × 0.98 = 23.2848kg

대학찰(연농2호) 표준중량 = 160g

단위면적당 표준수확량 = 표준수확량 ÷ 실제경작면적 = 7,500kg ÷ 15,000㎡
= 0.5kg/㎡

미보상감수량 = 피해수확량 × 미보상비율 = 2,612.784kg × 0.1 = 261.2784kg

자기부담금 = 보험가입금액 × 자기부담비율 = 12,000,000원 × 0.2 = 2,400,000원

자기부담비율 : 신규보험가입자가 선택할 수 있는 최저비율 = 20%

답 : 1,127,258원 끝

17 다음은 종합위험 수확감소보장방식 차 품목에 관한 내용이다. 아래 주어진 내용을 보고, 각 물음에 답하시오. (단, 보험기간내 보상하는 재해에 의한 피해이며, 주어진 내용 외는 고려하지 않는다.) (15점)

• 계약사항

가입면적	보험가입금액	평년수확량	자기부담비율
15,000㎡	30,000,000원	1,500kg	20%

• 조사내용

조사명	조사방법	수확면적율	미보상비율
수확량조사	표본조사	80%	0%

실제경작면적	고사면적	타작물 및 미보상면적	기수확면적
15,000㎡	1,500㎡	1,000㎡	500㎡

표본구간 수	표본구간 면적 합계	표본구간 수확한 새싹무게 합계	표본구간 수확한 새싹수 합계	표본구간 기수확 새싹수 합계
8구간	0.54㎡	0.05kg	500개	40개

〈표 2-4-6 기수확비율에 따른 기수확지수(차(茶)만 해당)〉

기수확비율	기수확지수	기수확비율	기수확지수
10% 미만	1.000	50% 이상 60% 미만	0.958
10% 이상 20% 미만	0.992	60% 이상 70% 미만	0.949
20% 이상 30% 미만	0.983	70% 이상 80% 미만	0.941
30% 이상 40% 미만	0.975	80% 이상 90% 미만	0.932
40% 이상 50% 미만	0.966	90% 이상	0.924

・차 품목

> ・수확량조사 적기 : 조사 가능일 직전 (조사 가능일은 대상 농지에 식재된 차나무의 대다수 신초가 (①)의 형태를 형성하며 수확이 가능할 정도의 크기(신초장 4.8cm 이상 2.8cm 이상, 엽폭 (②) 이상)로 자란 시기를 의미하며, 해당 시기가 수확연도 (③)을 초과하는 경우에는 수확년도 (③)을 기준으로 함)
> ・표본구간 면적 조사방법 : (④) 사용
> ・표본구간별 수확량 조사방법 : 표본구간 중 두곳에 (⑤)테를 두고 테 내의 수확이 완료된 새싹의 수를 세고, 남아있는 모든 새싹(①)을 따서 개수를 세고 무게를 조사

(1) 괄호 ① ~ ⑤에 알맞은 내용을 순서대로 쓰시오. (각 1점, 5점)

✎ Answer

답 : ① 1심 2엽, ② 0.9cm, ③ 5월 10일, ④ 규격의 테(0.04㎡), ⑤ 20cm × 20cm 끝

(2) 위 주어진 내용을 보고, 수확감소보험금을 산출하시오. (10점)

✎ Answer

수확감소보험금 = 보험가입금액 × (피해율 − 자기부담비율)
= 30,000,000원 × (0.26 − 0.2) = 1,800,000원
피해율 = (평년수확량 − 수확량 − 미보상감수량) ÷ 평년수확량
= (1,500kg − 1,110kg − 0kg) ÷ 1,500kg = 0.26

수확량 = (표본구간 단위면적당 수확량 × 조사대상면적) + {단위면적당 평년수
확량 × (타작물 및 미보상면적 + 기수확면적)}
= (0.08kg/㎡ × 12,000㎡) + (0.1kg/㎡ × 1,500㎡) = 960 + 150
= 1,110kg

표본구간 수확량 합계 = {(수확한 새싹무게 ÷ 수확한 새싹수) × 기수확 새싹수
× 기수확지수} + 수확한 새싹무게
= {(0.05kg ÷ 500개) × 40개 × 1} + 0.05kg = 0.054kg

기수확지수는 기수확비율(기수확 새싹수를 전체 새싹수(기수확새싹수와 수확한
새싹수를 더한 값)로 나눈 값)에 따라 산출
기수확비율 = 40개 ÷ 540개 = 0.074074074 = 10%미만
기수확지수 = 1

표본구간 단위면적당 수확량
= 표본구간 수확량 합계 ÷ 표본구간 면적 합계 × 수확면적율
= 0.054kg ÷ 0.54㎡ × 0.8 = 0.08kg/㎡

조사대상면적
= 실제경작면적 − 고사면적 − 타작물 및 미보상면적 − 기수확면적
= 15,000㎡ − 1,500㎡ − 1,000㎡ − 500㎡ = 12,000㎡

단위면적당 평년수확량 = 평년수확량 ÷ 실제경작면적
= 1,500kg ÷ 15,000㎡ = 0.1kg/㎡

미보상감수량 = (평년수확량 − 수확량) × 미보상비율 = 0kg

답 : 1,800,000원 끝

18 보험기간 내에 보상하는 재해로 산란계 농장에 손해가 발생하였다. 아래 주어진 내용을 보고 각 물음에 답하시오. (단, 손해액 및 보험가액은 소수점 이하 절사하며, 주어진 내용 외는 고려하지 않는다.) (15점)

• 피해내용

> 병아리 생후 5주 폐사 1마리
> 중추 생후 19주 폐사 1마리
> 산란계 생후 50주 폐사(사고당시 350일령) 1마리

• 내용 2

> 사고 당일 포함 직전 5영업일의 산란실용계 병아리 평균가격 = 520원
> 사고 당일 포함 직전 5영업일의 산란실용계 병아리 가격 = 510원
> 산란실용계 병아리 평균가격 = 480원
> 산란실용계 병아리 가격 = 500원
> 사고 당일 포함 직전 5영업일의 산란중추 평균가격 = 2,800원
> 산란중추가격 = 2,800원
> 20주 산란계가격 = 5,600원
> 사고 당일 포함 직전 5영업일의 산란성계육 평균가격 = 1,800원
> 사고 당일 포함 직전 5영업일의 왕란 평균가격 = 200원
> 사고 당일 포함 직전 5영업일의 특란 평균가격 = 180원
> 사고 당일 포함 직전 5영업일의 대란이하 평균가격 = 160원

(1) 생후 5주 산란계 병아리 1마리의 보험가액은? (5점)

✏️ **Answer**

> 보험가액 = 산란실용계병아리가격 + (산란중추가격−산란실용계 병아리가격)
> / 9 × (사고주령 − 1주령)
> = 500원 + (2,800원 − 500원) / 9 × (5 − 1) = 1,522.2222 = 1,522원
>
> 답 : 1,522원 끝

(2) 생후 19주 중추 1마리의 보험가액은? (5점)

✐ Answer

보험가액 = 산란중추가격 + (20주 산란계가격 − 산란중추가격) / 5 × (사고주령 − 15주령)
= 2,800원 + (5,600원 − 2,800원) / 5 × (19 − 15) = 5,040원

답 : 5,040원 끝

(3) 생후 50주(사고당시 350일령) 산란계 1마리의 보험가액은? (5점)

✐ Answer

보험가액 = (550일 − 사고일령) × 70% × (사고 당일 포함 직전 5영업일의 계란 1개 평균가격 − 계란 1개의 생산비(77원))
= (550 − 350) × 0.7 × (171.5원 − 77원) = 13,230원

사고 당일 포함 직전 5영업일의 계란 1개 평균가격
= 200원 × 0.02 + 180원 × 0.535 + 160원 × 0.445
= 4 + 96.3 + 71.2
= 171.5원

답 : 13,230원 끝

19 다음은 수확전 종합위험보장방식 복분자 품목에 관한 내용이다. 아래 주어진 내용을 보고 각 물음에 답하시오. (단, 주어진 내용 외는 고려하지 않는다.) (15점)

• 계약사항

보험가입금액	평년결과모지수	자기부담비율
30,000,000원	5개	30%

• 조사내용

재해종류	사고일자	조사일자	조사내용
냉해	4월19일	4월20일	• 표본구간수 : 10구간 　표본구간 살아있는 결과모지수 : 200개 • 표본포기 6송이 피해 열매수 합계 : 75개 　표본포기 6송이 열매수의 합계 : 300개 • 미보상비율 10%
우박	6월9일	6월11일	• 표본구간수 : 10구간 • 표본송이의 수확가능한 열매수 합계 : 100개 　표본송이의 총열매수 합계 : 200개 • 미보상비율 0%

[표 2-2-2] 기준일자별 잔여수확량비율표

기준 일자	잔여 수확량비율(%)	기준 일자	잔여 수확량비율(%)	기준 일자	잔여 수확량비율(%)
6.1	97	6.8	90	6.15	20
6.2	96	6.9	77	6.16	14
6.3	95	6.10	65	6.17	9
6.4	94	6.11	54	6.18	5
6.5	93	6.12	44	6.19	2
6.6	92	6.13	35	6.20	0
6.7	91	6.14	27		

(1) 종합위험 과실손해 고사결과모지수를 산출하시오. (5점)

종합위험 과실손해 고사결과모지수

= 평년결과모지수 − (기준 살아있는 결과모지수 − 수정불량환산 고사결과
   모지수 + 미보상 고사결과모지수)

= 평 − (기 − 수 + 미) = 평 − (기 − 수) − 미

= 5 − 3.6 − 0.14 = 1.26개

평 : 5개

기준 살아있는 결과모지수

= 표본구간 살아있는 결과모지수의 합 ÷ (표본구간수 × 5)

= 200 ÷ (10 × 5) = 4개

수정불량환산 고사결과모지수

= 표본구간 수정불량 고사결과모지수의 합 ÷ (표본구간수 × 5)

= 20개 ÷ (10 × 5) = 0.4개

표본구간 수정불량 고사결과모지수

= 표본구간 살아있는 결과모지수 × 수정불량환산계수

= 200개 × 0.1 = 20개

※ (기 − 수) = (4 − 0.4) = 3.6개

수정불량환산계수 = (수정불량결실수 ÷ 전체결실수) − 자연수정불량률(15%)

= 최댓값((표본포기 6송이 피해 열매수의 합 ÷ 표본포기 6송이 열매수의 합계)
   − 15%, 0)

= (75개 ÷ 300개) − 15% = 0.1

미보상 고사결과모지수 = 최댓값({평년결과모지수 − (기준 살아있는 결과모
지수 − 수정불량환산 결과모지수)} × 미보상비율, 0) → 음의 값은 나올 수 없
다. 최소 0이다.

= (5 − 3.6) × 0.1 = 0.14개

답 : 1.26개 끝

(2) 특정위험 과실손해 고사결과모지수를 산출하시오. (5점)

※ 기준일자는 사고발생일자로 한다.

✏️ **Answer**

특정위험 과실손해 고사결과모지수 = 수확감소환산 고모 − 미보상 고모
= 0.972개 − 0개 = 0.972개

수확감소환산 [고]사결과[모]지수
= ([기]준 살아있는 결과모지수 − [수]정불량환산 고사결과모지수) × 누적수확
감소환산계수
= 3.6개 × 0.27 = 0.972개

누적수확감소환산계수 = 특정위험 과실손해조사별 수확감소환산계수의 합

수확감소환산계수 = 최댓값(기준일자별 잔여수확량 비율 - 결실율, 0)
= 0.77 − 0.5 = 0.27
기준일자는 사고발생일자

결실율 = 전체결실수 ÷ 전체개화수
= Σ(표본송이의 수확 가능한 열매수) ÷ Σ(표본송이의 총열매수)
= 100개 ÷ 200개 = 0.5

미보상 고사결과모지수 = 수확감소환산 고사결과모지수 × 최댓값(특정위험 과
실손해조사별 미보상비율)
= 0.972개 × 0% = 0개

답 : 0.972개 끝

(3) 과실손해보험금을 산출하시오. (5점)

✎ Answer

과실손해보험금 = 보험가입금액 × (피해율 − 자기부담비율)
 = 30,000,000원 × (0.4464 − 0.3) = 4,392,000원

피해율 = 고사결과모지수 ÷ 평년결과모지수
→ 고모 ÷ 평 = 2.232개 ÷ 5개 = 0.4464 = 44.64%

고모 = 종합고모 + 특정고모 = 1.26개 + 0.972개 = 2.232개

답 : 4,392,000원 끝

20 다음은 종합위험 과실손해보장방식 오디 품목에 가입 중인 농지에 대한 내용이다. 가입한 농지에 보험기간 내에 보상하는 재해로 인한 피해가 발생하였다. 아래 주어진 내용을 보고, 과실손해보험금을 산출하시오. (단, 조사결실수는 소수점 이하 값은 절사하고, 피해율은 % 단위로 소수점 셋째자리에서 반올림하며, 주어진 내용 외는 고려하지 않는다.) (15점)

• 계약사항

보험가입금액	평년결실수	품종	표준결실수	가입주수	자기부담비율
30,000,000원	150개	A	150개	100주	20%
		B	150개	100주	

• 조사내용

품종	실제결과주수	미보상주수	고사주수	포본가지 결실수 합계	표본가지 길이 합계	미보상비율
A	100주	0주	0주	456개	4m	0%
B	100주	10주	10주	396개	4m	

과실손해보험금 = 보험가입금액 × (피해율 − 자기부담비율)
= 30,000,000원 × (0.3067 − 0.2) = 3,201,000원

피해율 = (평년결실수 − 조사결실수 − 미보상 감수 결실수) ÷ 평년결실수
= (150개 − 104개 − 0개) ÷ 150개 = 0.30666666 = 0.3067

조사결실수 = Σ{(품종·수령별 환산결실수 × 품종·수령별 조사대상주수) + (품종별 주당 평년결실수 × 품종·수령별 미보상주수)} ÷ 전체 실제결과주수
= {(114 × 100 + 150 × 0) + (99 × 80 + 150 × 10)} ÷ 200
= (11,400 + 9,420) ÷ 200 = 104.1 = 104개

A품종 환산결실수 = 456개 ÷ 4m = 114개/m
B품종 환산결실수 = 396개 ÷ 4m = 99개/m

A품종 조사대상주수 = 100주 − 0주 − 0주 = 100주
B품종 조사대상주수 = 100주 − 10주 − 10주 = 80주

A품종 평년결실수 = (평년결실수 × 전체 실제결과주수) × (대상 품종 표준결실수 × 대상 품종 실제결과주수) ÷ Σ(품종별 표준결실수 × 품종별 실제결과주수)
= (150개 × 200주) × (150개 × 100주) ÷ (150개 × 100주 + 150개 × 100주)
= 15,000개

A품종 주당평년결실수 = 15,000개 ÷ 100주 = 150개
B품종 주당평년결실수 = 150개

미보상감수결실수 = Max{(150개 − 104개) × 0%, 0} = 0

답 : 3,201,000원 끝

농작물재해보험 및 가축재해보험의 이론과 실무

01 다음은 위험 특성에 따른 위험관리 방법에 관한 내용이다. 아래 내용을 보고 괄호에 알맞은 내용을 순서대로 쓰시오. (5점)

손실 규모(심도) \\ 손실 횟수(빈도)	적음(少)	많음(多)
작음(小)	보유 – ① (　　)	③ (　　　)
큼(大)	전가 – ② (　　)	④ (　　　)

손실통제는 손실 예방과 ⑤ (　　　)로 구분할 수 있다.

 Answer

답 : ① 자가보험, ② 보험, ③ 손실통제, ④ 위험회피, ⑤ 손실감소 끝

02 수지상등의 원칙을 아래 예시를 참조하여 주어진 알파벳과 수학기호를 이용하여 표현하시오. (5점)

- 계약자 수 = a
- 평균 지급보험금 = b
- 사고발생 건수 = c
- 보험료 = d

〈예〉 $a \div b = c \div d$, $a = b \times c \times d$

 Answer

답 : $a \times d = b \times c$ 끝

03 다음은 농작물재해보험 대상 품목 및 가입자격에 관한 내용이다. 괄호에 알맞은 내용을 순서대로 쓰시오. (5점)

품목명	가입자격
매실	농지의 보험가입금액 ( ) 이상
콩	농지의 보험가입금액 ( ) 이상
보리	농지의 보험가입금액 ( ) 이상
농업용 시설물 및 시설작물	단지면적이 ( ) 이상
차	농지면적이 ( ) 이상

 Answer

답 : 200만 원, 100만 원, 50만 원, 300㎡, 1,000㎡ 끝

04 다음은 보험 대상 품목별 대상 재해에 관한 내용이다. 각 물음에 답하시오. (5점)

(1) 비가림시설 대상 품목 3가지를 쓰시오. (3점)

Answer

답 : 포도, 대추, 참다래 끝

(2) 복분자 품목에서 6월1일 이후 보험 대상 재해 2가지를 쓰시오. (2점)

Answer

답 : 태풍(강풍), 우박 끝

05 다음은 벼 품목의 보험기간에 관한 표의 일부 내용이다. 아래 표를 보고 괄호에 알맞은 내용을 순서대로 쓰시오. (5점)

구분			보험의 목적	보험기간	
약관	보장	대상 재해		보장개시	보장종료
보통 약관	재이앙 재직파 보장	종합 위험	벼 (조곡)	이앙(직파)완료일 24시 다만, 보험계약시 이앙(직파)완료일이 경과한 경우에는 계약체결일 24시	① (　　　)
	경작 불능 보장		벼(조곡), 조사료용 벼	이앙(직파)완료일 24시 다만, 보험계약시 이앙(직파)완료일이 경과한 경우에는 계약체결일 24시	② (　　　) 다만, 조사료용 벼의 경우 판매개시연도 8월 31일
			밀, 보리	계약체결일 24시	③ (　　　)
보통 약관	수확 감소 보장	종합 위험	벼 (조곡)	이앙(직파)완료일 24시 다만, 보험계약시 이앙(직파)완료일이 경과한 경우에는 계약체결일 24시	수확기종료 시점 다만, ④ (　　　)을 초과할 수 없음
			밀, 보리	계약체결일 24시	수확기종료 시점 다만, ⑤ (　　　)을 초과할 수 없음

✎ Answer

답 : ① 판매개시연도 7월 31일, ② 출수기 전, ③ 수확개시 시점, ④ 판매개시 연도 11월 30일, ⑤ 이듬해 6월 30일 끝

06 다음은 종합위험 수확감소보장 마늘 품목에 관한 내용이다. 각 물음에 답하시오. (15점)

(1) 재파종 보장방식의 보험금 지급사유를 쓰고, 보험가입금액이 100,000,000원이며, 출현주수(10a기준)가 27,000주 일 때 재파종 보험금을 그 산식과 함께 구하시오.

지급사유(3점) :

보험금(4점) :

✏ Answer

보험금 지급사유 : 보상하는 재해로 10a당 출현주수가 30,000주보다 작고, 10a당 30,000주 이상으로 재파종한 경우

재파종 보험금 = 보험가입금액 × 35% × 표준출현피해율
= 100,000,000원 × 0.35 × 0.1 = 3,500,000원
표준출현피해율(10a기준) = (30,000 − 27,000) ÷ 30,000 = 0.1

답 : 3,500,000원 끝

(2) 조기파종 보장방식의 재파종 보험금 지급사유를 쓰고, 보험가입금액이 50,000,000원이며, 출현주수(10a기준)가 24,000주 일 때 조기파종 보험금을 그 산식과 함께 구하시오.

지급사유(4점) :

보험금(4점) :

✏ Answer

보험금 지급사유 : 한지형 마늘 최초 판매개시일 24시 이전에 보상하는 재해로 10a당 출현주수가 30,000주보다 작고, 10월 31일 이전 10a당 30,000주 이상으로 재파종한 경우

조기파종 보험금 = 보험가입금액 × 25% × 표준출현피해율
= 50,000,000원 × 0.25 × 0.2 = 2,500,000원
표준출현피해율(10a기준) = (30,000 − 24,000) ÷ 30,000 = 0.2

답 : 2,500,000원 끝

07 다음은 생산비 보장 품목 고추에 관한 내용이다. 아래 내용을 보고, 각 물음에 답하시오. (15점)

보험가입일자	보험가입금액	자기부담비율
2022년 9월 20일	30,000,000원	?

※ 보상액 : 5,000,000원

사고발생일자	손해정도비율	재배면적	피해면적	발생 병충해명	미보상비율
수확개시일로부터 10일이 경과한 시점	60%	10,000㎡	4,500㎡	시들음병	20%

※ 표준수확일수 : 50일

최근 5년간 보험가입내역					
가입연도	2017년	2018년	2019년	2020년	2021년
순보험료	1,470,000원	1,360,000원	1,550,000원	1,490,000원	1,510,000원
지급보험금	0원	5,235,000원	610,000원	1,680,000원	1,375,000원

(1) 위 경우 계약자가 선택 가능한 최저 자기부담비율은 몇%형인가? (3점)

✏️ Answer

고추 품목의 경우 자기부담비율 3%형과 5%이 있는데, 최근 2년간 연속 보험가입계약자로서 2년간 수령한 보험금이 순보험료의 100% 이하인 경우에 한하여 3%형 선택이 가능하며, 5%형은 제한이 없다.

이 문제의 경우 최근 2년간 수령한 보험금은 1,680,000원 + 1,375,000원 = 3,055,000원이고, 순보험료는 1,490,000원 + 1,510,000원 = 3,000,000원으로, 2년간 수령한 보험금은 순보험료의 100%를 초과함으로, 3%형은 선택이 불가하다. 때문에 이 경우 계약자가 선택 가능한 최저 자기부담비율은 5%형이다.

답 : 5%형 끝

(2) 경과비율을 계산하시오. (3점)

✐ Answer

사고발생일자가 수확개시일로부터 10일이 경과한 시점인 것으로 보아 해당 사고는 수확기 중에 발생한 것을 알 수 있다. 수확기 중에 보험사고가 발생한 경우의 경과비율은 아래와 같다.

경과비율 = 1 − (수확일수 ÷ 표준수확일수)

= 1 − (10일 ÷ 50일) = 0.8 (80%)

수확일수는 수확개시일부터 사고발생일까지 경과일수로, 위 경우는 10일이다.

답 : 80%(0.8) 끝

(3) 피해율을 계산하시오. (3점)

✐ Answer

피해율 = 피해비율 × 손해정도비율 × (1 − 미보상비율)

= 0.45 × 0.6 × (1 − 0.2) = 0.216(21.6%)

피해비율 = 피해면적(주수) ÷ 재배면적(주수)

= 4,500㎡ ÷ 10,000㎡ = 0.45

답 : 21.6%(0.216) 끝

(4) (1)의 자기부담비율을 적용하여 자기부담금을 계산하시오. (3점)

✐ Answer

자기부담금은 잔존보험가입금액의 3% 또는 5%이다.

이 경우는 문제조건에 따라 5%를 적용한다.

잔존보험가입금액 = 보험가입금액 − 보상액(기발생 생산비보장보험금 합계액)

= 30,000,000원 − 5,000,000원 = 25,000,000원

자기부담금 = 25,000,000원 × 0.05 = 1,250,000원

답 : 1,250,000원 끝

(5) (4)의 자기부담금을 적용하여 생산비보장보험금을 계산하시오. (3점)

✐ **Answer**

병충해가 있는 경우 생산비보장보험금 = (잔존보험가입금액 × 경과비율 × 피해율 × 병충해 등급별 인정비율) − 자기부담금
= (25,000,000원 × 0.8 × 0.216 × 0.5) − 1,250,000원 = 910,000원

시들음병은 2등급에 해당하는 병충해로 인정비율은 50%이다.

답 : 910,000원 끝

---

08 「농업재해보험·손해평가의 이론과 실무」에서 정하는 시설작물의 보상기준에 대하여 서술하시오. (15점)

✐ **Answer**

답 :
아래의 각 목 중 하나에 해당하는 것이 있는 경우에만 자연재해나 조수해로 입은 손해를 보상한다.
① 구조체, 피복재 등 농업용 시설물에 직접적인 피해가 발생한 경우
② 농업용 시설물에 직접적인 피해가 발생하지 않은 자연재해로서 작물 피해율이 70% 이상 발생하여 농업용 시설물 내 전체 작물의 재배를 포기하는 경우
③ 기상청에서 발령하고 있는 기상특보 발령지역의 기상특보 관련 재해로 인해 작물에 피해가 발생한 경우
끝

09 다음은 포도 품목의 인수 제한 목적물에 관한 내용이다. 아래 내용을 보고 괄호에 들어갈 알맞은 내용을 순서대로 쓰시오. (15점)

〈인수제한목적물(포도)〉

(1) 가입하는 해의 나무 수령(나이)이 ① (　　　) (3점)인 과수원

(2) 보험가입 직전연도(이전)에 역병 및 궤양병 등의 병해가 발생하여 보험가입시 전체 나무의 ② (　　　) (3점)이 고사하였거나 정상적인 결실을 하지 못할 것으로 판단되는 과수원

(3) ③ (　　　) (1점) 재배과수원으로서 일반재배와 결실 차이가 현저히 있다고 판단되는 과수원

(4) 비가림 폭과 동고가 일정 범위를 벗어나는 비가림시설

위 비가림 폭의 최대 길이는 얼마인가? 단위와 함께 쓰시오. ④ (　　　) (2점)

위 비가림 폭의 최소 길이는 얼마인가? 단위와 함께 쓰시오. ⑤ (　　　) (2점)

위 동고의 최대 길이는 얼마인가? 단위와 함께 쓰시오. ⑥ (　　　) (2점)

위 동고의 최소 길이는 얼마인가? 단위와 함께 쓰시오. ⑦ (　　　) (2점)

✎ Answer

답 : ① 3년 미만, ② 20% 이상, ③ 친환경, ④ 2.76m, ⑤ 2.04m, ⑥ 3.15m, ⑦ 2.85m 끝

10 물음별로 주어진 내용을 보고, 각 시설작물별 생산비보장보험금을 산출하시오. (단, 모두 보상하는 재해(1사고)로 인한 피해로 간주하며, 주어진 내용 외는 고려하지 않음)(15점)

(1) 생산비보장 보험금을 산출하시오. (5점)

- 피해품목 : 카네이션(재절화재배)
- 피해작물 재배면적 : 1,000㎡
- 피해작물 피해면적 : 375㎡
- 카네이션(재절화재배) 보장생산비 : 15,300원/㎡
- 피해율 : 30%
- 생장일수 ÷ 표준생장일수 = ? (이론적으로 나올 수 있는 최대값으로 가정함)
- 수확기 중 사고는 아닌 것으로 확인됨

✎ **Answer**

생산비보장 보험금
= 피해작물 재배면적 × 단위 면적당 보장생산비 × 경과비율 × 피해율
= 1,000㎡ × 15,300원/㎡ × 1 × 0.3 = 4,590,000원

(수확기 이전 사고) 경과비율 = α + (1 − α) × (생장일수 ÷ 표준생장일수)
α = 준비기 생산비 계수 카네이션 재절화재배는 20%
= 0.2 + (1 − 0.2) × 1 = 1

생장일수를 표준생장일수로 나눈 값은 1을 초과할 수 없음 → 최대값은 1

답 : 4,590,000원 끝

(2) 생산비보장 보험금을 산출하시오. (5점)

- 피해품목 : 장미 (나무고사로 확인됨)
- 피해작물 재배면적 : 2,000㎡
- 피해작물 피해면적 : 1,000㎡
- 보장생산비 : 13,500원/㎡(나무생존 시), 17,900원/㎡(나무고사 시)

✎ Answer

(나무가 죽은 경우) 생산비보장 보험금
= 장미 재배면적 × 장미 단위 면적당 나무고사 보장생산비 × 피해율
= 2,000㎡ × 17,900원/㎡ × 0.5 = 17,900,000원

피해율 = 피해비율 × 손해정도비율 × (1 - 미보상비율)
= 0.5 × 1 × (1 - 0) = 0.5
피해비율 = 피해면적 ÷ 재배면적
= 1,000㎡ ÷ 2,000㎡ = 0.5
(나무가 죽은 경우) 손해정도비율 = 100%

답 : 17,900,000원 끝

(3) 생산비보장 보험금을 산출하시오. (5점)

- 피해품목 : 부추
- 피해작물 재배면적 : 1,500㎡
- 피해작물 피해면적 : 1,200㎡
- 손해정도 : 50%
- 부추 보장생산비 : 5,500원/㎡

✍ Answer

생산비보장 보험금 = 부추 재배면적 × 부추단위면적당보장생산비 × 피해율 × 70%
= 1,500㎡ × 5,500원/㎡ × 0.48 × 0.7 = 2,772,000원

피해율 = 피해비율 × 손해정도비율 × (1 − 미보상비율)
= 0.8 × 0.6 × (1 − 0) = 0.48
피해비율 = 피해면적 ÷ 재배면적
= 1,200㎡ ÷ 1,500㎡ = 0.8
손해정도비율 = 60% (손해정도가 50%이므로 손해정도비율은 60%)

〈손해정도에 따른 손해정도비율〉

손해정도	1%~20%	21%~40%	41%~60%	61%~80%	81%~100%
손해정도비율	20%	40%	60%	80%	100%

답 : 2,772,000원 끝

11 다음은 적과전 종합위험방식 품목들의 손해평가 중 침수주수 산정방법에 관한 내용의 일부이다. 아래 주어진 내용을 보고 괄호 안에 들어갈 알맞은 내용을 순서대로 쓰시오. (5점)

〈침수주수 산정방법〉

• 표본주는 (   )·(   )·(   )별 침수피해를 입은 나무 중 가장 평균적인 나무로 (   )이상 선정한다.

• 표본주의 침수된 착과(화)수와 전체 착과(화)수를 조사한다.

• 침수주수 = 침수피해를 입은 나무수 × (   )

📝 **Answer**

답 : 품종, 재배방식, 수령, 1주, 과실침수율 끝

12 다음은 적과전 종합위험방식 사과 품목에 가입 중인 사과과수원의 현황이다. 주어진 표의 내용을 보고, 괄호에 알맞은 내용을 순서대로 쓰시오. (단, 적정표본주수 계산법은 농업정책보험금융원에서 공지한 「농업재해보험·손해평가의 이론과 실무」의 내용을 기준으로 함) (5점)

품종	재배 방식	수령	실제 결과 주수	미보상 주수	고사 주수	수확 불능 주수	조사 대상 주수	적정 표본 주수
스가루	반밀식	20	200	0	0	0	200	① ( )
홍로	밀식	10	300	20	10	0	② ( )	③ ( )
부사	일반	10	200	④ ( )	0	0	190	⑤ ( )
합계			700	–	10	0	–	–

✎ Answer

① 13 × (200 / 660) = 3.939393.. = 4
② 300 − 20 − 10 = 270
③ 13 × (270 / 660) = 5.31818.. = 6
④ 200 − 190 = 10
⑤ 13 × (190 / 660) = 3.742424.. = 4

답 : ① 4, ② 270, ③ 6, ④ 10, ⑤ 4 끝

13 다음은 종합위험 과실손해보장방식 감귤 품목의 동상해 과실손해조사 중 표본주 조사에 관한 내용이다. 아래 주어진 내용을 보고 괄호에 알맞은 내용을 순서대로 쓰시오. (5점)

〈표본주조사〉

(1) 선정한 표본주에 리본을 묶고 동서남북 ① (   )에 대하여 기수확한 과실수를 조사한다.

(2) 기수확한 과실수를 파악한 뒤, ① (   )에 착과된 과실을 전부 수확한다.

(3) 수확한 과실을 ② (   )과실, ③ (   )과실, ④ (   )과실로 구분하여 동상해 피해과실수를 산정한다(다만, 필요시에는 해당 기준 ⑤ (   )도 가능하다).

✎ Answer

답 : ① 4가지, ② 정상, ③ 80%형 피해, ④ 100%형 피해, ⑤ 절반 조사 끝

14 다음은 가축재해보험 손해평가 내용 중 소의 보상하는 손해에 관한 내용이다. 아래 주어진 내용을 보고, 괄호에 알맞은 내용을 순서대로 쓰시오. (5점)

• 폐사는 질병 또는 불의의 사고에 의하여 수의학적으로 구할 수 없는 상태가 되고 맥박, 호흡, 그 외 일반증상으로 폐사한 것이 확실한 때로 하며 통상적으로는 수의사의 (   ) 등의 소견을 기준으로 판단하게 된다.

• 긴급도축에서 부상 범위는 (   ), (   ) 및 (   )에 한하며, 젖소의 유량감소는 유방염, 불임 및 각종 (   )으로 인하여 수의학적으로 유량감소가 예견되어 젖소로서의 경제적 가치가 없다고 판단이 확실시되는 경우에 한정하고 있으나 약관에서 열거하는 질병 및 상해 이외의 경우에도 수의사의 진료소견에 따라서 치료 불가능사유 등으로 불가피하게 긴급도축을 시켜야 하는 경우도 포함된다.

✎ Answer

답 : 검안서, 경추골절, 사지골절, 탈구(탈골), 대사성질병 끝

15 다음은 가축재해보험에서 손해의 일부로 간주하여 보상하는 5가지 비용에 관한 내용이다. 아래 주어진 내용을 보고 해당하는 비용명을 순서대로 쓰시오. (5점)

① (　　　) : 목적물이 폐사한 경우에 한정하여 인정하고 있으며 인정하는 비용의 범위는 폐사한 가축에 대한 매몰 비용이 아니라 견인비용 및 차에 싣는 비용에 한정하여 인정하고 있으나 매몰에 따른 환경오염 문제 때문에 적법한 시설에서의 렌더링비용은 이 비용으로 보상하고 있다.

② (　　　) : 재해보험사업자의 요구에 따르기 위하여 지출한 필요 또는 유익한 비용

③ (　　　) : 이 비용은 재해보험사업자가 보험금을 지급하고 잔존물을 취득할 의사표시를 하는 경우에 한하여 지급한다. 재해보험사업자가 잔존물에 대한 취득 의사를 포기하는 경우에는 지급되지 않는다.

④ (　　　) : 보험사고와 관련하여 제3자로부터 손해의 배상을 받을 수 있는 경우에 그 권리를 지키거나 행사하기 위하여 지출한 필요 또는 유익한 비용

⑤ (　　　) : 보험사고 발생 시 손해의 방지 또는 경감을 위하여 지출한 필요 또는 유익한 비용

✏ **Answer**

답 : ① 잔존물처리비용, ② 기타 협력비용, ③ 잔존물 보전비용, ④ 대위권 보전비용, ⑤ 손해방지비용 끝

16 다음은 수확전 종합위험방식 무화과 품목에 관한 내용이다. 아래 주어진 내용을 보고, 각 물음에 답하시오. (단, 모든 피해율은 %단위로 소수점 셋째자리에서 반올림하며, 주어진 내용 외는 고려하지 않음.) (15점)

- 보험가입금액 : 50,000,000원
- 자기부담비율 : 신규보험가입자가 선택할 수 있는 최저 자기부담비율

〈7월 25일 자연재해〉
- 평년수확량 = 10,000kg
- 수확량 = 6,800kg
- 미보상감수량 = 320kg

〈9월 15일 우박〉
- 미고사결과지수(=정상결과지수) = 10개
- 보상고사결과지수 = 2개
- 미보상고사결과지수 = 3개
- 착과피해율 = 20%

〈참고자료〉

사고발생 월	잔여수확량 산정식(%)
8월	{100 − (1.06 × 사고발생일자)}
9월	{(100 − 33) − (1.13 × 사고발생일자)}
10월	{(100 − 67) − (0.84 × 사고발생일자)}

(1) 위 경우 자기부담비율은 몇%인가? (3점)

✏️ **Answer**

자기부담비율 적용 기준은 아래와 같다. 때문에 신규보험가입자가 선택할 수 있는 최저 자기부담비율은 20%이다.

〈자기부담비율 적용 기준〉

① 10%형 : 최근 3년간 연속 보험가입한 계약자로서 3년간 수령한 보험금이 순보험료의 100% 이하인 경우에 한하여 선택 가능하다.

② 15%형 : 최근 2년간 연속 보험가입한 계약자로서 2년간 수령한 보험금이 순보험료의 100% 이하인 경우에 한하여 선택 가능하다.

③ 20%형, 30%형, 40%형 : 제한 없음

답 : 20% 끝

(2) 피해율을 그 산식과 함께 구하시오. (7점)

✏️ **Answer**

피해율 = 무화과의 7월 31일 이전 사고피해율 + 8월 1일 이후 사고피해율
= 0.288 + 0.095 = 0.383 = 38.3%

7월 31일 이전 사고피해율 = (평년수확량 − 수확량 − 미보상감수량) ÷ 평년수확량
= (10,000kg − 6,800kg − 320kg) ÷ 10,000kg = 0.288

8월 1일 이후 사고피해율
= (1 − 수확전 사고피해율) × 잔여수확량비율 × 결과지피해율
= (1 − 0.288) × 0.5005 × 0.2667 = 0.095040145 = 0.095

잔여수확량비율 = {(100 − 33) − (1.13 × 15)} = 50.05% = 0.5005

결과지 피해율 = (고사결과지수 + 미고사결과지수 × 착과피해율 − 미보상고사결과지수) ÷ 기준결과지수
= (5개 + 10개 × 0.2 − 3개) ÷ 15개 = 0.266666 = 0.2667
기준결과지수 = 고사결과지수 + 미고사결과지수(정상결과지수) = 5 + 10 = 15개
고사결과지수 = 보상고사결과지수 + 미보상고사결과지수 = 2 + 3 = 5개

답 : 38.3% 끝

(3) 지급보험금을 그 산식과 함께 구하시오. (5점)

✐ Answer

지급보험금 = 보험가입금액 × (피해율 − 자기부담비율)
= 50,000,000원 × (0.383 − 0.2) = 9,150,000원

답 : 9,150,000원 끝

17 다음은 종합위험 수확감소보장방식 밭작물 품목들의 품목별 수확량조사 적기에 관한 내용이다. 아래 주어진 내용을 보고 괄호에 알맞은 내용을 순서대로 쓰시오. (15점)

품목	수확량조사 적기
양파	양파의 비대가 종료된 시점 ① ( )(2점)
마늘	마늘의 비대가 종료된 시점 ② ( )(2점)
고구마	고구마의 비대가 종료된 시점 ③ ( )(2점)
감자 (고랭지재배)	감자의 비대가 종료된 시점 ④ ( )(2점)
옥수수	옥수수의 수확 적기 ⑤ ( )(2점)
차(茶)	조사 가능일 직전 (조사 가능일은 대상 농지에 식재된 차나무의 대다수 신초가 1심2엽의 형태를 형성하며 수확이 가능할 정도의 크기 ⑥ ( )(3점)로 자란 시기를 의미하며, 해당 시기가 수확연도 5월 10일을 초과하는 경우에는 수확년도 5월 10일을 기준으로 함)
팥	팥의 수확 적기 ⑦ ( )(2점)

✏️ Answer

답 : ① 식물체의 도복이 완료된 때, ② 잎과 줄기가 1/2 ~ 2/3 황변하여 말랐을 때와 해당 지역의 통상 수확기가 도래하였을 때, ③ 삽식일로부터 120일 이후에 농지별로 적용, ④ 파종일로부터 110일 이후, ⑤ 수염이 나온 후 25일 이후, ⑥ 신초장 4.8cm 이상, 엽장 2.8cm 이상, 엽폭 0.9cm 이상, ⑦꼬투리가 70 ~ 80% 이상이 성숙한 시기 끝

18 다음은 가축재해보험 육우에 관한 내용이다. 아래 주어진 자료 내용을 보고, 각 물음에 답하시오. (단, 주어진 내용 외는 고려하지 않음)

〈자료 1〉 전국산지 평균 분유떼기 젖소 수컷 가격

년월	2022년3월	2022년4월	2022년5월	2022년6월	2022년7월	2022년8월
가격	100만 원	110만 원	110만 원	115만 원	100만 원	120만 원

〈자료 2〉 전국산지 젖소 수컷 평균가격

년월	2022년3월	2022년4월	2022년5월	2022년6월	2022년7월	2022년8월
350kg	190만 원	200만 원	180만 원	–	200만 원	180만 원
500kg	300만 원	300만 원	–	300만 원	280만 원	290만 원
600kg	350만 원	–	360만 원	380만 원	350만 원	370만 원

〈자료 3〉 전국도매시장 지육평균가격

년월	2022년3월	2022년4월	2022년5월	2022년6월	2022년7월	2022년8월
kg당 가격	10,000원	11,000원	10,000원	12,000원	11,000원	10,000원

〈자료 4〉 발육표준표(육우)

월령	2	3	4	5	6	7	8	9	10	11
체중(kg)	–	210	220	230	240	250	270	290	310	330
월령	12	13	14	15	16	17	18	19	20	21
체중(kg)	350	370	390	410	430	450	470	490	500	520

(1) 2022년 5월 1일 출생한 육우 수컷이 2022년 7월 5일 질병으로 폐사한 경우 보험가액은? (3점)

✎ Answer

보험가액 = 보험사고 전전월 전국산지평균 분유떼기 젖소 수컷 가격 × 50%
= 110만 원 × 0.5 = 55만 원

답 : 55만 원 끝

(2) 2022년 5월 1일 출생한 육우 수컷이 2022년 7월 5일 부상으로 폐사한 경우 보험가액은? (3점)

🖋 Answer

보험가액 = 전전월 전국산지평균 분유떼기 젖소 수컷 가격 = 110만 원

답 : 110만 원 끝

(3) 육우 수컷 11월령이 2022년 9월 3일 부상으로 폐사한 경우 보험가액은? (3점)

🖋 Answer

보험가액 = 체중 × kg당 금액 = 330kg × 5,600원/kg = 1,848,000원
체중은 발육표준표(육우)에 따라서, kg당 금액은 보험사고 전전월 젖소 수컷
500kg 해당 전국 산지평균가격을 그 체중으로 나누어 구한다.
체중 = 11월령 330kg
kg당 금액 = 280만 원 ÷ 500kg = 5,600원/kg

답 : 1,848,000원 끝

(4) 육우 수컷 30월령이 2022년 7월 4일 질병으로 폐사한 경우 보험가액은? (3점)

🖋 Answer

보험가액 = 체중 × kg당 금액 = 600kg × 5,800원/kg = 3,480,000원
체중 = 육우 월령이 25개월을 초과한 경우에는 600kg으로 인정 = 600kg
kg당 금액 = 보험사고 전전월 젖소 수컷 500kg 해당 전국 산지평균가격을 그
체중으로 나누어 구한다. 단, 전국산지평균가격이 없는 경우에는 전전월 전국도
매시장 지육평균 가격에 지육율 58%를 곱한 가액을 kg당 금액으로 한다.
= 10,000원/kg × 0.58 = 5,800원/kg

답 : 3,480,000원 끝

(5) 육우 수컷 32월령이 2022년 5월 15일 부상으로 폐사하였다. 이 건의 합의금 명목의 보상금 50만 원 수령이 확인 된 경우 손해액은? (3점)

✎ Answer

손해액 = 보험가액 − 합의금 = (체중 × kg당 금액) − 합의금
= (600kg × 6,000원/kg) − 500,000원 = 3,100,000원
체중 = 육우 월령이 25개월을 초과한 경우에는 600kg으로 인정 = 600kg
kg당 금액 = 보험사고 전전월 젖소 수컷 500kg 해당 전국 산지평균가격을 그 체중으로 나누어 구한다. = 300만 원 ÷ 500kg = 6,000원/kg

답 : 3,100,000원 끝

19 다음은 논작물 벼의 손해평가에 관한 내용이다. 주어진 내용을 보고, 각 물음에 답하시오. (15점)

(1) 벼 품목의 수량요소조사를 한 결과 아래와 같이 조사되었다. 조사내용을 보고 조사 수확비율 환산표에 적용할 점수 합계를 산출하시오. (8점)

조사내용	1번 포기	2번 포기	3번 포기	4번 포기
포기당 이삭수	16	16	18	14
이삭당 완전난알수	51	49	81	75

〈조사수확비율 환산표〉

점수 합계	조사수확비율(%)	점수합계	조사수확비율(%)
10점 미만	0% ~ 20%	16점 ~ 18점	61% ~ 70%
10점 ~ 11점	21% ~ 40%	19점 ~ 21점	71% ~ 80%
12점 ~ 13점	41% ~ 50%	22점 ~ 23점	81% ~ 90%
14점 ~ 15점	51% ~ 60%	24점 이상	91% ~ 100%

포기당 이삭수 16 미만의 경우는 1점, 16 이상은 2점으로 계산
1번 포기 16 → 2점, 2번 포기 16 → 2점, 3번 포기 18 → 2점, 4번 포기 14 → 1점
2 + 2 + 2 + 1 = 7점

이삭당 완전낟알수는 51개 미만 1점, 51개 이상 61개 미만 2점, 61개 이상 71개
미만 3점, 71개 이상 81개 미만 4점, 81개 이상 5점
1번 포기 51 → 2점, 2번 포기 49 → 1점, 3번 포기 81 → 5점, 4번 포기 75 → 4점
2 + 1 + 5 + 4 = 12점

7점 + 12점 = 19점

답 : 19점 끝

(2) 벼 품목 수확불능 보험금 지급대상 여부 조사 중 수확포기 여부를 확인할 때, 수확포기에 해당되는 3가지 경우를 모두 쓰시오. (7점)

답 : ① 당해연도 11월 30일까지 수확을 하지 않은 경우
② 목적물을 수확하지 않고 갈아엎은 경우 (로터리 작업 등)
③ 대상 농지의 수확물 모두가 시장으로 유통되지 않은 것이 확인된 경우 끝

20 다음은 적과전 종합위험방식 배 품목에 관한 내용이다. 아래 주어진 내용을 보고, 각 물음에 답하시오. (단, 각 감수과실수는 소수점 첫째자리에서 반올림한다.) (15점)

- 보험계약사항

보험가입금액	가입특약	평년착과수	가입가격 (원/kg)	가입과중 (kg/개)	자기부담비율	보장수준
37,500,000원	없음	50,000개	1,500	0.5	20%	50%

- 조사내용

- 적과전 보험사고 : 냉해 (보상하는 재해로 인한 착과피해 등이 확인됨), 미보상감수량 0kg
- 적과후 착과수 : 30,000개
- 적과후
  - 8월 15일 태풍(강풍)
    총 낙과과실수 : 3,000개
    낙과피해구성률 : 100%

  - 8월 28일 일소
    착과피해 감수과실수 : 1,500개

(1) 위 주어진 내용의 경우 착과감소보험금을 그 산식과 함께 구하시오. (5점)

✏️ Answer

착과감소보험금
= (착과감소량 − 미보상감수량 − 자기부담감수량) × 가입가격 × 50%
= (10,000kg − 0kg − 5,000kg) × 1,500원/kg × 0.5 = 3,750,000원

착과감소량 = (50,000개 − 30,000개) × 0.5kg/개 = 10,000kg

미보상감수량 = 0kg

자기부담감수량 = (30,000개 + 20,000개) × 0.5kg/개 × 0.2 = 5,000kg

답 : 3,750,000원 끝

(2) 위 주어진 내용의 경우 과실손해보험금을 그 산식과 함께 구하시오. (10점)

✎ Answer

과실손해보험금 = (적과종료이후 누적감수량 − 자기부담감수량) × 가입가격

누적감수과실수 = 1,500개 + 3,050개 = 4,550개

① 적과종료 이전 자연재해로 인한 적과종료 이후 착과손해 부분

30,000개/50,000개 = 0.6 (60% 이상 100% 미만인 경우에 해당)

감수과실수 = 적과후 착과수 × 5% × (100% − 60%) /v40%

= 30,000개 × 0.05 × 1 = 1,500개

② 8.15 태풍 감수과실수

배/태풍(강풍) 낙과피해 감수과실수 = 3,000개 × (1−0.05) × 1.07

= 3,049.5 = 3,050개

③ 8.28 일소 감수과실수 = 0개

적과후 착과수의 6% = 1,800개 〉일소 착과피해 감수과실수 1,500개 이기 때문에 일소 착과피해 감수과실수 1,500개는 감수과실수로 인정 안됨

누적감수량 = 4,550개 × 0.5kg/개 = 2,275kg

자기부담감수량 = 5,000kg − (10,000kg − 0kg) = 0kg

과실손해보험금 = (2,275kg − 0kg) × 1,500원/kg = 3,412,500원

답 : 3,412,500원 끝

손해평가사
핵심이론 합격노트
❶

1 위태/손인/손해

위태(Hazard)	• 사고 발생 가능성은 있으나 사고가 발생하지는 않은 단계이다. • Hazard는 위험 상황 또는 위험한 상태를 말하며, 이를 줄여 '위태'(危殆)라고 한다. Hazard를 '위험 상황'이나 '위험' 또는 '해이' 등으로 사용하기도 하는데 여기에서는 위태(危殆)로 사용하기로 한다. • 위태는 특정한 사고로 인하여 발생할 수 있는 손해의 가능성을 새로이 창조하거나 증가시킬 수 있는 상태를 말한다.
손인(Peril)	• 위험 상황에서 실제로 위험이 발생한 단계이다. • Peril은 손해(loss)의 원인으로서 이를 줄여 손인(損因)이라고 하기도 한다. • 화재, 폭발, 지진, 폭풍우, 홍수, 자동차 사고, 도난, 사망 등이 바로 손인이다. • 일반적으로 '사고'라고 부르는 것이다.
손해(Loss)	• 위험사고가 발생한 결과 초래되는 가치의 감소 즉 손실을 의미한다. • 위험한 상황(hazard)에서 사고(peril)가 발생하여 초래되는 것이 물리적·경제적·정신적 손해이다. 즉, 손해(損害, loss)는 손인의 결과로 발생하는 가치의 상실 혹은 감소를 의미한다.

2 **보험에 적합한 위험** : 객관적 위험, 순수위험, 정태적 위험, 특정적 위험

3 **농업부문 위험의 4가지 유형** : 생산 위험, 가격 위험, 제도적 위험 처리, 인적 위험

4 **위험관리의 구성 요소** : 지식, 보험, 보호, 대응

5 **물리적 위험관리** : 위험회피, 손실통제, 위험 요소의 분리, 계약을 통한 위험 전가, 위험을 스스로 인수

6 **재무적 위험관리** : 위험보유, 위험을 제3자에게 전가, 위험 결합을 통한 위험 발생 대비

7 위험 특성에 따른 위험관리 방법

손실규모(심도) ＼ 손실횟수(빈도)	적음(少)	많음(多)
작음(小)	① 위험보유	③ 손실통제
큼(大)	② 위험전가 – 보험	④ 위험회피

8 보험의 특성 : 예기치 못한 손실의 집단화, 위험 분담, 위험 전가, 실제 손실에 대한 보상, 대수의 법칙

9 보험의 성립 조건 : 동질적 위험의 다수 존재, 손실의 우연적 발생, 한정적 손실, 비재난적 손실, 확률적으로 측정 가능한 손실, 경제적으로 부담 가능한 보험료

10 보험의 순기능 : 손실 회복, 불안 감소, 신용력 증대, 투자 재원 마련, 자원의 효율적 이용 기여, 안전(위험 대비)의식 고양

11 보험의 역기능 : 사회비용의 발생, 보험사기의 증가, 손실 과장으로 인한 사회적 비용 초래, 역선택 및 도덕적 해이

역선택	계약 체결 "전"에 예측한 위험보다 높은 위험(집단)이 가입하여 사고 발생률을 증가시킨다.
도덕적 해이	계약 체결 "후" 계약자가 사고 발생 예방 노력 수준을 낮추는 선택을 한다.

12 손해보험의 원리 : 위험의 분담, 위험 대량의 원칙, 급부 반대급부 균등의 원칙, 수지상등의 원칙, 이득 금지의 원칙

13 손해보험 계약의 법적 특성 : 불요식 낙성계약성, 유상계약성, 쌍무계약성, 상행위성, 부합계약성, 최고 선의성, 계속계약성

14 보험계약의 법적 원칙 : 실손보상의 원칙, 보험자대위의 원칙, 피보험이익의 원칙, 최대선의의 원칙

15 실손보상 원칙의 예외 : 기평가계약, 대체비용보험, 생명보험

16 **보험자대위** : 목적물대위(잔존물대위), 제3자에 대한 보험대위(청구권대위)

17 **피보험이익의 원칙 3가지 목적**
　① 피보험이익은 도박을 방지하는 데 필수적이다.
　② 피보험이익은 도덕적 위태를 감소시킨다.
　③ 피보험이익은 결국 계약자의 손실 규모와 같으므로 손실의 크기를 측정하게 해준다.

18 **보험증권의 법적 성격** : 요식증권성, 증거증권성, 면책증권성, 상환증권성, 유가증권성

19 **보통보험약관의 해석**

> 보험약관은 보험계약의 성질과 관련하여 <u>신의성실의 원칙</u>에 따라 공정하게 해석되어야 하며, 계약자에 따라 다르게 해석되어서는 안 된다.
> 보험 약관상의 인쇄 조항(printed)과 수기 조항(hand written) 간에 충돌이 발생하는 경우 <u>수기 조항</u>이 우선한다. 당사자가 사용한 용어의 표현이 모호하지 아니한 <u>평이하고 통상적인 일반적인 뜻</u>(POP ; plain, ordinary, popular)을 받아들이고 이행되는 용례에 따라 풀이해야 한다.
> ※ 작성자 불이익의 원칙 : 보험약관의 내용이 모호한 경우 즉, 하나의 규정이 객관적으로 여러 가지 뜻으로 풀이되는 경우나 해석상 의문이 있는 경우에는 <u>보험자</u>에게 엄격·불리하게 <u>계약자</u>에게 유리하게 풀이해야 한다는 원칙을 말한다.

20 **재보험의 기능** : 위험 분산, 원보험자의 인수 능력의 확대로 마케팅 능력 강화, 경영의 안정화, 신규 보험상품의 개발 촉진

21 **농업재해의 특성** : 불예측성, 광역성, 동시성·복합성, 계절성, 피해의 대규모성, 불가항력성

22 **농업재해보험의 특징**
　① 주요 담보위험이 자연재해임
　② 손해평가의 어려움
　③ 위험도에 대한 차별화 곤란
　④ 경제력에 따른 보험료 지원 일부 차등

⑤ 물보험-손해보험
⑥ 단기소멸성보험-농작물재해보험
⑦ 국가재보험 운영

23 농업재해보험의 기능 : 재해농가의 손실 회복, 농가의 신용력 증대, 농촌지역 경제 및 사회 안정화, 농업정책의 안정적 추진, 재해 대비 의식 고취, 농업 투자의 증가, 지속가능한 농업발전과 안정적 식량공급에 기여.

24 농작물재해보험 가입 요건 3가지
① 보험에 가입하려는 농작물 재배하는 지역이 해당 농작물에 대한 농작물재해보험 사업이 실시되는 지역이어야 한다.
② 보험 대상 농작물이라고 하더라도 경작 규모가 일정 규모 이상이어야 한다.
③ 가입 시에 보험료의 50% 이상의 정책자금 지원 대상에 포함되기 위해서는 농업경영체 등록이 되어야 한다.

25 농작물재해보험 대상 품목 및 가입자격

품목명	가입자격
사과, 배, 단감, 떫은감, 감귤, 포도, 복숭아, 자두, 살구, 매실, 참다래, 대추, 유자, 무화과, 밤, 호두, 마늘, 양파, 감자, 고구마, 고추, 양배추, 브로콜리, 오미자, 복분자, 오디, 인삼	농지의 보험가입금액 (생산액 또는 생산비) 200만 원 이상
옥수수, 콩, 팥, 배추, 무, 파, 단호박, 당근, 시금치(노지), 양상추	농지의 보험가입금액 (생산액 또는 생산비) 100만 원 이상
벼, 밀, 보리, 메밀, 귀리	농지의 보험가입금액 (생산액 또는 생산비) 50만 원 이상
농업용 시설물 및 시설작물 버섯재배사 및 버섯작물	단지 면적이 300m² 이상
차(茶), 조사료용 벼, 사료용 옥수수	농지의 면적이 1,000m² 이상

26 보험 대상 농작물

과수작물(12개 품목)	• 사과, 배, 단감, 감귤, 포도, 복숭아, 자두, 살구, 매실, 참다래, 유자, 무화과
식량작물(10개 품목)	• 벼, 밀, 보리, 감자, 고구마, 옥수수, 콩, 팥, 메밀, 귀리
채소작물(12개 품목)	• 양파, 마늘, 고추, 양배추, 배추, 무, 파, 당근, 브로콜리, 단호박, 시금치(노지), 양상추
특용작물(3개 품목)	• 인삼, 오디, 차(茶)
임산물 (7개 품목)	• 떫은감, 대추, 밤, 호두, 복분자, 오미자, 표고버섯
버섯작물 (3개 품목)	• 느타리버섯, 새송이버섯, 양송이버섯
시설작물 (23개 품목)	• 화훼류 : 국화, 장미, 백합, 카네이션 • 비화훼류 : 딸기, 오이, 토마토, 참외, 풋고추, 호박, 수박, 멜론, 파프리 카, 상추, 부추, 시금치, 가지, 배추, 파(대파·쪽파), 무, 미나리, 쑥갓, 감자

27 보험 대상 품목별 보장 수준

품목	보장수준(보험가입금액의 %)				
	60	70	80	85	90
기본형	○	○	○	○	○
유자, 살구, 배추(고랭지 제외), 무(고랭지 제외), 쪽파(실파), 당근, 메밀, 보리, 호두, 양상추, 귀리	○	○	○	–	–
양배추	○	○	○	○	–
사료용 옥수수, 조사료용 벼	30%	35%	40%	42%	45%
브로콜리, 고추	〈자기부담금〉 잔존보험가입금액의 3% 또는 5%				
해가림시설 (인삼)	〈자기부담금〉 최소 10만 원에서 최대 100만 원 한도 내에서 손해액의 10%를 적용				

농업용 시설물 · 버섯재배사 및 부대시설 & 비가림시설 (포도, 대추, 참다래)	〈자기부담금〉 최소 30만 원에서 최대 100만 원 한도 내에서 손해액의 10%를 적용 (단, 피복재 단독사고는 최소 10만 원에서 최대 30만 원 한도 내에서 손해액의 10%를 적용하고, 화재로 인한 손해는 자기부담금을 적용하지 않음)
시설작물 & 버섯작물	손해액이 10만 원을 초과하는 경우 손해액 전액 보상 (단, 화재로 인한 손해는 자기부담금을 적용하지 않음)

28 **재해보험 가입절차** : 보험 가입 안내(지역 대리점 등) → 가입신청(계약자) → 현지 확인(보험 목적물 현지조사를 통한 서류와 농지정보 일치 여부 확인 등) → 청약서 작성 및 보험료 수납(보험가입금액 및 보험료 산정) → 보험증권 발급(지역 대리점)

29 **보험료 납입방법**

> 보험료 납입은 보험 가입 시 일시납(1회 납)을 원칙으로 하되 현금, 즉시이체, 신용카드로 납부 및 보험료는 신용카드 납부 시 할부 납부가 가능하다.
> 보험료의 납입은 보험계약 인수와 연계되어 시행되며, 계약 인수에 이상이 없을 경우에는 보험료 납부가 가능하나, 인수심사 중에는 사전수납 할 수 없다.

30 **손해율 및 가입연수에 따른 할인·할증률**

손해율	평가기간				
	1년	2년	3년	4년	5년
30% 미만	-8%	-13%	-18%	-25%	-30%
30% 이상 60% 미만	-5%	-8%	-13%	-18%	-25%
60% 이상 80% 미만	-4%	-5%	-8%	-13%	-18%
80% 이상 120% 미만	-	-	-	-	-
120% 이상 150% 미만	3%	5%	7%	8%	13%

손해율	평가기간				
	1년	2년	3년	4년	5년
150% 이상 200% 미만	5%	7%	8%	13%	17%
200% 이상 300% 미만	7%	8%	13%	17%	25%
300% 이상 400% 미만	8%	13%	17%	25%	33%
400% 이상 500% 미만	13%	17%	25%	33%	42%
500% 이상	17%	25%	33%	42%	50%

※ 손해율 = 최근 5개년 보험금 합계 ÷ 최근 5개년 순보험료 합계

31 방재시설 할인율 : 2개 이상의 방재지설이 있는 경우 합산하여 적용하되 <u>최대 할인율은 30%</u>를 초과할 수 없음

32 방재시설 판정기준

방재시설	판 정 기 준
방상팬	• 방상팬은 팬 부분과 기둥 부분으로 나뉘어짐 • 팬 부분의 날개 회전은 원심식으로 모터의 힘에 의해 돌아가며 좌우 180도 회전가능하며 팬의 크기는 면적에 따라 조정 • 기둥 부분은 높이 6m 이상 • 1,000㎡당 1마력은 3대, 3마력은 1대 이상 설치 권장 (단, 작동이 안 될 경우 할인 불가)
서리방지용 미세살수장치	• 서리피해를 방지하기 위해 설치된 살수량 500~800 ℓ/10a의 미세살수장치 ※ 점적관수 등 급수용 스프링클러는 포함되지 않음
방풍림	• 높이가 6미터 이상의 영년생 침엽수와 상록활엽수가 5미터 이하의 간격으로 과수원 둘레 전체에 식재되어 과수원의 바람 피해를 줄일 수 있는 나무
방풍망	• 망구멍 가로 및 세로가 6~10mm의 망목네트를 과수원 둘레 전체나 둘레 일부(1면 이상 또는 전체둘레의 20% 이상)에 설치

방재시설	판정기준
방충망	• 망구멍이 가로 및 세로가 6mm 이하 망목네트로 과수원 전체를 피복. 단, 과수원의 위와 측면을 덮도록 설치되어야 함
방조망	• 망구멍의 가로 및 세로가 10mm를 초과하고 새의 입출이 불가능한 그물 • 주 지주대와 보조 지주대를 설치하여 과수원 전체를 피복. 단, 과수원의 위와 측면을 덮도록 설치되어야 함
비가림 바람막이	• 비에 대한 피해를 방지하기 위하여 윗면 전체를 비닐로 덮어 과수가 빗물에 노출이 되지 않도록 하고 바람에 대한 피해를 방지하기 위하여 측면 전체를 비닐 및 망 등을 설치한 것
트렐리스 2,4,6선식	• 트렐리스 방식 : 수열 내에 지주를 일정한 간격으로 세우고 철선을 늘려 나무를 고정해 주는 방식 • 나무를 유인할 수 있는 재료로 철재 파이프(강관)와 콘크리트를 의미함 • 지주의 규격 : 갓지주 → 48 ~ 80mm ~ 2.2 ~ 3.0m 　중간지주 → 42 ~ 50mm ~ 2.2 ~ 3.0m • 지주시설로 세선(2선, 4선 6선) 숫자로 선식 구분 ※ 버팀목과는 다름
사과 개별지주	• 나무주간부 곁에 파이프나 콘크리트 기둥을 세워 나무를 개별적으로 고정시키기 위한 시설 ※ 버팀목과는 다름
단감·떫은감 개별지주	• 나무주간부 곁에 파이프를 세우고 파이프 상단에 연결된 줄을 이용해 가지를 잡아주는 시설 ※ 버팀목과는 다름
덕 및 Y자형 시설	• 덕 : 파이프, 와이어, 강선을 이용한 바둑판식 덕시설 • Y자형 시설 : 아연도 구조관 및 강선 이용 지주설치

33 보험가입금액 산출

1 기본형

> 보험가입금액 = 가입수확량 × 가입(표준)가격

2 수확량감소보장상품

> 보험가입금액 = 가입수확량(평년수확량의 50~100%) × 가입가격 (천원 단위 절사)

3 벼

> 보험가입금액 = 가입수확량 × 표준(가입)가격

※ 표준(가입)가격 : 보험 가입연도 직전 5개년의 시·군별 농협 RPC 계약재배 수매가 최근 5년 평균값에 민간 RPC지수를 반영하여 산출

※ 제8회 문제조건 예시 : 계산시 민간 RPC 지수는 농협 RPC 계약재배 수매가에 곱하여 산출할 것

4 버섯(표고, 느타리, 새송이, 양송이)

> 하우스 단지별 연간 재배 예정인 버섯 중 생산비가 가장 높은 버섯의 보험가액의 50% ~ 100% 범위 내에서 보험가입자(계약자)가 10% 단위로 보험가입금액을 결정

5 농업용 시설물

> 단지 내 하우스 1동 단위로, 산정된 재조달 기준가액의 90% ~ 130%(10% 단위) 범위 내에서 산출. 단, 기준금액 산정이 불가능한 콘크리트조·경량 철골조, 비규격 하우스 등은 계약자의 고지사항 및 관련 서류를 기초로 보험가액을 추정하여 보험가입금액 결정

6 인삼

> 보험가입금액 = 연근별 (보상)가액 × 재배면적

7 인삼 해가림시설

> 보험가액금액 = 재조달가액 × (1 − 감가상각률)

34 손해평가

- 재해보험사업자는 농어업재해보험법 제11조 및 농림축산식품부장관이 정하여 고시하는 「농업재해보험 손해평가요령」에 따라 손해평가를 실시하여야 하며, 손해평가 시 고의로 진실을 숨기거나 허위로 손해평가를 해서는 안 된다.
- 손해평가에 참여하고자 하는 손해평가사는 농업정책보험금융원에게, 손해평가인은 재해보험사업자에게 정기적으로 교육을 받아야 하며, 손해평가사는 1회 이상 실무교육을 이수하고 3년마다 1회 이상의 보수교육을 이수하여야 한다. 손해평가인 및 손해사정사, 손해사정사 보조인은 연 1회 이상 정기교육을 필수적으로 받아야 하며, 필수 교육을 이수하지 않았을 경우에는 손해평가를 할 수 없다.

35 손해평가 및 보험금 지급 과정

보험사고 접수	• 계약자·피보험자는 재해보험사업자에게 보험사고 발생 사실 통보
보험사고 조사	• 재해보험사업자는 보험사고 접수가 되면, 손해평가반을 구성하여 보험사고를 조사, 손해액을 산정 - 보상하지 않는 손해 해당 여부, 사고 가축과 보험목적물이 동일 여부, 사고발생 일시 및 장소, 사고 발생 원인과 가축 폐사 등 손해 발생과의 인과관계 여부, 다른 계약 체결 유무, 의무 위반 여부 등 확인 조사 - 보험목적물이 입은 손해 및 계약자·피보험자가 지출한 비용 등 손해액 산정
지급보험금 결정	• 보험가입금액과 손해액을 검토하여 결정
보험금 지급	• 지급할 보험금이 결정되면 7일이 내에 지급하되, 지급보험금이 결정되기 전이라도, 피보험자의 청구가 있으면 추정보험금의 50%까지 보험금 지급 가능(가지급금)

36 정부의 지원

① 정부는 농업인의 순보험료와 사업자의 운영비를 지원한다.

② 농작물재해보험에 가입한 계약자의 납입 순보험료(위험보험료 + 손해조사비)의 50%를 지원한다.

③ 재해보험사업자의 운영비는 국고에서 100% 지원한다.

〈정부의 농가부담보험료 지원 비율〉

구분	품목	보장 수준(%)				
		60	70	80	85	90
국고 보조율(%)	사과, 배, 단감, 떫은감	60	60	50	38	33
	벼	60	55	50	44	41

02 🌱 적과전

1 보험료/영업보험료/정부지원액

- 영업보험료 = 순보험료 + 부가보험료
- 정부보조보험료 : 순보험료의 33 ~ 60% 차등지원, 부가보험료의 100% 지원
- 지자체지원보험료 : 지자체별로 지원금액(비율) 결정

1 과실손해보장 보통약관 적용보험료

보통약관 보험가입금액 × 지역별 보통약관 영업요율 × (1−부보장 및 한정보장 특별약관
할인율) × (1±손해율에 따른 할인·할증률) × (1−방재시설할인율)

2 나무손해보장 특별약관 적용보험료

특별약관 보험가입금액 × 지역별 특별약관 영업요율 × (1±손해율에 따른 할인·할증률)

2 차액보험료

① 적과 종료 후 적과후착과량(약관상 '기준수확량')이 평년착과량(약관상 '가입수확량')보다 적은 경우 가입수확량 조정을 통해 보험가입금액을 감액한다.
② 보험가입금액을 감액한 경우에는 아래와 같이 계산한 차액보험료를 환급한다.

차액보험료 = (감액분 계약자부담보험료 × 감액미경과비율) − 미납입보험료
※ 감액분 계약자부담보험료는 감액한 가입금액에 해당하는 계약자부담보험료

〈감액미경과비율〉

적과종료 이전 특정위험 5종 한정보장 특별약관에 가입하지 않은 경우(종합)

품목	착과감소보험금 보장수준 50%형	착과감소보험금 보장수준 70%형
사과,배	70%	63%
단감,떫은감	84%	79%

적과종료 이전 특정위험 5종 한정보장 특별약관에 가입한 경우(5종)

품목	착과감소보험금 보장수준 50%형	착과감소보험금 보장수준 70%형
사과,배	83%	78%
단감,떫은감	90%	88%

③ 차액보험료 지급기한 : 차액보험료는 <u>적과후 착과수 조사일이 속한 달의 다음 달 말일 이내</u>에 지급한다.

④ 차액보험료 재정산사유 : 적과후착과수 조사 이후 착과수가 적과후착과수 보다 큰 경우에는 지급한 차액보험료를 다시 정산한다.

3 평년착과량

① 보험가입금액(가입수확량) 산정 및 적과 종료 전 보험사고 발생 시 감수량 산정의 기준이 되는 착과량을 말한다.

② 평년착과량은 자연재해가 없는 이상적인 상황에서 수확할 수 있는 수확량이 아니라 평년 수준의 재해가 있다는 점을 전제로 한다.

③ 최근 5년 이내 보험에 가입한 이력이 있는 과수원은 최근 5개년 적과후착과량 및 표준수확량에 의해 평년착과량을 산정하며, 신규 가입하는 과수원은 표준수확량표를 기준으로 평년착과량을 산정한다.

④ 산출 방법은 가입 이력 여부로 구분된다.
 • 과거수확량 자료가 없는 경우(신규 가입) : 표준수확량의 100%를 평년착과량으로 결정.
 • 과거수확량 자료가 있는 경우(최근 5년 이내 가입 이력 존재)

평년착과량 = 〔A + (B - A) × (1 - Y/5)〕 × C/D

• A = Σ과거 5년간 적과후착과량 ÷ 과거 5년간 가입횟수
• B = Σ과거 5년간 표준수확량 ÷ 과거 5년간 가입횟수
• Y = 과거 5년간 가입횟수
• C = 당해연도(가입연도) 기준표준수확량
• D = Σ과거 5년간 기준표준수확량 ÷ 과거 5년간 가입횟수
※ 과거 적과후착과량 : 연도별 적과후착과량을 인정하되, 21년 적과후착과량부터 아래 상·하한 적용
 – 상한 : 평년착과량의 300%
 – 하한 : 평년착과량의 30%

- 단, 상한의 경우 가입 당해를 포함하여 과거 5개년 중 3년 이상 가입 이력이 있는 과수원에 한하여 적용
※ 기준표준수확량
  - 사과 : 일반재배방식의 표준수확량
  - 배 : 소식재배방식의 표준수확량
  - 단감·떫은감 : 표준수확량표의 표준수확량
※ 과거기준표준수확량(D) 적용 비율
  - 대상품목 사과만 해당
  - 3년생 : 일반재배방식의 표준수확량 5년생의 50%, 4년생 : 일반재배방식의 표준수확량 5년생의 75%

4 착과감소보험금

① 보험금 지급사유 : 적과종료 이전 보상하는 재해로 인하여 보험의 목적에 피해가 발생하고 착과감소량이 자기부담감수량을 초과하는 경우
② 보험금 = (착과감소량 - 미보상감수량 - 자기부담감수량) × 가입가격 × 보장수준 (50% 또는 70%)
③ 자기부담감수량 = 기준수확량 × 자기부담비율
④ 지급한도 = 보험가입금액 × (1 − 자기부담비율)

5 과실손해보험금

① 보험금 지급사유 : 보상하는 재해로 인하여 적과 종료 이후 누적감수량이 자기부담감수량을 초과하는 경우
② 보험금 = (적과 종료 이후 누적감수량 - 자기부담감수량) × 가입가격
  자기부담감수량 = 기준수확량 × 자기부담비율
  착과감소량이 존재하는 경우, 자기부담감수량 = 기준수확량 × 자기부담비율 − (착과감소량 − 미보상감수량) ≥ 0
③ 지급한도 = 보험가입금액 × (1 − 자기부담비율)

03 🌱 포복자 & 오분무감

1 보험가입금액(최대값/최소값)

비가림시설보장 : 비가림시설의 ㎡당 시설비에 비가림시설 면적을 곱하여 산정하며 (천원 단위 절사), 산정된 금액의 80% ~ 130% 범위 내에서 계약자가 보험가입금액 결정한다.

비가림시설 보험가입금액 = ㎡당 시설비 × 비가림시설 면적(㎡) × <u>80%</u> ~ <u>130%</u>

2 보험금

보장	보험의 목적	보험금 지급사유	보험금 계산(지급금액)
종합위험 수확감소보장 (보통약관)	복숭아	보상하는 재해로 피해율이 자기부담비율을 초과하는 경우	보험가입금액 × (피해율 − 자기부담비율) ※ 피해율 = {(평년수확량 − 수확량 − 미보상 감수량) + 병충해감수량} ÷ 평년수확량 ※ 병충해감수량 = 병충해 입은 과실의 무게 × 0.5
	자두, 매실, 살구, 오미자, 밤, 호두, 유자, 감귤 (만감류)		보험가입금액 × (피해율 − 자기부담비율) ※ 피해율 = (평년수확량 − 수확량 − 미보상감수량) ÷ 평년수확량
종합위험 나무손해보장 (특별약관)	복숭아, 자두, 매실, 살구, 유자, 감귤 (만감류)	보상하는 재해로 나무 피해율이 자기부담비율을 초과하는 경우	보험가입금액 × (피해율 − 자기부담비율) ※ 피해율 = 피해주수(고사된 나무) ÷ 실제결과주수 ※ 자기부담비율은 5%로 함

324 원큐패스 손해평가사 2차 기출문제+합격노트

보장	보험의 목적	보험금 지급사유	보험금 계산(지급금액)
수확량감소 추가보장 (특별약관)	복숭아, 감귤 (만감류)	보상하는 재해로 주계약 피해율이 자기부담비율을 초과하는 경우	보험가입금액 × (주계약 피해율 × 10%) ※ 주계약 피해율은 상기 종합위험 수확감소보장(보통약관)에서 산출한 피해율을 말함

※ 유자의 경우 평년수확량보다 최근 7년간 과거 수확량의 올림픽 평균값이 더 클 경우 올림픽 평균값을 적용한다.

보장	보험의 목적	보험금 지급사유	보험금 계산(지급금액)
종합위험 비가림과수 손해보장 (보통약관)	포도, 참다래, 대추	보상하는 재해로 피해율이 자기부담비율을 초과하는 경우	보험가입금액 × (피해율 − 자기부담비율) ※ 피해율 = (평년수확량 − 수확량 − 미보상감수량) ÷ 평년수확량
	비가림시설	자연재해, 조수해(鳥獸害)로 인한 비가림시설 손해액이 자기부담금을 초과하는 경우	Min(손해액 − 자기부담금, 보험가입금액) ※ 자기부담금 : 최소자기부담금(30만 원)과 최대자기부담금(100만 원)을 한도로 보험사고로 인하여 발생한 손해액(비가림시설)의 10%에 해당하는 금액. 다만, 피복재단독사고는 최소자기부담금(10만 원)과 최대 자기부담금(30만 원)을 한도로 함 ※ 자기부담금 적용 단위 : 단지 단위, 1사고 단위로 적용 ※ 단, 화재손해는 자기부담금 미적용
비가림시설 화재위험보장 (특별약관)	비가림시설	화재로 인한 비가림시설 손해액이 자기부담금을 초과하는 경우	

보장	보험의 목적	보험금 지급사유	보험금 계산(지급금액)
종합위험 나무손해보장 (특별약관)	포도, 참다래	보상하는 재해로 나무 피해율이 자기부담비율을 초과하는 경우	보험가입금액 × (피해율 − 자기부담비율) ※ 피해율 = 피해주수(고사된 나무) ÷ 실제결과주수 ※ 자기부담비율은 5%로 함
수확량감소 추가보장 (특별약관)	포도	보상하는 재해로 주계약 피해율이 자기부담비율을 초과하는 경우	보험가입금액 × (주계약 피해율 × 10%) ※ 주계약 피해율은 상기 종합위험 비가림과수 손해보장(보통약관)에서 산출한 피해율을 말함

※ 포도의 경우 착색불량된 송이는 상품성 저하로 인한 손해로 감수량에 포함되지 않는다.

보장	보험의 목적	보험금 지급사유	보험금 계산(지급금액)
경작불능보장 (보통약관)	복분자	보상하는 재해로 식물체 피해율이 65% 이상이고, 계약자가 경작불능보험금을 신청한 경우	보험가입금액 × 일정비율 ※ 일정비율은 자기부담비율에 따른 경작불능보험금 표(아래) 참조

보장	보험의 목적	보험금 지급사유	보험금 계산(지급금액)
과실손해보장 (보통약관)	복분자	보상하는 재해로 피해율이 자기부담비율을 초과하는 경우	보험가입금액 × (피해율 − 자기부담비율) ※ 피해율 = 고사결과모지수 ÷ 평년결과모지수 ※ 고사결과모지수 ①사고가 5.31. 이전에 발생한 경우 　(평년결과모지수 − 살아있는 결과모지수) + 수정불량환 산 고사결과모지수 − 미보상 고사결과모지수 ②사고가 6.1. 이후에 발생한 경우 　수확감소환산 고사결과모지수 − 미보상 고사결과모지수
	무화과		보험가입금액 × (피해율 − 자기부담비율) ※ 피해율 ①사고가 7.31. 이전에 발생한 경우 　(평년수확량 − 수확량 − 미보상감수량) ÷ 평년수확량 ②사고가 8.1. 이후에 발생한 경우 　(1 − 수확전사고 피해율) × 잔여수확량비율 × 결과지 피해율
나무손해보장 (특별약관)	무화과		보험가입금액 × (피해율 − 자기부담비율) ※ 피해율 = 피해주수(고사된 나무) ÷ 실제결과주수 ※ 자기부담비율은 5%로 함

〈자기부담비율에 따른 경작불능보험금〉

자기부담비율	경작불능보험금
10%형	보험가입금액의 45%
15%형	보험가입금액의 42%
20%형	보험가입금액의 40%
30%형	보험가입금액의 35%
40%형	보험가입금액의 30%

[복분자]

① 경작불능보험금은 보험목적물이 산지폐기 된 것을 확인 후 지급되며, 지급 후 보험계약은 소멸한다.

② 식물체 피해율 : 식물체가 고사한 면적을 보험가입면적으로 나누어 산출한다.

③ 수정불량환산 고사결과모지수 = 살아있는 결과모지수 × 수정불량환산계수

④ 수정불량환산계수 = - 자연수정불량률

⑤ 수확감소환산 고사결과모지수

　㉠ 5월 31일 이전 사고로 인한 고사결과모지수가 존재하는 경우

> (살아있는결과모지수 - 수정불량환산 고사결과모지수) × 누적수확감소환산계수

　㉡ 5월 31일 이전 사고로 인한 고사결과모지수가 존재하지 않는 경우

> 평년결과모지수 × 누적수확감소환산계수

※ 누적수확감소환산계수 = 수확감소환산계수의 누적 값

※ 수확감소환산계수 = 수확일자별 잔여수확량 비율 - 결실률

※ 수확일자별 잔여수확량 비율

품목	사고일자	경과비율(%)
복분자	1일 ~ 7일	98 - 사고발생일자
	8일 ~ 20일	(사고발생일자^2 - 43 × 사고발생일자 + 460) ÷ 2

※ 사고 발생일자는 6월 중 사고 발생일자를 의미

⑥ 결실률 $= \dfrac{\text{전체결실수}}{\text{전체개화수}}$

[무화과]

① 과실 분류에 따른 피해인정계수

구분	정상과실	50%형피해과실	80%형피해과실	100%형피해과실
피해인정계수	0	0.5	0.8	1

② 수확전사고 피해율은 7월 31일 이전 발생한 기사고 피해율로 한다.

③ 경과비율은 아래 사고발생일에 따른 잔여수확량 산정식에 따라 결정한다.

〈사고발생일에 따른 잔여수확량 산정식〉

품목	사고발생 월	잔여수확량 산정식(%)
무화과	8월	$100 - 1.06 \times$ 사고 발생일자
	9월	$(100 - 33) - 1.13 \times$ 사고 발생일자
	10월	$(100 - 67) - 0.84 \times$ 사고 발생일자

※ 사고 발생일자는 해당 월의 사고 발생일자를 의미

④ 결과지 피해율 $= \dfrac{\text{고사결과지수} + \text{미고사결과지수} \times \text{착과 피해율} - \text{미보상고사결과지수}}{\text{기준결과지수}}$

보장	보험의 목적	보험금 지급사유	보험금 계산(지급금액)
종합위험 과실손해보장 (보통약관)	오디	보상하는 재해로 피해율이 자기부담비율을 초과하는 경우	보험가입금액 × (피해율 − 자기부담비율) ※피해율 = (평년결실수 − 조사결실수 − 미보상감수결실수) ÷ 평년결실수

보장	보험의 목적	보험금 지급사유	보험금 계산(지급금액)
종합위험 과실손해보장 (보통약관)	감귤 (온주 밀감류)	보상하는 재해로 인해 자기부담금을 초과하는 손해가 발생한 경우	손해액 − 자기부담금 ※ 손해액 = 보험가입금액 × 피해율 ※ 피해율 = {(등급 내 피해과실수 + 등급 외 피해과실수 × 50%) ÷ 기준 과실수} × (1 − 미보상비율) ※ 자기부담금 = 보험가입금액 × 자기부담비율
수확개시 이후 동상해보장 (특별약관)		동상해로 인해 자기부담금을 초과하는 손해가 발생한 경우	손해액 - 자기부담금 ※ 손해액 = {보험가입금액 − (보험가입금액 × 기사고피해율)} × 수확기 잔존비율 × 동상해피해율 × (1 − 미보상비율) ※ 자기부담금 = ∣보험가입금액 × Min(주계약피해율 − 자기부담비율, 0)∣
종합위험 나무손해보장 (특별약관)		보상하는 재해로 나무에 자기부담비율을 초과하는 손해가 발생한 경우	보험가입금액 × (피해율 − 자기부담비율) ※ 피해율 = 피해주수(고사된 나무) ÷ 실제결과주수 ※ 자기부담비율은 5%로 함
과실손해 추가보장 (특별약관)		보상하는 재해로 인해 자기부담금을 초과하는 손해가 발생한 경우	보험가입금액 × 주계약 피해율 × 10% ※ 주계약 피해율은 과실손해보장(보통약관)에서 산출한 피해율을 말함

[오디]

조사결실수는 손해평가시 표본으로 선정한 결과모지의 결실수를 말한다.

[감귤(온주밀감류)]

① 등급 내 피해 과실수 = (등급 내 30%형 피해과실수 합계 × 30%) + (등급 내

50%형 피해과실수 합계 × 50%) + (등급 내 80%형 피해과실수 합계 × 80%) + (등급 내 100%형 피해과실수 합계 × 100%)

② 등급 외 피해 과실수 = (등급 외 30%형 피해과실수 합계 × 30%) + (등급 외 50%형 피해과실수 합계 × 50%) + (등급 외 80%형 피해과실수 합계 × 80%) + (등급 외 100%형 피해과실수 합계 × 100%)

〈과실 분류에 따른 피해인정계수〉

구분	정상과실	30%형 피해과실	50%형 피해과실	80%형 피해과실	100%형 피해과실
피해인정계수	0	0.3	0.5	0.8	1

※ 출하등급 내 과실의 적용 피해인정계수 : 정상과실, 30%형 피해과실, 50%형 피해과실, 80%형 피해과실, 100%형 피해과실

※ 출하등급 외 과실의 적용 피해인정계수 : 30%형 피해과실, 50%형 피해과실, 80%형 피해과실, 100%형 피해과실

③ 출하등급 내외의 구별은 「제주특별자치도 감귤생산 및 유통에 관한 조례시행규칙」 제18조 제4항을 준용하며, 과실의 크기만을 기준으로 한다.

④ 기사고 피해율은 주계약(종합위험 과실손해보장 보통약관) 피해율을 {1 − (과실손해보장 보통약관 보험금 계산에 적용된) 미보상비율}로 나눈 값과 이전 사고의 동상해 과실손해 피해율을 더한 값을 말한다.

⑤ 수확기 잔존비율

품목	사고발생 월	잔존비율(%)
감귤 (온주밀감류)	12월	(100 − 38) − (1 × 사고 발생일자)
	1월	(100 − 68) − (0.8 × 사고 발생일자)
	2월	(100 − 93) − (0.3 × 사고 발생일자)

※ 사고 발생일자는 해당 월의 사고 발생일자를 의미

⑥ 동상해는 서리 또는 과수원에서 가장 가까운 3개소의 기상관측장비(기상청설치 또는 기상청이 인증하고 실시간 관측자료를 확인 할 수 있는 관측소)로 측정한 기온이 해당 조건(제주도 지역 : −3℃ 이하로 6시간 이상 지속, 제주도 이외 지역 : 0℃ 이하로 48시간 이상 지속)으로 지속 됨에 따라 농작물 등이 얼어서 생기는 피해를 말한다.

⑦ 동상해 피해율

동상해피해율
= {(동상해 80%형 피해 과실수 합계 × 80%) + (동상해 100%형 피해과실수 합계 × 100%)} ÷ 기준과실수
※ 기준과실수 = 정상과실수 + 동상해 80%형 피해 과실수 + 동상해 100%형 피해과실수

⑧ 과실 분류에 따른 피해인정계수

구분	정상과실	30%형 피해과실	50%형 피해과실	80%형 피해과실	100%형 피해과실
피해인정계수	0	0.3	0.5	0.8	1

※ 수확기 동상해 피해 과실의 적용 피해인정계수 : 80%형 피해과실, 100%형 피해과실

04 🌳 논작물

1 보험료

① 영업보험료 = 순보험료 + 부가보험료

② 정부보조보험료 : 순보험료의 50% 지원, 부가보험료의 100% 지원

※ 단, 벼는 보장수준에 따라 순보험료의 41 ~ 60% 차등지원)

　지자체지원보험료 : 지자체별로 지원금액(비율) 결정

③ 수확감소보장 보통약관 적용보험료

> 보통약관 보험가입금액 × 지역별 보통약관 영업요율 × (1 ± 손해율에 따른 할인·할증률) × (1 + 친환경재배 시 할증률) × (1 + 직파재배 농지 할증률)

④ 병해충보장 특별약관 적용보험료(벼)

> 특별약관 보험가입금액 × 지역별 특별약관 영업요율 × (1 ± 손해율에 따른 할인·할증률) × (1 + 친환경재배 시 할증률) × (1 + 직파재배 농지 할증률)

※ 친환경재배 시 할증률, 직파 재배 농지 할증률은 벼 품목에 한하여 적용

※ 손해율에 따른 할인·할증은 계약자를 기준으로 판단

※ 손해율에 따른 할인·할증폭은 −30% ~ +50%로 제한

2 보험금

보장	보험의 목적	보험금 지급사유	보험금 계산(지급금액)
이앙·직파 불능 보장 (보통약관)	벼(조곡)	보상하는 재해로 농지 전체를 이앙·직파하지 못하게 된 경우	보험가입금액 × 15%
재이앙· 재직파 보장 (보통약관)		보상하는 재해로 면적 피해율이 10%를 초과하고, 재이앙·재직파한 경우 (단, 1회 지급)	보험가입금액 × 25% × 면적 피해율 ※ 면적 피해율 = (피해면적 ÷ 보험가입면적)

보장	보험의 목적	보험금 지급사유	보험금 계산(지급금액)
경작불능 보장 (보통약관)	벼(조곡), 밀, 보리, 조사료용 벼, 귀리	보상하는 재해로 식물체 피해율이 65% 이상(벼(조곡) 분질미는 60%)이고, 계약자가 경작불능보험금을 신청한 경우	보험가입금액 × 일정비율 ※ 하기 〈자기부담비율에 따른 경작불능보험금〉 표 참조 단, 조사료용 벼의 경우 아래와 같다. 보험가입금액 × 보장비율 × 경과비율 ※ 하기 보장비율 및 경과비율 표 참조
수확불능 보장 (보통약관)	벼(조곡)	보상하는 재해로 벼(조곡) 제현율이 65% 미만(벼(조곡) 분질미는 70%)으로 떨어져 정상벼로서 출하가 불가능하게 되고, 계약자가 수확불능보험금을 신청한 경우	보험가입금액 × 일정비율 ※ 하기 〈자기부담비율에 따른 수확불능보험금〉 표 참조
수확감소 보장 (보통약관)	벼(조곡), 밀, 보리, 귀리	보상하는 재해로 피해율이 자기부담비율을 초과하는 경우	보험가입금액 × (피해율 − 자기부담비율) ※ 피해율 = (평년수확량 − 수확량 − 미보상감수량) ÷ 평년수확량

① 경작불능보험금은 보험목적물이 산지폐기 된 것을 확인 후 지급되며, 이앙·직파불능보험금, 경작불능보험금, 수확불능보험금을 지급한 때에는 그 손해보상의 원인이 생긴 때로부터 해당 농지에 대한 보험계약은 소멸한다.
② 경작불능보험금의 보험기간 내 발생한 재해로 인해 식물체 피해율이 65% 이상(분질미는 60%)인 경우 수확불능보험금과 수확감소보험금은 지급이 불가능하다.
③ 벼 품목의 경우 병해충(7종)으로 인한 피해는 병해충 특약 가입 시 보장한다.
④ 식물체 피해율 : 식물체가 고사한 면적을 보험가입면적으로 나누어 산출한다.
⑤ 경작불능보험금 지급비율 (벼(조곡), 밀, 보리, 귀리) : 단, 자기부담비율 10%, 15%는 벼(조곡), 밀, 보리만 적용한다.

〈자기부담비율에 따른 경작불능보험금〉

자기부담비율	경작불능보험금
10%형	보험가입금액의 45%
15%형	보험가입금액의 42%
20%형	보험가입금액의 40%
30%형	보험가입금액의 35%
40%형	보험가입금액의 30%

⑥ 경작불능보험금 지급비율 (조사료용 벼) : 보장비율은 경작불능보험금 산정에 기초가 되는 비율로 보험가입을 할 때 계약자가 선택한 비율로 하며, 경과비율은 사고발생일이 속한 월에 따라 계산한다.

〈조사료용 벼의 경작불능보험금 보장비율〉

구분	45%형	42%형	40%형	35%형	30%형
보장비율	45%	42%	40%	35%	30%

※ 45%형 가입가능 자격 : 3년 연속 가입 및 3년간 수령보험금이 순보험료의 120% 미만

※ 42%형 가입가능 자격 : 2년 연속 가입 및 2년간 수령보험금이 순보험료의 120% 미만

〈사고발생일이 속한 월에 따른 경과비율〉

월별	5월	6월	7월	8월
경과비율	80%	85%	90%	100%

⑦ 수확불능보험금 지급비율(벼(조곡))

〈자기부담비율에 따른 수확불능보험금〉

자기부담비율	수확불능보험금
10%형	보험가입금액의 60%
15%형	보험가입금액의 57%
20%형	보험가입금액의 55%

자기부담비율	수확불능보험금
30%형	보험가입금액의 50%
40%형	보험가입금액의 45%

❸ 벼품목 보상하는 병충해

구분	종류
병해	흰잎마름병, 줄무늬잎마름병, 도열병, 깨씨무늬병, 세균성벼알마름병
충해	벼멸구, 먹노린재

05 🍃 밭작물

■ 해가림시설 보험가입금액

> 해가림시설 보험가입금액 = 재조달가액에 (100% − 감가상각율) (천원 단위 절사)

〈보험가입금액 산정을 위한 감가상각〉

1 해가림시설 설치시기와 감가상각방법

① 계약자에게 설치시기를 고지 받아 해당일자를 기초로 감가상각 하되, 최초 설치시기를 특정하기 어려운 때에는 인삼의 정식시기와 동일한 시기로 한다.

② 해가림시설 구조체를 재사용하여 설치를 하는 경우에는 해당 구조체의 최초 설치시기를 기초로 감가상각하며, 최초 설치시기를 알 수 없는 경우에는 해당 구조체의 최초 구입시기를 기준으로 감가상각한다.

2 해가림시설 설치재료에 따른 감가상각방법

① 동일한 재료(목재 또는 철재)로 설치하였으나 설치시기 경과년수가 각기 다른 해가림시설 구조체가 상존하는 경우, 가장 넓게 분포하는 해가림시설 구조체의 설치시기를 동일하게 적용한다.

② 1개의 농지 내 감가상각률이 상이한 재료(목재+철재)로 해가림시설을 설치한 경우, 재료별로 설치구획이 나뉘어 있는 경우에만 인수 가능하며, 각각의 면적만큼 구분하여 가입한다.

3 경년감가율 적용시점과 연단위 감가상각

① 감가상각은 보험가입시점을 기준으로 적용하며, 보험가입금액은 보험기간 동안 동일하다.

② 연 단위 감가상각을 적용하며 경과기간이 1년 미만은 미적용한다.

> **예**
> • 시설년도 : 2021년 5월
> • 가입시기 : 2022년 11월 일 때
> • 경과기간 : 1년 6개월 → 경과기간 1년 적용

③ 잔가율 : 잔가율 20%와 자체 유형별 내용연수를 기준으로 경년감가율 산출 및 내용연수가 경과한 경우라도 현재 정상 사용 중인시설의 경제성을 고려하여 잔가율을 최대 30%로 수정할 수 있다.

유형	내용연수	경년감가율
목재	6년	13.33%
철재	18년	4.44%

4 재조달가액 : 단위면적(1㎡)당 시설비에 재배면적(㎡)을 곱하여 산출한다.

유형	시설비(원)/㎡
07-철인-A형	7,200
07-철인-A-1형	6,600
07-철인-A-2형	6,000
07-철인-A-3형	5,100
13-철인-W	9,500
목재A형	5,900
목재A-1형	5,500
목재A-2형	5,000
목재A-3형	4,600
목재A-4형	4,100
목재B형	6,000
목재B-1형	5,600
목재B-2형	5,200
목재B-3형	4,100
목재B-4형	4,100
목재C형	5,500
목재C-1형	5,100
목재C-2형	4,700
목재C-3형	4,300
목재C-4형	3,800

2 병충해

1 감자 품목

구분	병충해
병해	역병, 갈쭉병, 모자이크병, 무름병, 둘레썩음병, 가루더뎅이병, 잎말림병, 홍색부패병, 시들음병, 마른썩음병, 풋마름병, 줄기검은병, 더뎅이병, 균핵병, 검은무늬썩음병, 줄기기부썩음병, 반쪽시들음병, 흰비단병, 잿빛곰팡이병, 탄저병, 겹둥근무늬병, 기타
충해	감자뿔나방, 진딧물류, 아메리카잎굴파리, 방아벌레류, 오이총채벌레, 뿌리혹선충, 파밤나방, 큰28점박이무당벌레, 기타

〈감자 병충해 등급별 인정비율〉

급수	종류	인정비율
1급	역병, 갈쭉병, 모자이크병, 무름병, 둘레썩음병, 가루더뎅이병, 잎말림병, 감자뿔나방	90%
2급	홍색부패병, 시들음병, 마른썩음병, 풋마름병, 줄기검은병, 더뎅이병, 균핵병, 검은무늬썩음병, 줄기기부썩음병, 진딧물류, 아메리카잎굴파리, 방아벌레류	70%
3급	반쪽시들음병, 흰비단병, 잿빛곰팡이병, 탄저병, 겹둥근무늬병, 오이총채벌레, 뿌리혹선충, 파밤나방, 큰28점박이무당벌레, 기타	50%

2 고추 품목

구분	병충해
병해	역병, 풋마름병, 바이러스병, 세균성점무늬병, 탄저병, 잿빛곰팡이병, 시들음병, 흰가루병, 균핵병, 무름병, 기타
충해	담배가루이, 담배나방, 진딧물, 기타

〈고추 병충해 등급별 인정비율〉

등급	종류	인정비율
1등급	역병, 풋마름병, 바이러스병, 세균성점무늬병, 탄저병	70%
2등급	잿빛곰팡이병, 시들음병, 담배가루이, 담배나방	50%
3등급	흰가루병, 균핵병, 무름병, 진딧물 및 기타	30%

06 🌱 원예시설

1 시설작물 및 버섯작물 보상하는 재해

아래의 각목 중 하나에 해당하는 것이 있는 경우에만 위 자연재해나 조수해(鳥獸害)로 입은 손해를 보상

①구조체, 피복재 등 농업용 시설물(버섯재배사)에 직접적인 피해가 발생한 경우
②농업용 시설물에 직접적인 피해가 발생하지 않은 자연재해로서 작물 피해율이 70% 이상 발생하여 농업용 시설물 내 전체 작물의 재배를 포기하는 경우(시설작물에만 해당)
③기상청에서 발령하고 있는 기상특보 발령지역의 기상특보 관련 재해로 인해 작물에 피해가 발생한 경우(시설작물에만 해당)

2 보험금

보장	보험의 목적	보험금 지급사유	보험금 계산(지급금액)
농업용 시설물 손해보장 (보통약관)	농업용 시설물 (버섯재배사 포함) 및 부대시설	보상하는 재해로 손해액이 자기부담금을 초과 하는 경우(1사고당)	1) 손해액의 계산 • 손해가 생긴 때와 곳에서의 가액에 따라 계산함 2) 보험금 산출 방법 • 보험금 = 손해액 − 자기부담금

※ 재조달가액 보장 특약을 가입하지 않거나, 보험의 목적이 손해를 입은 장소에서 실제로 수리 또는 복구를 하지 않는 경우 경년감가율을 적용한 시가(감가상각된 금액)로 보상

보장	보험의 목적	보험금 지급사유	보험금 계산(지급금액)

생산비
보장
(보통약관)
	딸기, 토마토,
	오이, 참외,
	풋고추,
	파프리카,
	호박, 국화,
	수박, 멜론,
	상추, 가지,
	배추, 백합,
	카네이션,
	미나리,
	감자, 파(대파)
		보상하는 재해
		로 1사고마다
		1동 단위로 생
		산비보장 보험
		금이 10만 원
		을 초과할 때
			피해작물 재배면적 × 피해작물 단위면적
			당 보장생산비 × 경과비율 × 피해율
			※ 경과비율은 다음과 같이 산출한다.
			• 수확기 이전에 보험사고 발생 :
			  준비기생산비계수 + {(1 - 준비기생산
			  비계수) × (생장일수 ÷ 표준생장일수)}
			• 수확기 중에 보험사고 발생 :
			  1 - (수확일수 ÷ 표준수확일수)
			※ 산출된 경과비율이 10% 미만인 경우
			  경과비율을 10%로 한다. (단, 오이, 토
			  마토, 풋고추, 호박, 상추 제외)

	장미		• 나무가 죽지 않은 경우
			  장미 재배면적 × 장미 단위면적당 나무
			  생존시 보장생산비 × 피해율
			• 나무가 죽은 경우
			  장미 재배면적 × 장미 단위면적당 나무
			  고사 보장생산비 × 피해율

	부추		부추 재배면적 × 부추 단위면적당보장생 산비 × 피해율 × 70%

	시금치,
	파(쪽파),
	무, 쑥갓
			피해작물 재배면적 × 피해작물 단위면적
			당 보장생산비 × 경과비율 × 피해율
			※ 경과비율은 다음과 같이 산출한다.
			• 수확기 이전에 보험사고 발생 :
			  준비기생산비계수 + {(1 - 준비기생산
			  비계수) × (생장일수 ÷ 표준생장일수)}
			• 수확기 중에 보험사고 발생 :
			  1 - (수확일수 ÷ 표준수확일수)
			※ 산출된 경과비율이 10% 미만인 경우
			  경과비율을 10%로 한다. (단, 표준수
			  확일수보다 실제수확개시일부터 수확
			  종료일까지의 일수가 적은 경우 제외)

※ 단, 일부보험일 경우 비례보상 적용

※ 준비기생산비계수(딸기, 토마토, 오이, 참외, 풋고추, 파프리카, 호박, 국화, 수박, 멜론, 상추, 가지, 배추, 백합, 카네이션, 미나리, 감자) : 40%, 다만, 국화 및 카네이션 재절화재배는 20%

※ 준비기생산비계수(시금치, 파(쪽파), 무, 쑥갓) : 10%

※ 생장일수는 정식·파종일로부터 사고발생일까지 경과일수로 하며, 표준생장일수(정식·파종일로부터 수확개시일까지 표준적인 생장일수)는 〈표준생장일수 및 표준수확일수〉 표를 따른다. 이때 (생장일수 ÷ 표준생장일수)는 1을 초과할 수 없다.

※ 수확일수는 수확개시일로부터 사고발생일까지 경과일수로 하며, 표준수확일수(수확개시일로부터 수확종료일까지 표준적인 생장일수)는 〈표준생장일수 및 표준수확일수〉 표를 따른다. 단, 국화·수박·멜론의 경과비율은 1로 한다.

〈표준생장일수 및 표준수확일수〉

품목	표준생장일수(일)	표준수확일수(일)
딸기	90	182
오이	45(75)	-
토마토	80(120)	-
참외	90	224
풋고추	55	-
호박	40	-
수박, 멜론	100	-
파프리카	100	223
상추	30	-
시금치	40	30
국화	(스탠다드형) 120 (스프레이형) 90	-
가지	50	262
배추	70	50

품목	표준생장일수(일)	표준수확일수(일)
파	(대파) 120 (쪽파) 60	(대파) 64 (쪽파) 19
무	(일반) 80 (기타) 50	28
백합	100	23
카네이션	150	224
미나리	130	88
쑥갓	50	51
감자	110	9

※ 단, 괄호안의 표준생장일수는 9월~11월에 정식하여 겨울을 나는 재배일정으로 3월 이후에 수확을 종료하는 경우에 적용한다.

※ 무 품목의 **기타 품종은 알타리무, 열무** 등 큰 무가 아닌 품종의 무를 가리킨다.

※ 피해율 : 피해비율 × 손해정도비율 × (1-미보상비율)

〈손해정도에 따른 손해정도비율〉

손해정도	1 ~ 20%	21 ~ 40%	41 ~ 60%	61 ~ 80%	81 ~ 100%
손해정도비율	20%	40%	60%	80%	100%

※ 피해비율 : 피해면적(주수) ÷ 재배면적(주수)

※ 위 산출식에도 불구하고 피해작물 재배면적에 피해작물 단위면적당 보장생산비를 곱한 값이 보험가입금액보다 큰 경우에는 상기 산출식에 따라 계산된 생산비보장 보험금을 다음과 같이 다시 계산하여 지급한다.

상기 산출식에 따라 계산된 생산비보장보험금 × 보험가입금액 ÷ (피해작물 단위면적당 보장생산비 × 피해작물 재배면적)

※ 장미의 경우 (장미 단위면적당 나무고사 보장생산비 × 장미 재배면적) 적용

보장	보험의 목적	보험금 지급사유	보험금 계산(지급금액)
생산비 보장 (보통약관)	표고버섯 (원목재배)	보상하는 재해로 1사고마다 생산비보장 보험금이 10만 원을 초과할 때	재배원목(본)수 × 원목(본)당 보장생산비 × 피해율
	표고버섯 (톱밥배지재배)		재배배지(봉)수 × 배지(봉)당 보장생산비 × 경과비율 × 피해율 ※ 경과비율은 다음과 같이 산출한다. • 수확기 이전에 보험사고 발생 : 준비기생산비계수 + {(1 − 준비기생산비계수) × (생장일수 ÷ 표준생장일수)} • 수확기 중에 보험사고 발생 : 1 − (수확일수 ÷ 표준수확일수)
	느타리버섯 (균상재배)		재배면적 × 느타리버섯(균상재배) 단위면적당 보장생산비 × 경과비율 × 피해율 ※ 경과비율은 다음과 같이 산출한다. • 수확기 이전에 보험사고 발생 : 준비기생산비계수 + {(1 − 준비기생산비계수) × (생장일수 ÷ 표준생장일수)} • 수확기 중에 보험사고 발생 : 1 − (수확일수 ÷ 표준수확일수)
	느타리버섯 (병재배)		재배병수 × 병당보장생산비 × 경과비율 × 피해율 ※ 경과비율은 일자와 관계없이 88.7%를 적용한다.

보장	보험의 목적	보험금 지급사유	보험금 계산(지급금액)
생산비 보장 (보통약관)	새송이버섯 (병재배)	보상하는 재해로 1사고마다 생산비보장 보험금이 10만 원을 초과할 때	재배병수 × 병당보장생산비 × 경과비율 × 피해율 ※ 경과비율은 일자와 관계없이 91.7%를 적용한다.
	양송이버섯 (균상재배)		재배면적 × 단위면적당 보장생산비 × 경과비율 × 피해율 ※ 경과비율은 다음과 같이 산출한다. • 수확기 이전에 보험사고 발생 : 준비기생산비계수 + {(1 − 준비기생산비계수) × (생장일수 ÷ 표준생장일수)} • 수확기 중에 보험사고 발생 : 1 − (수확일수 ÷ 표준수확일수)

※ 단, 일부보험일 경우 비례보상 적용

1 표고버섯(원목재배)

① 피해율 : 피해비율 × 손해정도비율 × (1 − 미보상비율)
② 피해비율 : 피해원목(본)수 ÷ 재배원목(본)수
③ 손해정도비율 : 원목(본)의 피해면적 ÷ 원목의 면적
④ 위 산출식에도 불구하고 재배원목(본)수에 원목(본)당 보장생산비를 곱한 값이 보험가입금액보다 큰 경우에는 상기 산출식에 따라 계산된 생산비보장보험금을 다음과 같이 다시 계산하여 지급한다.

> 계산된 생산비보장보험금 × 보험가입금액 ÷ (원목(본)당 보장생산비 × 재배원목(본)수)

2 표고버섯(톱밥배지재배)

① 준비기생산비계수 : 66.3%
② 생장일수는 종균접종일로부터 사고발생일까지 경과일수로 하며, 표준생장일수(종균접종일로부터 수확개시일까지 표준적인 생장일수)는 〈표준생장일수〉 표를 따른다. 이때 (생장일수 ÷ 표준생장일수)는 1을 초과할 수 없다.
③ 수확일수는 수확개시일로부터 사고발생일까지 경과일수로 하며, 표준수확일수는 수확개시일로부터 수확종료일까지 일수로 한다.
④ 피해율 : 피해비율 × 손해정도비율 × (1 − 미보상비율)

⑤ 피해비율 : 피해배지(봉)수 ÷ 재배배지(봉)수

⑥ 손해정도비율 : 손해정도에 따라 50%, 100%에서 결정한다.

⑦ 위 산출식에도 불구하고 재배배지(봉)수에 피해작물 배지(봉)당 보장생산비를 곱한 값이 보험가입금액보다 큰 경우에는 상기 산출식에 따라 계산된 생산비보장보험금을 다음과 같이 다시 계산하여 지급한다.

> 계산된 생산비보장보험금 × 보험가입금액 ÷ (배지(봉)당 보장생산비 × 재배배지(봉)수)

3 느타리버섯, 양송이버섯(균상재배)

① 준비기생산비계수 : (느타리버섯) 67.6%, (양송이버섯) 75.3%

② 생장일수는 종균접종일로부터 사고발생일까지 경과일수로 하며, 표준생장일수(종균접종일로부터 수확개시일까지 표준적인 생장일수)는 〈표준생장일수〉 표를 따른다. 이때 (생장일수 ÷ 표준생장일수)는 1을 초과할 수 없다.

③ 수확일수는 수확개시일로부터 사고발생일까지 경과일수로 하며, 표준수확일수는 수확개시일로부터 수확종료일까지 일수로 한다.

④ 피해율 : 피해비율 × 손해정도비율 × (1 − 미보상비율)

⑤ 피해비율 : 피해면적(㎡) ÷ 재배면적(균상면적, ㎡)

⑥ 손해정도비율 : 〈손해정도에 따른 손해정도비율〉 표를 따른다.

⑦ 위 산출식에도 불구하고 피해작물 재배면적에 피해작물 단위면적당 보장생산비를 곱한 값이 보험가입금액보다 큰 경우에는 상기 산출식에 따라 계산된 생산비보장보험금을 다음과 같이 다시 계산하여 지급한다.

> 계산된 생산비보장보험금 × 보험가입금액 ÷ (단위면적당 보장생산비 × 재배면적)

4 느타리버섯, 새송이버섯(병재배)

① 피해율 : 피해비율 × 손해정도비율 × (1 − 미보상비율)

② 피해비율 : 피해병수 ÷ 재배병수

③ 손해정도비율 : 〈손해정도에 따른 손해정도비율〉 표를 따른다.

④ 위 산출식에도 불구하고 재배병수에 병당 보장생산비를 곱한 값이 보험가입금액보다 큰 경우에는 상기 산출식에 따라 계산된 생산비보장보험금을 다음과 같이 다시 계산하여 지급한다.

> 계산된 생산비보장보험금 × 보험가입금액 ÷ (병당 보장생산비 × 재배병수)

〈표준생장일수〉

품목	품종	표준생장일수(일)
느타리버섯(균상재배)	전체	28
표고버섯(톱밥배지재배)	전체	90
양송이버섯(균상재배)	전체	30

〈손해정도에 따른 손해정도비율〉

손해정도	1 ~ 20%	21 ~ 40%	41 ~ 60%	61 ~ 80%	81 ~ 100%
손해정도비율	20%	40%	60%	80%	100%

❸ 소손해면책금(시설작물 및 버섯작물에 적용)

보장하는 재해로 1사고당 생산비보험금이 10만원 이하인 경우 보험금이 지급되지 않고, 소손해면책금을 초과하는 경우 손해액 전액을 보험금으로 지급한다.

07 농업수입보장

1 보험금

보장	보험의 목적	보험금 지급사유	보험금 계산(지급금액)
농업수입 감소보장 (보통약관)	포도	보상하는 재해로 피해율이 자기부담비율을 초과하는 경우	보험가입금액 × (피해율 − 자기부담비율) ※ 피해율 = (기준수입 − 실제수입) ÷ 기준수입 ※ 기준수입 = 평년수확량 × 기준가격
	비가림 시설	자연재해, 조수해(鳥獸害)로 인하여 비가림시설에 손해가 발생한 경우	Min(손해액 − 자기부담금, 보험가입금액) ※ 자기부담금 : 최소자기부담금(30만 원)과 최대자기부담금(100만 원)을 한도로 보험사고로 인하여 발생한 손해액(비가림시설)의 10%에 해당하는 금액. 다만, 피복재단독 사고는 최소자기부담금(10만 원)과 최대자기부담금(30만 원)을 한도로 함(단, 화재손해는 자기부담금 적용하지 않음) ※ 자기부담금은 단지 단위, 1사고 단위로 적용함
화재위험 보장 (특별약관)	비가림 시설	화재로 인하여 비가림시설에 손해가 발생한 경우	
나무손해 보장 (특별약관)	포도	보상하는 재해로 나무에 자기부담비율을 초과하는 손해가 발생한 경우	보험가입금액 × (피해율 − 자기부담비율) ※ 피해율 = 피해주수(고사된 나무) ÷ 실제결과주수 ※ 자기부담비율은 5%로 함
수확량감소 추가보장 (특별약관)	포도	보상하는 재해로 피해율이 자기부담비율을 초과하는 경우	보험가입금액 × (피해율 × 10%) ※ 피해율 = (평년수확량 − 수확량 − 미보상감수량) ÷ 평년수확량 ※ 자기부담비율은 보험가입 시 선택한 비율로 함

1 포도

① 실제수입은 수확기에 조사한 수확량(조사를 실시하지 않은 경우 평년수확량)과 미보상감수량의 합에 기준가격과 수확기가격 중 작은 값을 곱하여 산출한다.

② 포도의 경우 착색불량된 송이는 상품성 저하로 인한 손해로 보아 감수량에 포함되지 않는다.

③ 보상하는 재해로 보험의 목적에 손해가 생긴 경우에도 불구하고 계약자 또는 피보험자의 고의로 수확기에 수확량조사를 하지 못하여 수확량을 확인할 수 없는 경우에는 농업수입감소보험금을 지급하지 않는다.

2 비가림시설

① 손해액은 그 손해가 생긴 때와 곳에서의 가액에 따라 계산한다.

② 1사고마다 재조달가액 기준으로 계산한 손해액에서 자기부담금을 차감한 금액을 보험가입금액 한도 내에서 보상한다.

③ 보험의 목적이 손해를 입은 장소에서 실제로 수리 또는 복구되지 않은 때에는 재조달가액에 의한 보상을 하지 않고 시가(감가상각된 금액)로 보상한다.

보장	보험의 목적	보험금 지급사유	보험금 계산(지급금액)
재파종보장 (보통약관)	마늘	보상하는 재해로 10a당 출현주수가 30,000주보다 작고, 10a당 30,000주 이상으로 재파종한 경우	보험가입금액 × 35% × 표준출현 피해율 ※ 표준출현피해율(10a 기준) = (30,000 − 출현주수) ÷ 30,000
재정식보장 (보통약관)	양배추	보상하는 재해로 면적피해율이 자기부담비율을 초과하고 재정식한 경우	보험가입금액 × 20% × 면적피해율 ※ 면적피해율 = 피해면적 ÷ 보험가입면적
경작불능 보장 (보통약관)	마늘, 양파, 감자(가을재배), 콩, 고구마, 양배추	보상하는 재해로 식물체 피해율이 65% 이상이고, 계약자가 경작불능보험금을 신청한 경우	보험가입금액 × 일정비율 ※ 일정비율은 〈자기부담비율에 따른 경작불능보험금〉 표 참조

보장	보험의 목적	보험금 지급사유	보험금 계산(지급금액)
농업수입 감소보장 (보통약관)	마늘, 양파, 감자 (가을재배), 콩, 고구마, 양배추	보상하는 재해로 피해율이 자기부담비율을 초과하는 경우	보험가입금액 × (피해율 − 자기부담비율) ※ 피해율 = (기준수입 − 실제수입) ÷ 기준수입 ※ 기준수입 = 평년수확량 × 기준가격

※ 식물체 피해율 : 식물체가 고사한 면적을 보험가입면적으로 나누어 산출한다.

※ 경작불능보험금은 보험목적물이 산지폐기 된 것을 확인 후 지급되며, 지급된 때에는 그 손해보상의 원인이 생긴 때로부터 해당 농지에 대한 보험계약은 소멸한다.

※ 실제수입은 수확기에 조사한 수확량과 미보상감수량의 합에 기준가격과 수확기가격 중 작은 값을 곱하여 산출한다.

※ 보상하는 재해로 보험의 목적에 손해가 생긴 경우에도 불구하고 계약자 또는 피보험자의 고의로 수확기에 수확량조사를(감자의 경우 병충해감수량 조사 포함) 하지 못하여 수확량을 확인할 수 없는 경우에는 농업수입감소보험금을 지급하지 않는다.

〈자기부담비율에 따른 경작불능보험금〉

자기부담비율	경작불능보험금
20%형	보험가입금액의 40%
30%형	보험가입금액의 35%
40%형	보험가입금액의 30%

※ 가격조항 내용 필히 숙지할 것!!

08 📍 계약관리

1 과수 품목 인수 제한 목적물

1 공통

① 보험가입금액이 200만 원 미만인 과수원
② 품목이 **혼식**된 과수원(다만, 주력 품목의 결과주수가 90% 이상인 과수원은 주품목에 한하여 가입 가능)
③ **통상적인 영농활동**(병충해방제, 시비관리, 전지·전정, 적과 등)을 하지 않은 과수원
   라) 전정, 비배관리 잘못 또는 품종갱신 등의 이유로 **수확량이 현저하게 감소할 것이 예상되는** 과수원
④ **시험연구**를 위해 재배되는 과수원
   바) 하나의 과수원에 식재된 나무 중 **일부 나무만** 가입하는 과수원(단, 감귤(만감류,온주밀감류)의 경우 해거리가 예상되는 나무의 경우 제외)
⑤ **하천부지 및 상습 침수지역**에 소재한 과수원
⑥ **판매**를 목적으로 경작하지 않는 과수원
⑦ **가식**(假植)되어 있는 과수원
⑧ 기타 인수가 부적절한 과수원

2 과수 4종(사과·배·단감·떫은감)

① 가입하는 해의 나무 수령(나이)이 다음 기준 미만인 경우
   • 사과 : **밀식재배 3년, 반밀식재배 4년, 일반재배 5년**
   • 배 : **3년**
   • 단감·떫은감 : 5년
   ※ 수령(나이)은 나무의 나이를 말하며, 묘목이 가입과수원에 식재된 해를 1년으로 한다.
② 노지재배가 아닌 시설에서 재배하는 과수원(단, 일소피해부보장특약을 가입하는 경우 인수 가능)
③ 1 공통 ②의 예외조건에도 불구 단감·떫은감이 혼식된 과수원(보험가입금액이 200만 원 이상인 단감·떫은감 품목 중 1개를 선택하여 해당 품목만 가입 가능)
④ **시험연구, 체험학습**을 위해 재배되는 과수원(단, 200만 원 이상 출하증명 가능한 과수원 제외)
⑤ **가로수** 형태의 과수원

⑥ 보험가입 이전에 자연재해 피해 및 접붙임 등으로 **당해년도의 정상적인 결실에 영향이 있는 과수원**

⑦ 가입사무소 또는 계약자를 달리하여 **중복 가입**하는 과수원

⑧ 도서 지역의 경우 **연륙교**가 설치되어 있지 않고 **정기선**이 운항하지 않는 등 **신속한 손해평가가 불가능한 지역에 소재한 과수원**

⑨ 도시계획 등에 편입되어 수확 종료 전에 **소유권 변동 또는 과수원 형질변경 등이 예정되어 있는 과수원**

⑩ **군사시설보호구역** 중 **통제보호구역**내의 농지(단, 통상적인 영농활동 및 손해평가가 가능하다고 판단되는 농지는 인수 가능)

※ 통제보호구역 : 민간인통제선 이북지역 또는 군사기지 및 군사시설의 **최외곽 경계선**으로부터 **300미터 범위** 이내의 지역

3 포도 (비가림시설 포함)

① 가입하는 해의 나무 수령(나이)이 **3년 미만**인 과수원

※ 수령(나이)은 나무의 나이를 말하며, 묘목이 가입과수원에 식재된 해를 1년으로 한다.

② 보험가입 직전연도(이전)에 역병 및 궤양병 등의 병해가 발생하여 보험가입 시 전체 나무의 **20% 이상**이 고사하였거나 정상적인 결실을 하지 못할 것으로 판단되는 과수원

※ 다만, 고사한 나무가 전체의 20% 미만이더라도 고사된 나무를 **제거**하지 않거나, **방재조치**를 하지 않은 경우에는 인수 제한

③ **친환경 재배과수원**으로서 일반재배와 결실 차이가 현저히 있다고 판단되는 과수원

라) **비가림 폭이 2.4m ± 15%, 동고가 3m ± 5%**의 범위를 벗어나는 비가림시설 (과수원의 형태 및 품종에 따라 조정)

4 복숭아

① 가입하는 해의 나무 수령(나이)이 3년 미만인 과수원

※ 수령(나이)은 나무의 나이를 말하며, 묘목이 가입과수원에 식재된 해를 1년으로 한다.

② 보험가입 직전년도(이전)에 역병 및 궤양병 등의 병해가 발생하여 보험가입 시 전체 나무의 20% 이상이 고사하였거나 정상적인 결실을 하지 못할 것으로 판단되는 과수원

※ 다만, 고사한 나무가 전체의 20% 미만이더라도 고사된 나무를 제거하지 않거나, 방재조치를 하지 않은 경우에는 인수 제한

③ 친환경 재배과수원으로서 일반재배와 결실 차이가 현저히 있다고 판단되는 과수원

5 자두

① 노지재배가 아닌 시설에서 자두를 재배하는 과수원

② 가입하는 해의 나무 수령(나이)이 <u>6년 미만인 과수원(수확년도 기준 수령이 7년 미만)</u>

※ 수령(나이)은 나무의 나이를 말하며, 묘목이 가입과수원에 식재된 해를 1년으로 한다.

③ 품종이 <u>귀양자두, 서양자두(푸룬, 스텐리 등) 및 플럼코드</u>를 재배하는 과수원

④ 1주당 재배면적이 1제곱미터 미만인 과수원

⑤ 보험가입 이전에 자연재해 등의 피해로 인하여 당해연도의 정상적인 결실에 영향이 있는 과수원

⑥ 가입사무소 또는 계약자를 달리하여 중복 가입하는 과수원

⑦ 도서 지역의 경우 연륙교가 설치되어 있지 않고 정기선이 운항하지 않는 등 신속한 손해평가가 불가능한 지역에 소재한 과수원

⑧ 도시계획 등에 편입되어 수확 종료 전에 소유권 변동 또는 과수원 형질변경 등이 예정되어 있는 과수원

⑨ 군사시설보호구역 중 통제보호구역내의 농지(단, 통상적인 영농활동 및 손해평가가 가능하다고 판단되는 농지는 인수 가능)

※ 통제보호구역 : 민간인통제선 이북지역 또는 군사기지 및 군사시설의 최외곽 경계선으로부터 300미터 범위 이내의 지역

6 살구

① 노지재배가 아닌 시설에서 살구를 재배하는 과수원

② 가입연도 나무수령이 <u>5년 미만인 과수원</u>

※ 수령(나이)은 나무의 나이를 말하며, 묘목이 가입과수원에 식재된 해를 1년으로 한다.

③ 보험가입 이전에 자연재해등의 피해로 인하여 당해년도의 정상적인 결실에 영향이 있는 과수원

④ 친환경 재배과수원으로서 일반재배와 결실 차이가 현저히 있다고 판단되는 과수원

⑤ 가입사무소 또는 계약자를 달리하여 중복 가입하는 과수원

⑥ 도서 지역의 경우 연륙교가 설치되어 있지 않고 정기선이 운항하지 않는 등 신속한 손해평가가 불가능한 지역에 소재한 과수원

⑦ 도시계획 등에 편입되어 수확 종료 전에 소유권 변동 또는 과수원 형질변경 등이 예정되어 있는 과수원

⑧ 군사시설보호구역 중 통제보호구역내의 농지(단, 통상적인 영농활동 및 손해평가가 가능하다고 판단되는 농지는 인수 가능)

※ 통제보호구역 : 민간인통제선 이북지역 또는 군사기지 및 군사시설의 최외곽 경계 선으로부터 300미터 범위 이내의 지역

⑨ 개살구 재배 과수원

⑩ 관수시설이 없는 과수원

7 감귤(온주밀감류, 만감류)

① 가입하는 해의 나무 수령(나이)이 다음 기준 미만인 경우

- 온주밀감류, 만감류 재식 : 4년
- 만감류 고접 : 2년

※ 수령(나이)은 나무의 나이를 말하며, 묘목이 가입과수원에 식재된 해를 1년으로 한다.

② 주요 품종을 제외한 실험용 기타품종을 경작하는 과수원

③ 노지 만감류를 재배하는 과수원

④ 온주밀감과 만감류 혼식 과수원

⑤ 하나의 과수원에 식재된 나무 중 일부 나무만 가입하는 과수원(단, 해걸이가 예상 되는 나무의 경우 제외)

⑥ 보험가입 이전에 자연재해 등의 피해로 당해년도의 정상적인 결실에 영향이 있는 과수원

⑦ 가입사무소 또는 계약자를 달리하여 중복 가입하는 과수원

⑧ 도시계획 등에 편입되어 수확 종료 전에 소유권 변동 또는 과수원 형질변경 등이 예정 되어 있는 과수원

8 매실

① 가입하는 해의 나무 수령(나이)이 5년 미만인 경우

※ 수령(나이)은 나무의 나이를 말하며, 묘목이 가입과수원에 식재된 해를 1년으로 한다.

② 1주당 재배면적이 1제곱미터 미만인 과수원

③ 노지재배가 아닌 시설에서 매실을 재배하는 과수원

④ 보험가입 이전에 자연재해 등의 피해로 인하여 당해년도의 정상적인 결실에 영향 이 있는 과수원

⑤ 가입사무소 또는 계약자를 달리하여 중복 가입하는 과수원

⑥ 도서 지역의 경우 연륙교가 설치되어 있지 않고 정기선이 운항하지 않는 등 신속한 손 해평가가 불가능한 지역에 소재한 과수원

⑦ 도시계획 등에 편입되어 수확 종료 전에 소유권 변동 또는 과수원 형질변경 등이 예정 되어 있는 과수원

⑧ 군사시설보호구역 중 통제보호구역내의 농지(단, 통상적인 영농활동 및 손해평가가 가능하다고 판단되는 농지는 인수 가능)

※ 통제보호구역 : 민간인통제선 이북지역 또는 군사기지 및 군사시설의 최외곽 경계선으 로부터 300미터 범위 이내의 지역

9 유자

① 가입하는 해의 나무 수령(나이)이 4년 미만인 경우

※ 수령(나이)은 나무의 나이를 말하며, 묘목이 가입과수원에 식재된 해를 1년으로 한다.

② 가입사무소 또는 계약자를 달리하여 중복 가입하는 과수원

③ 도서 지역의 경우 연륙교가 설치되어 있지 않고 정기선이 운항하지 않는 등 신속한 손해평가가 불가능한 지역에 소재한 과수원

④ 도시계획 등에 편입되어 수확 종료 전에 소유권 변동 또는 과수원 형질변경 등이 예정 되어 있는 과수원

10 오미자

① 삭벌 3년차 이상 과수원 또는 삭벌하지 않는 과수원 중 식묘 4년차 이상인 과수원

② 가지가 과도하게 번무하여 수관 폭이 두꺼워져 광부족 현상이 일어날 것으로 예상되 는 과수원

③ 유인틀의 상태가 적절치 못하여 수확량이 현저하게 낮을 것으로 예상되는 과수원 (유 인틀의 붕괴, 매우 낮은 높이의 유인틀)

④ 주간거리가 50cm 이상으로 과도하게 넓은 과수원

11 오디

① 가입연도 기준 3년 미만(수확연도 기준 수령이 4년 미만)인 뽕나무

② 흰 오디 계통(터키-D, 백웅왕 등)

③ 보험가입 이전에 균핵병 등의 병해가 발생하여 과거 보험 가입 시 전체 나무의 20% 이상이 고사하였거나 정상적인 결실을 하지 못할 것으로 예상되는 과수원

④ 적정한 비배관리를 하지 않는 조방재배 과수원

※ 조방재배 : 일정한 토지면적에 대하여 자본과 노력을 적게 들이고 자연력의 작용을

주(主)로 하여 경작하는 방법

⑤ 노지재배가 아닌 시설에서 오디를 재배하는 과수원

⑥ 보험가입 이전에 자연재해 피해 및 접붙임 등으로 당해년도의 정상적인 결실에 영향이 있는 과수원

⑦ 가입사무소 또는 계약자를 달리하여 중복 가입하는 과수원

⑧ 도서 지역의 경우 연륙교가 설치되어 있지 않고 정기선이 운항하지 않는 등 신속한 손해평가가 불가능한 지역에 소재한 과수원

⑨ 도시계획 등에 편입되어 수확 종료 전에 소유권 변동 또는 과수원 형질변경 등이 예정되어 있는 과수원

⑩ 군사시설보호구역 중 통제보호구역내의 농지(단, 통상적인 영농활동 및 손해평가가 가능하다고 판단되는 농지는 인수 가능)

※ 통제보호구역 : 민간인통제선 이북지역 또는 군사기지 및 군사시설의 최외곽 경계선으로부터 300미터 범위 이내의 지역

12 복분자

① 가입연도 기준, 수령이 **1년 이하 또는 11년 이상**인 포기로만 구성된 과수원

※ 수령(나이)은 나무의 나이를 말하며, 묘목이 가입과수원에 식재된 해를 1년으로 한다.

② 계약인수 시까지 구결과모지(올해 복분자 과실이 열렸던 가지)의 전정 활동(통상적인 영농활동)을 하지 않은 과수원

③ 시설(비닐하우스, 온실 등)에서 복분자를 재배하는 과수원

④ 조방재배 등 적정한 비배관리를 하지 않는 과수원

※ 조방재배 : 일정한 토지면적에 대하여 자본과 노력을 적게 들이고 자연력의 작용을 주(主)로 하여 경작하는 방법

⑤ 보험가입 이전에 자연재해 등의 피해로 인하여 당해년도의 정상적인 결실에 영향이 있는 과수원

⑥ 가입사무소 또는 계약자를 달리하여 중복 가입하는 과수원

⑦ 도서 지역의 경우 연륙교가 설치되어 있지 않고 정기선이 운항하지 않는 등 신속한 손해평가가 불가능한 지역에 소재한 과수원

⑧ 도시계획 등에 편입되어 수확 종료 전에 소유권 변동 또는 과수원 형질변경 등이 예정되어 있는 과수원

⑨ 군사시설보호구역 중 통제보호구역내의 농지(단, 통상적인 영농활동 및 손해평가가 가능하다고 판단되는 농지는 인수 가능)

※ 통제보호구역 : 민간인통제선 이북지역 또는 군사기지 및 군사시설의 최외곽 경계
선으로부터 300미터 범위 이내의 지역
⑩ 1주당 재식면적이 0.3㎡ 이하인 과수원

13 무화과

① 가입하는 해의 나무 수령(나이)이 4년 미만인 과수원
※ 수령(나이)은 나무의 나이를 말하며, 묘목이 가입과수원에 식재된 해를 1년으로 한다.
※ 나무보장특약의 경우 가입하는 해의 나무 수령이 4년 ~ 9년 이내의 무화과 나무만
가입 가능하다.
② 관수시설이 미설치된 과수원
③ 노지재배가 아닌 시설에서 무화과를 재배하는 과수원
④ 보험가입 이전에 자연재해 피해 및 접붙임 등으로 당해년도의 정상적인 결실에 영
향 이 있는 과수원
⑤ 가입사무소 또는 계약자를 달리하여 중복 가입하는 과수원
⑥ 도시계획 등에 편입되어 수확 종료 전에 소유권 변동 또는 과수원 형질변경 등이
예 정되어 있는 과수원

14 참다래(비가림시설 포함)

① 가입하는 해의 나무 수령이 3년 미만인 경우
※ 수령(나이)은 나무의 나이를 말하며, 묘목이 가입과수원에 식재된 해를 1년으로 한다.
② 수령이 혼식된 과수원(다만, 수령의 구분이 가능하며 동일 수령군이 90% 이상인
경 우에 한하여 가입 가능)
③ 보험가입 이전에 역병 및 궤양병 등의 병해가 발생하여 보험 가입 시 전체 나무의
20% 이상이 고사하였거나 정상적인 결실을 하지 못할 것으로 판단되는 과수원(다
만, 고사한 나무가 전체의 20% 미만이더라도 고사한 나무를 제거하지 않거나 방재
조치를 하지 않은 경우에는 인수를 제한)
④ 가입사무소 또는 계약자를 달리하여 중복 가입하는 과수원
⑤ 도시계획 등에 편입되어 수확 종료 전에 소유권 변동 또는 과수원 형질변경 등이
예정되어 있는 과수원
⑥ 가입면적이 200㎡ 미만인 참다래 비가림시설
⑦ 참다래 재배 목적으로 사용되지 않는 비가림시설
⑧ 목재 또는 죽재로 시공된 비가림시설

⑨ 구조체, 피복재 등 목적물이 변형되거나 훼손된 비가림시설

⑩ 목적물의 소유권에 대한 확인이 불가능한 비가림시설

⑪ 건축 또는 공사 중인 비가림시설

⑫ 1년 이내에 철거 예정인 고정식 비가림시설

⑬ 정부에서 보험료 일부를 지원하는 다른 계약에 이미 가입되어 있는 비가림시설

⑭ 기타 인수가 부적절한 과수원 또는 비가림시설

15 대추(비가림시설 포함)

① 가입하는 해의 나무 수령이 4년 미만인 경우

※ 수령(나이)은 나무의 나이를 말하며, 묘목이 가입과수원에 식재된 해를 1년으로 한다.

② 사과대추(왕대추)류를 재배하는 과수원. 단, 다음 사업지역에서 재배하는 경우에 한하여 가입 가능하며, 황실, 천황은 하우스재배 과수원에 한함

사업지역	충남(부여)	충남(청양)	전남(영광)
가입가능 품종	황실	천황	대능

③ 재래종대추와 사과대추(왕대추)류가 혼식되어 있는 과수원

④ 건축 또는 공사 중인 비가림시설

⑤ 목재, 죽재로 시공된 비가림시설

⑥ 피복재가 없거나 대추를 재배하고 있지 않은 시설

⑦ 작업동, 창고동 등 대추 재배용으로 사용되지 않는 시설

⑧ 목적물의 소유권에 대한 확인이 불가능한 시설

⑨ 정부에서 보험료의 일부를 지원하는 다른 계약에 이미 가입되어 있는 시설

⑩ 비가림시설 전체가 피복재로 씌여진 시설(일반적인 비닐하우스와 차이가 없는 시설은 원예시설보험으로 가입)

⑪ 보험가입 이전에 자연재해 등의 피해로 당해년도의 정상적인 결실에 영향이 있는 과수원

⑫ 가입사무소 또는 계약자를 달리하여 중복 가입하는 과수원

⑬ 도서 지역의 경우 연륙교가 설치되어 있지 않고 정기선이 운항하지 않는 등 신속한 손해평가가 불가능한 지역에 소재한 과수원

⑭ 도시계획 등에 편입되어 수확 종료 전에 소유권 변동 또는 과수원 형질변경 등이 예정되어 있는 과수원

16 밤

① 가입하는 해의 나무 수령(나이)이 **5년 미만**인 과수원

※ 수령(나이)은 나무의 나이를 말하며, 묘목이 가입과수원에 식재된 해를 1년으로 한다.

② 보험가입 이전에 자연재해 등의 피해 인하여 당해년도의 정상적인 결실에 영향이 있는 과수원

③ 가입사무소 또는 계약자를 달리하여 중복 가입하는 과수원

④ 도서 지역의 경우 연륙교가 설치되어 있지 않고 정기선이 운항하지 않는 등 신속한 손해평가가 불가능한 지역에 소재한 과수원

⑤ 도시계획 등에 편입되어 수확 종료 전에 소유권 변동 또는 과수원 형질변경 등이 예정되어 있는 과수원

17 호두

① 통상의 영농방법에 의해 노지에서 **청피호두**를 경작하는 농지가 아닐 경우

② 가입하는 해의 나무 수령(나이)이 **8년 미만**인 경우

※ 수령(나이)은 나무의 나이를 말하며, 묘목이 가입과수원에 식재된 해를 1년으로 한다.

③ 보험가입 이전에 자연재해 등의 피해로 인하여 당해년도의 정상적인 결실에 영향이 있는 과수원

④ 가입사무소 또는 계약자를 달리하여 중복 가입하는 과수원

⑤ 도서 지역의 경우 연륙교가 설치되어 있지 않고 정기선이 운항하지 않는 등 신속한 손해평가가 불가능한 지역에 소재한 과수원

⑥ 도시계획 등에 편입되어 수확 종료 전에 소유권 변동 또는 과수원 형질변경 등이 예정되어 있는 과수원

⑦ 군사시설보호구역 중 통제보호구역내의 농지(단, 통상적인 영농활동 및 손해평가가 가능하다고 판단되는 농지는 인수 가능)

※ 통제보호구역 : 민간인통제선 이북지역 또는 군사기지 및 군사시설의 최외곽 경계 선으로부터 300미터 범위 이내의 지역

② 논작물 품목 인수 제한 목적물

1 공통

① 보험가입금액이 **50만 원 미만**인 농지(조사료용 벼는 제외)

② 하천부지에 소재한 농지

③ **최근 3년 연속 침수피해**를 입은 농지. 다만, 호우주의보 및 호우경보 등 기상특보에 해당되는 재해로 피해를 입은 경우는 제외함

④ 오염 및 훼손 등의 피해를 입어 복구가 완전히 이루어지지 않은 농지

⑤ 보험가입 전 농작물의 피해가 확인된 농지

⑥ 통상적인 재배 및 영농활동을 하지 않는다고 판단되는 농지

⑦ 보험목적물을 수확하여 판매를 목적으로 경작하지 않는 농지(채종농지 등)

⑧ 농업용지가 다른 용도로 전용되어 수용 예정 농지로 결정된 농지

⑨ 전환지(개간, 복토 등을 통해 논으로 변경한 농지), 휴경지 등 **농지로 변경하여 경작한지 3년 이내**인 농지

⑩ **최근 5년 이내에 간척**된 농지

⑪ 도서 지역의 경우 연륙교가 설치되어 있지 않고 정기선이 운항하지 않는 등 신속한 손해평가가 불가능한 지역에 소재한 농지

※ 단, 벼·조사료용 벼 품목의 경우 연륙교가 설치되어 있거나, 농작물재해보험 위탁계약을 체결한 지역 농·축협 또는 품목농협(지소포함)이 소재하고 있고 손해평가인 구성이 가능한 지역은 보험 가입 가능

⑫ 기타 인수가 부적절한 농지

2 벼

① **밭벼**를 재배하는 농지

② 군사시설보호구역 중 통제보호구역내의 농지(단, 통상적인 영농활동 및 손해평가가 가능하다고 판단되는 농지는 인수 가능)

※ 통제보호구역 : 민간인통제선 이북지역 또는 군사기지 및 군사시설의 최외곽 경계선으로부터 300미터 범위 이내의 지역

3 조사료용 벼

① 가입면적이 **1,000㎡ 미만**인 농지

② **밭벼**를 재배하는 농지

③ 광역시·도를 달리하는 농지(단, 본부 승인심사를 통해 인수 가능)

④ 군사시설보호구역 중 통제보호구역내의 농지(단, 통상적인 영농활동 및 손해평가가 가능하다고 판단되는 농지는 인수 가능)

※ 통제보호구역 : 민간인통제선 이북지역 또는 군사기지 및 군사시설의 최외곽 경계선으로부터 300미터 범위 이내의 지역

4 밀

① 파종을 11월 20일 이후에 실시한 농지
② 춘파재배 방식에 의한 봄파종을 실시한 농지
③ 출현율 80% 미만인 농지
④ 다른 작물과 혼식되어 있는 농지(단, 밀 식재면적이 농지의 90% 이상인 경우 인수 가능)

5 보리

① 파종을 11월 20일 이후에 실시한 농지
② 춘파재배 방식에 의한 봄파종을 실시한 농지
③ 출현율 80% 미만인 농지
④ 시설(비닐하우스, 온실 등)에서 재배하는 농지
⑤ 10a당 재식주수가 30,000주/10a(=30,000주/1,000㎡) 미만인 농지

6 귀리

① 파종을 11월 20일 이후에 실시한 농지
② 춘파재배 방식에 의한 봄파종을 실시한 농지
③ 출현율 80% 미만인 농지
④ 겉귀리 전 품종
⑤ 다른 작물과 혼식되어 있는 농지(단, 귀리 식재면적이 농지의 90% 이상인 경우 인수 가능)
⑥ 시설(비닐하우스, 온실 등)에서 재배하는 농지

3 밭작물(수확감소·수입감소보장) 품목 인수 제한 목적물

1 공통

① 보험가입금액이 200만 원 미만인 농지(사료용 옥수수는 제외)
※ 단, 옥수수·콩·팥은 100만 원 미만인 농지
② 통상적인 재배 및 영농활동을 하지 않는 농지
③ 다른 작물과 혼식되어 있는 농지
④ 시설재배 농지
⑤ 하천부지 및 상습 침수지역에 소재한 농지
⑥ 판매를 목적으로 경작하지 않는 농지
⑦ 도서지역의 경우 연륙교가 설치되어 있지 않고 정기선이 운항하지 않는 등 신속한 손해평가가 불가능한 지역에 소재한 농지

※ 단, 감자(가을재배)·감자(고랭지재배)·콩 품목의 경우 연륙교가 설치되어 있거나,
　농작물재해보험 위탁계약을 체결한 지역 농·축협 또는 품목농협(지소포함)이 소재
　하고 있고 손해평가인 구성이 가능한 지역은 보험 가입 가능

※ 감자(봄재배) 품목은 미해당

⑧ 군사시설보호구역 중 통제보호구역내의 농지(단, 통상적인 영농활동 및 손해평가가
　가능하다고 판단되는 농지는 인수가능)

※ 통제보호구역 : 민간인통제선 이북지역 또는 군사기지 및 군사시설의 최외곽 경계
　선으로부터 300미터 범위 이내의 지역

※ 감자(봄재배), 감자(가을재배) 품목은 미해당

⑨ 기타 인수가 부적절한 농지

2 마늘

① 난지형의 경우 남도 및 대서 품종, 한지형의 경우는 의성 품종, 홍산 품종이 아닌
　마늘

구분	품종
난지형	남도
	대서
한지형	의성
홍산	

② 난지형은 8월 31일, 한지형은 10월 10일 이전 파종한 농지

③ 재식밀도가 30,000주/10a 미만인 농지(＝30,000주/1,000㎡)

④ 마늘 파종 후 익년 4월 15일 이전에 수확하는 농지

⑤ 액상멀칭 또는 무멀칭농지

⑥ 코끼리 마늘, 주아재배 마늘

※ 단, 주아재배의 경우 2년차 이상부터 가입가능

⑦ 시설재배 농지, 자가채종 농지

3 양파

① 극조생종, 조생종, 중만생종을 혼식한 농지

② 재식밀도가 23,000주/10a 미만, 40,000주/10a 초과인 농지

③ 9월 30일 이전 정식한 농지

④ 양파 식물체가 똑바로 정식되지 않은 농지(70° 이하로 정식된 농지)

⑤ 부적절한 품종을 재배하는 농지

(예 : 고랭지 봄파종 재배 적용 품종 → 게투린, 고메이황, 고랭지 여름, 덴신, 마운틴1호, 스프링골드, 사포로기, 울프, 장생대고, 장일황, 하루히구마 등)

⑥ 무멀칭농지

⑦ 시설재배 농지

4 감자(봄재배)

① 2년 이상 자가 채종 재배한 농지

② 씨감자 수확을 목적으로 재배하는 농지

③ 파종을 3월 1일 이전에 실시 농지

④ 출현율이 90% 미만인 농지(보험가입 당시 출현 후 고사된 싹은 출현이 안 된 것으로 판단)

⑤ 재식밀도가 4,000주/10a 미만인 농지

⑥ 전작으로 유채를 재배한 농지

⑦ 시설재배 농지

5 감자(가을재배)

① 가을재배에 부적합 품종(수미, 남작, 조풍, 신남작, 세풍 등)이 파종된 농지

② 2년 이상 갱신하지 않는 씨감자를 파종한 농지

③ 씨감자 수확을 목적으로 재배하는 농지

④ 재식밀도가 4,000주/10a 미만인 농지

⑤ 전작으로 유채를 재배한 농지

⑥ 출현율이 90% 미만인 농지(보험가입 당시 출현 후 고사된 싹은 출현이 안 된 것으로 판단함)

⑦ 시설재배 농지, 목장 용지

6 감자(고랭지재배)

① 재배 용도가 다른 것을 혼식 재배하는 농지

② 파종을 4월 10일 이전에 실시한 농지

③ 출현율이 90% 미만인 농지(보험가입 당시 출현 후 고사된 싹은 출현이 안 된 것으로 판단)

④ 재식밀도가 3,500주/10a 미만인 농지

7 고구마

① '수' 품종 재배 농지
② 채소, 나물용 목적으로 재배하는 농지
③ 재식밀도가 4,000주/10a 미만인 농지
④ 무멀칭농지
⑤ 도시계획 등에 편입되어 수확 종료 전에 소유권 변동 또는 농지 형질변경 등이 예정되어 있는 농지

8 양배추

① 관수시설 미설치 농지(물호스는 관수시설 인정 제외)
② 9월 30일 이후에 정식한 농지(단, 재정식은 10월 15일 이내 정식)
③ 재식밀도가 평당 8구 미만인 농지
④ 소구형 양배추(방울양배추 등), 적채 양배추를 재배하는 농지
⑤ 목초지, 목야지 등 지목이 목인 농지
⑥ 시설(비닐하우스, 온실 등)에서 양배추를 재배하는 농지

9 옥수수

① 보험가입금액이 100만 원 미만인 농지
② 자가 채종을 이용해 재배하는 농지
③ 1주 1개로 수확하지 않는 농지
④ 통상적인 재식 간격의 범위를 벗어나 재배하는 농지
  • 1주 재배 : 1,000㎡당 정식주수가 3,500주 미만 5,000주 초과인 농지(단, 전남·전북·광주·제주는 1,000㎡당 정식주수가 3,000주 미만 5,000주 초과인 농지)
  • 2주 재배 : 1,000㎡당 정식주수가 4,000주 미만 6,000주 초과인 농지
⑤ 3월 1일 이전 파종한 농지
⑥ 출현율이 90% 미만인 농지(보험가입 당시 출현 후 고사된 싹은 출현이 안 된 것으로 판단함)
⑦ 도시계획 등에 편입되어 수확 종료 전에 소유권 변동 또는 농지 형질변경 등이 예정되어 있는 농지

10 사료용 옥수수

① 보험가입면적이 1,000㎡ 미만인 농지
② 자가 채종을 이용해 재배하는 농지
③ 3월 1일 이전 파종한 농지

④ 출현율이 90% 미만인 농지(보험가입 당시 출현 후 고사된 싹은 출현이 안 된 것으로 판단)

⑤ 도시계획 등에 편입되어 수확 종료 전에 소유권 변동 또는 농지 형질변경 등이 예정되어 있는 농지

11 콩

① 보험가입금액이 100만 원 미만인 농지

② 장류 및 두부용, 나물용, 밥밑용 콩 이외의 콩이 식재된 농지

③ 출현율이 90% 미만인 농지(보험가입 당시 출현 후 고사된 싹은 출현이 안 된 것으로 판단)

④ 적정 출현 개체수 미만인 농지(10개체/㎡), 제주지역 재배방식이 산파인 경우 15개체/㎡

⑤ 담배, 옥수수, 브로콜리 등 후작으로 인수 시점 기준으로 타 작물과 혼식되어 있는 경우

⑥ 논두렁에 재배하는 경우

⑦ 시험연구를 위해 재배하는 경우

⑧ 다른 작물과 간작 또는 혼작으로 다른 농작물이 재배 주체가 된 경우의 농지

⑨ 도시계획 등에 편입되어 수확 종료 전에 소유권 변동 또는 농지 형질변경 등이 예정되어 있는 농지

⑩ 시설재배 농지

12 팥

① 보험가입금액이 100만 원 미만인 농지

② 6월 1일 이전에 정식(파종)한 농지

③ 출현율이 85% 미만인 농지(보험가입 당시 출현 후 고사된 싹은 출현이 안 된 것으로 판단)

④ 시설(비닐하우스, 온실 등)에서 재배하는 농지

4 차(茶) 품목 인수 제한 목적물

① 보험가입면적이 1,000㎡ 미만인 농지

② 가입하는 해의 나무 수령이 7년 미만인 차나무

※ 수령(나이)은 나무의 나이를 말하며, 묘목이 가입농지에 식재된 해를 1년으로 한다.

③ 깊은 전지로 인해 차나무의 높이가 지면으로부터 30cm 이하인 경우 가입면적에서 제외

④ 통상적인 영농활동을 하지 않는 농지

⑤ 말차 재배를 목적으로 하는 농지

⑥ 보험계약 시 피해가 확인된 농지

⑦ 시설(비닐하우스, 온실 등)에서 촉성재배 하는 농지

⑧ 판매를 목적으로 경작하지 않는 농지

⑨ 다른 작물과 혼식되어 있는 농지

⑩ 하천부지, 상습침수 지역에 소재한 농지

⑪ 군사시설보호구역 중 통제보호구역내의 농지(단, 통상적인 영농활동 및 손해평가가 가능하다고 판단되는 농지는 인수 가능)

※ 통제보호구역 : 민간인통제선 이북지역 또는 군사기지 및 군사시설의 최외곽 경계선으로부터 300미터 범위 이내의 지역

⑫ 기타 인수가 부적절한 농지

5 인삼 품목(해가림시설 포함) 인수 제한 목적물

1 인삼 작물

① 보험가입금액이 200만 원 미만인 농지

② 2년근 미만 또는 6년근 이상 인삼

※ 단, 직전년도 인삼1형 상품에 5년근으로 가입한 농지에 한하여 6년근 가입 가능

③ 산양삼(장뇌삼), 묘삼, 수경재배 인삼

④ 식재년도 기준 과거 10년 이내(논은 6년 이내)에 인삼을 재배했던 농지(단, 채굴 후 8년 이상 경과되고 올해 성토(60cm이상)된 농지의 경우 인수 가능)

⑤ 두둑 높이가 15cm 미만인 농지

⑥ 보험가입 이전에 피해가 이미 발생한 농지

※ 단, 자기부담비율 미만의 피해가 발생한 경우이거나 피해 발생 부분을 수확한 경우에는 농지의 남은 부분에 한해 인수 가능

⑦ 통상적인 재배 및 영농활동을 하지 않는다고 판단되는 농지

⑧ 하천부지, 상습침수 지역에 소재한 농지

⑨ 판매를 목적으로 경작하지 않는 농지

⑩ 군사시설보호구역 중 통제보호구역내의 농지(단, 통상적인 영농활동 및 손해평가가 가능하다고 판단되는 농지는 인수 가능)

※ 통제보호구역 : 민간인통제선 이북지역 또는 군사기지 및 군사시설의 최외곽 경계선으로부터 300미터 범위 이내의 지역

⑪ 연륙교가 설치되어 있지 않고 정기선이 운항하지 않는 등 신속한 손해평가가 불가능한 도서 지역 농지

⑫ 기타 인수가 부적절한 농지

2 해가림시설

① **농림축산식품부**가 고시하는 **내재해형** 인삼재배시설 규격에 맞지 않는 시설

② 목적물의 소유권에 대한 확인이 불가능한 시설

③ 보험가입 당시 공사 중인 시설

④ 정부에서 보험료의 일부를 지원하는 다른 보험계약에 이미 가입되어 있는 시설

⑤ 통상적인 재배 및 영농활동을 하지 않는다고 판단되는 시설

⑥ 하천부지, 상습침수 지역에 소재한 시설

⑦ 판매를 목적으로 경작하지 않는 시설

⑧ 군사시설보호구역 중 통제보호구역내의 시설

※ 통제보호구역 : 민간인통제선 이북지역 또는 군사기지 및 군사시설의 최외곽 경계선으 로부터 300미터 범위 이내의 지역

⑨ 연륙교가 설치되어 있지 않고 정기선이 운항하지 않는 등 신속한 손해평가가 불가능한 도서 지역 시설

⑩ 기타 인수가 부적절한 시설

⑥ 밭작물(생산비보장) 품목 인수 제한 목적물

1 공통

① 보험계약 시 피해가 확인된 농지

② 여러 품목이 혼식된 농지(다른 작물과 혼식되어 있는 농지)

③ 하천부지, 상습침수 지역에 소재한 농지

④ 통상적인 재배 및 영농활동을 하지 않는 농지

⑤ 시설재배 농지

⑥ 판매를 목적으로 경작하지 않는 농지

⑦ 도서 지역의 경우 연륙교가 설치되어 있지 않고 정기선이 운항하지 않는 등 신속한 손해평가가 불가능한 지역에 소재한 농지

⑧ 군사시설보호구역 중 통제보호구역내의 농지(단, 통상적인 영농활동 및 손해평가가 가능하다고 판단되는 농지는 인수 가능)

※ 통제보호구역 : 민간인통제선 이북지역 또는 군사기지 및 군사시설의 최외곽 경계선으로부터 300미터 범위 이내의 지역

※ 대파, 쪽파(실파) 품목은 미해당
⑨ 기타 인수가 부적절한 농지

2 고추

① 보험가입금액이 **200만 원 미만**인 농지
② 재식밀도가 조밀(1,000㎡당 **4,000주 초과**) 또는 넓은(1,000㎡당 **1,500주 미만**) 농지
③ **노지재배, 터널재배** 이외의 재배작형으로 재배하는 농지
④ **비닐멀칭**이 되어 있지 않은 농지
⑤ **직파**한 농지
⑥ **4월 1일 이전**과 **5월 31일 이후**에 고추를 식재한 농지
⑦ 동일 농지 내 **재배 방법이 동일하지 않은 농지**(단, **보장생산비가 낮은 재배 방법으로 가입하는 경우 인수 가능**)
아) 동일 농지 내 **재식 일자가 동일하지 않은 농지**(단, **농지 전체의 정식이 완료된 날짜로 가입하는 경우 인수 가능**)
⑧ 고추 정식 **6개월 이내**에 **인삼**을 재배한 농지
⑨ **풋고추** 형태로 판매하기 위해 재배하는 농지

3 브로콜리

① 보험가입금액이 **200만 원 미만**인 농지
② 정식을 하지 않았거나, 정식을 **9월 30일 이후**에 실시한 농지
③ 목초지, 목야지 등 **지목이 목**인 농지

4 메밀

① 보험가입금액이 **50만 원 미만**인 농지
② 춘파재배 방식에 의한 **봄 파종**을 실시한 농지
③ **9월 15일 이후**에 파종을 실시 또는 할 예정인 농지
④ 오염 및 훼손 등의 피해를 입어 복구가 완전히 이루어지지 않은 농지
⑤ **최근 5년 이내**에 간척된 농지
⑥ 전환지(개간, 복토 등을 통해 논으로 변경한 농지), 휴경지 등 **농지로 변경하여 경작한 지 3년 이내**인 농지
⑦ **최근 3년 연속 침수피해**를 입은 농지(다만, 호우주의보 및 호우경보 등 기상특보에 해당되는 재해로 피해를 입은 경우는 제외함)
⑧ 목초지, 목야지 등 **지목이 목**인 농지

5 단호박

① 보험가입금액이 100만 원 미만인 농지
② 5월 29일을 초과하여 정식한 농지
③ 미니 단호박을 재배하는 농지

6 당근

① 보험가입금액이 100만 원 미만인 농지
② 미니 당근 재배 농지(대상 품종 : 베이비당근, 미뇽, 파맥스, 미니당근 등)
③ 8월 31일을 지나 파종을 실시하였거나 또는 할 예정인 농지
④ 목초지, 목야지 등 지목이 목인 농지

7 시금치(노지)

① 보험가입금액이 100만 원 미만인 농지
② 10월 31일을 지나 파종을 실시하였거나 또는 할 예정인 농지
③ 다른 광역시·도에 소재하는 농지(단, 인접한 광역시·도에 소재하는 농지로서 보험사고 시 지역 농·축협의 통상적인 손해조사가 가능한 농지는 본부의 승인을 받아 인수 가능)
④ 최근 3년 연속 침수피해를 입은 농지
⑤ 오염 및 훼손 등의 피해를 입어 복구가 완전히 이루어지지 않은 농지
⑥ 최근 5년 이내에 간척된 농지
⑦ 농업용지가 다른 용도로 전용되어 수용예정농지로 결정된 농지
⑧ 전환지(개간, 복토 등을 통해 논으로 변경한 농지), 휴경지 등 농지로 변경하여 경작한지 3년 이내인 농지

8 고랭지 배추, 가을배추, 월동 배추

① 보험가입금액이 100만 원 미만인 농지
② 정식을 9월 25일(월동배추), 9월 10일(가을배추) 이후에 실시한 농지
③ 다른 품종 및 품목을 정식한 농지(월동배추, 가을배추에만 해당)
④ 다른 광역시·도에 소재하는 농지(단, 인접한 광역시·도에 소재하는 농지로서 보험사고 시 지역 농·축협의 통상적인 손해조사가 가능한 농지는 본부의 승인을 받아 인수 가 능)
⑤ 최근 3년 연속 침수피해를 입은 농지, 다만, 호우주의보 및 호우경보 등 기상특보에 해 당되는 재해로 피해를 입은 경우는 제외함
⑥ 오염 및 훼손 등의 피해를 입어 복구가 완전히 이루어지지 않은 농지

⑦ 최근 5년 이내에 간척된 농지

⑧ 농업용지가 다른 용도로 전용되어 수용 예정 농지로 결정된 농지

⑨ 전환지(개간, 복토 등을 통해 논으로 변경한 농지), 휴경지 등 농지로 변경하여 경작한 지 3년 이내인 농지

9 고랭지 무

① 보험가입금액이 100만 원 미만인 농지

② 판매개시연도 7월 31일을 초과하여 정식한 농지

③ '고랭지여름재배' 작형에 해당하지 않는 농지 또는 고랭지무에 해당하지 않는 품종 (예 : 알타리무, 월동무 등)

10 월동 무

① 보험가입금액이 100만 원 미만인 농지

② 10월 15일 이후에 무를 파종한 농지

③ '월동재배' 작형에 해당하지 않는 농지 또는 월동무에 해당하지 않는 품종 (예 알타리무, 단무지무 등)

④ 가을무에 해당하는 품종 또는 가을무로 수확할 목적으로 재배하는 농지

⑤ 오염 및 훼손 등의 피해를 입어 복구가 완전히 이루어지지 않은 농지

⑥ 목초지, 목야지 등 지목이 목인 농지

11 대파

① 보험가입금액이 100만원 미만인 농지

② 5월 20일을 초과하여 정식한 농지

③ 재식밀도가 15,000주/10a 미만인 농지

12 쪽파, 실파

① 보험가입금액이 100만 원 미만인 농지

② 종구용(씨쪽파)으로 재배하는 농지

③ 상품 유형별 파종기간을 초과하여 파종한 농지

13 양상추

① 보험가입금액이 100만 원 미만인 농지

② 판매개시연도 8월 31일 이후에 정식한 농지(단, 재정식은 판매개시연도 9월 10일 이내 정식)

③ 시설(비닐하우스, 온실 등)에서 재배하는 농지

7 원예시설·버섯 품목 인수 제한 목적물

1 농업용 시설물 · 버섯재배사 및 부대시설

① 판매를 목적으로 작물을 경작하지 않는 시설

② 작업동, 창고동 등 작물 경작용으로 사용되지 않는 시설

※ 농업용 시설물 한 동 면적의 80% 이상을 작물 재배용으로 사용하는 경우 가입 가능

※ 원예시설(버섯재배사 제외)의 경우, 연중 8개월 이상 육묘를 키우는 육묘장의 경우 하 우스만 가입 가능

③ 피복재가 없거나 작물을 재배하고 있지 않은 시설

※ 다만, 지역적 기후 특성에 따른 한시적 휴경은 제외

④ 목재, 죽재로 시공된 시설

⑤ 비가림시설

⑥ 구조체, 피복재 등 목적물이 변형되거나 훼손된 시설

⑦ 목적물의 소유권에 대한 확인이 불가능한 시설

⑧ 건축 또는 공사 중인 시설

⑨ 1년 이내에 철거 예정인 고정식 시설

⑩ 하천부지 및 상습침수지역에 소재한 시설

※ 다만, 수재위험 부보장특약에 가입하여 풍재만은 보장 가능

⑪ 연륙교가 설치되어 있지 않고 정기선이 운항하지 않는 등 신속한 손해평가가 불가능한 도서 지역 시설

⑫ 정부에서 보험료의 일부를 지원하는 다른 계약에 이미 가입되어 있는 시설

⑬ 기타 인수가 부적절한 하우스 및 부대시설

2 시설작물

① 작물의 재배면적이 시설 면적의 50% 미만인 경우

※ 다만, 백합·카네이션의 경우 하우스 면적의 50% 미만이라도 동당 작기별 200㎡ 이상 재배 시 가입 가능

② 분화류의 국화, 장미, 백합, 카네이션을 재배하는 경우

③ 판매를 목적으로 재배하지 않는 시설작물

④ 한 시설에서 화훼류와 비화훼류를 혼식 재배중이거나, 또는 재배 예정인 경우

⑤ 통상적인 재배시기, 재배품목, 재배방식이 아닌 경우

※ **예** 여름재배 토마토가 불가능한 지역에서 여름재배 토마토를 가입하는 경우, 파프리 카 토경재배가 불가능한 지역에서 토경재배 파프리카를 가입하는 경우 등

⑥ 시설작물별 10a당 인수제한 재식밀도 미만인 경우

〈품목별 인수제한 재식밀도〉

품목		인수제한 재식밀도
딸기		5,000주/10a 미만
오이		1,500주/10a 미만
토마토		1,500주/10a 미만
참외		600주/10a 미만
호박		600주/10a 미만
풋고추		1,000주/10a 미만
국화		30,000주/10a 미만
장미		1,500주/10a 미만
수박		400주/10a 미만
멜론		400주/10a 미만
파프리카		1,500주/10a 미만
상추		40,000주/10a 미만
시금치		100,000주/10a 미만
부추		62,500주/10a 미만
배추		3,000주/10a 미만
가지		1,500주/10a 미만
파	대파	15,000주/10a 미만
	쪽파	18,000주/10a 미만
무		3,000주/10a 미만
백합		15,000주/10a 미만
카네이션		15,000주/10a 미만

⑦ 품목별 표준생장일수와 현저히 차이나는 생장일수를 가지는 품종

〈품목별 인수제한 품종〉

품목	인수제한 품종
배추(시설재배)	얼갈이 배추, 쌈배추, 양배추
딸기(시설재배)	산딸기
수박(시설재배)	애플수박, 미니수박, 복수박
고추(시설재배)	홍고추
오이(시설재배)	노각
상추(시설재배)	양상추, 프릴라이스, 버터헤드(볼라레), 오버레드, 이자벨, 멀티레드, 카이피라, 아지르카, 이자트릭스, 크리스피아노

3 버섯작물

(1) 표고버섯(원목재배 · 톱밥배지재배)
① 통상적인 재배 및 영농활동을 하지 않는다고 판단되는 하우스
② **원목 5년차 이상의 표고버섯**
③ 원목재배, 톱밥배지재배 이외의 방법으로 재배하는 표고버섯
④ 판매를 목적으로 재배하지 않는 표고버섯
⑤ 기타 인수가 부적절한 표고버섯

(2) 느타리버섯(균상재배 · 병재배)
① 통상적인 재배 및 영농활동을 하지 않는다고 판단되는 하우스
② 균상재배, 병재배 이외의 방법으로 재배하는 느타리버섯
③ 판매를 목적으로 재배하지 않는 느타리버섯
④ 기타 인수가 부적절한 느타리버섯

(3) 새송이버섯(병재배)
① 통상적인 재배 및 영농활동을 하지 않는다고 판단되는 하우스
② 병재배 외의 방법으로 재배하는 새송이버섯
③ 판매를 목적으로 재배하지 않는 새송이버섯
④ 기타 인수가 부적절한 새송이버섯

(4) 양송이버섯(균상재배)

① 통상적인 재배 및 영농활동을 하지 않는다고 판단되는 하우스

② 균상재배 외의 방법으로 재배하는 양송이버섯

③ 판매를 목적으로 재배하지 않는 양송이버섯

④ 기타 인수가 부적절한 양송이버섯

09 가축

1 가축재해보험 운영기관

구 분	대상
사업총괄	농림축산식품부(재해보험정책과)
사업관리	농업정책보험금융원
사업운영	농업정책보험금융원과 사업 운영 약정을 체결한 자 (NH손보, KB손보, DB손보, 한화손보, 현대해상, 삼성화재)
보험업 감독기관	금융위원회
분쟁해결	금융감독원
심의기구	농업재해보험심의회

2 정부 지원

- 가축재해보험 가입방식은 농작물재해보험과 같은 방식으로 가입 대상자(축산농업인)가 가입 여부를 판단하여 가입하는 "임의보험" 방식이다.
- 가축재해보험에 가입하여 정부의 지원을 받는 요건은 농업경영체에 등록하고, 축산업 허가(등록)를 받은 자로 한다.
- 가축재해보험과 관련하여 정부의 지원은 개인 또는 법인당 5,000만 원 한도 내에서 납입 보험료의 50%까지 받을 수 있다.

3 **가축사육업 허가 및 등록기준**

1. 허가대상 : 4개 축종(소·돼지·닭·오리, 아래 사육시설 면적 초과 시)
   - 소·돼지·닭·오리 : 50㎡ 초과
2. 등록대상 : 11개 축종
   - 소·돼지·닭·오리(4개 축종) : 허가대상 사육시설 면적 이하인 경우
   - 양·사슴·거위·칠면조·메추리·타조·꿩(7개 축종)
3. 등록제외 대상
   - 등록대상 가금 중 사육시설면적이 10㎡ 미만은 등록 제외(닭, 오리, 거위, 칠면조, 메추리, 타조, 꿩 또는 기러기 사육업)
   - 말, 노새, 당나귀, 토끼, 개, 꿀벌

4 **정부지원 범위**

① 가축재해보험에 가입한 재해보험가입자의 납입 보험료의 50% 지원
   단, 농업인(주민등록번호) 또는 법인별(법인등록번호) 5천만 원 한도 지원

※ 예시 : 보험 가입하여 4천만원 국고지원 받고 계약 만기일 전 중도 해지한 후 보험을 재가입할 경우 1천만원 국고 한도 내 지원 가능

   - 말(馬)은 마리당 가입금액 4천만 원 한도내 보험료의 50%를 지원하되, 4천만 원을 초과하는 경우는 초과 금액의 70%까지 가입금액을 산정하여 보험료의 50% 지원(단, 외국산 경주마는 정부지원 제외)
   - 닭(육계·토종닭·삼계), 돼지, 오리 축종은 가축재해보험 가입두수가 축산업 허가(등록)증의 가축사육 면적을 기준으로 아래의 범위를 초과하는 경우 정부 지원 제외

〈가축사육면적당 보험가입 적용 기준〉

닭(두/㎡)		돼지(㎡/두)						오리(㎡/두)	
		개별가입					일괄 가입		
(육계·토종닭)	(삼계)	웅돈	모돈	자돈 (초기)	자돈 (후기)	육성돈 비육돈		산란용	육용
22.5	41.1	6	2.42	0.2	0.3	0.62	0.79	0.333	0.246

② 정부지원을 받은 계약자 사망으로 축산업 승계, 목적물 매도 등이 발생한 경우, 변경 계약자의 정부지원 요건 충족여부 철저한 확인 필요

③ 정부지원 요건 미충족 시 보험계약 해지 또는 잔여기간에 대한 정부지원금(지방비 포함) 반납처리

5 꿀벌 벌통

꿀벌의 경우 아래 조건에 해당되는 벌통은 보험의 목적으로서 화재 및 풍재·수재·설해·지진로 인한 손해 보상이 가능하다.

- 서양종(양봉)은 꿀벌이 있는 상태의 소비(巢脾)가 3매 이상 있는 벌통
- 동양종(토종벌, 한봉)은 봉군(蜂群)이 있는 상태의 벌통

6 유량검정젖소

유량검정젖소란 젖소개량사업소의 검정사업에 참여하는 농가 중에서 일정한 요건을 충족하는 **농가**(직전 월의 305일 평균유량이 10,000kg 이상이고 평균 체세포수가 30만 마리 이하를 충족하는 농가)의 **소**(최근 산차 305일 유량이 11,000kg 이상이고, 체세포수가 20만 마리 이하인 젖소)를 의미하며 요건을 충족하는 유량검정젖소는 시가에 관계 없이 **협정보험가액 특약**으로 보험 가입이 가능하다.

⑦ 보상하는 손해 / 보상하지 않는 손해

1 보상하는 손해

(1) 소(牛) 부문(종모우 부문 포함)

구 분		보상하는 손해	자기부담금
주계약 (보통 약관)	한우 육우 젖소	• 법정전염병을 제외한 질병 또는 각종 사고 (풍해·수해·설해 등 자연재해, 화재)로 인한 폐사 • 부상(경추골절, 사지골절, 탈구·탈골), 난산, 산욕마비, 급성고창증 및 젖소의 유량 감소로 긴급도축을 하여야 하는 경우 ※젖소유량감소는 유방염, 불임 및 각종 대사성 질병으로 인하여 젖소로서의 경제적 가치가 없는 경우에 한함 ※신규가입일 경우 가입일로부터 1개월 이내 질병 관련 사고(긴급도축 제외)는 보상하지 아니함 • 소 도난 및 행방불명에 의한 손해 ※도난손해는 보험증권에 기재된 보관장소 내에 보관되어 있는 동안에 불법침입자, 절도 또는 강도의 도난행위로 입은 직접손해(가축의 상해, 폐사 포함)에 한함 • 가축사체 잔존물 처리비용	보험금의 20%, 30%, 40%
	종모우	• 연속 6주 동안 정상적으로 정액을 생산하지 못하고, 종모우로서의 경제적 가치가 없다고 판정 시 ※정액생산은 6주 동안 일주일에 2번에 걸쳐 정액을 채취한 후 이를 근거로 경제적 도살여부 판단 • 그 외 보상하는 사고는 한우·육우·젖소와 동일	보험금의 20%

구 분		보상하는 손해	자기부담금
주계약 (보통 약관)	축사	• 화재(벼락 포함)에 의한 손해 • 화재(벼락 포함)에 따른 소방손해 • 태풍, 홍수, 호우(豪雨), 강풍, 풍랑, 해일 (海溢), 조수(潮水), 우박, 지진, 분화 및 이 와 비슷한 풍재 또는 수재로 입은 손해 • 설해로 입은 손해 • 화재(벼락 포함) 및 풍재, 수재, 설해, 지진 에 의한 피난 손해 • 잔존물 제거비용	〈풍재·수재·설해·지진〉 지급보험금 계산 방식 에 따라 계산한 금액 에 0%, 5%, 10%을 곱 한 금액 또는 50만원 중 큰 금액 〈화재〉 지급보험금 계산 방식 에 따라 계산한 금액 에 자기부담비율 0%, 5%, 10%를 곱한 금액
특별 약관	소 도체결함 보장	• 도축장에서 도축되어 경매시까지 발견된 도체의 결함(근출혈, 수종, 근염, 외상, 근육 제거, 기타 등)으로 손해액이 발생한 경우	보험금의 20%
	협정보험 가액	• 협의 평가로 보험 가입한 금액 ※시가와 관계없이 가입금액을 보험가액으 로 평가	주계약, 특약조건 준용
	화재대물 배상책임	• 축사 화재로 인해 인접 농가에 피해가 발생 한 경우	–

(2) 돼지(豚) 부문

구 분		보상하는 손해	자기부담금
주계약 (보통 약관)	돼지	• 화재 및 풍재, 수재, 설해, 지진으로 인한 폐사 • 화재 및 풍재, 수재, 설해, 지진 발생 시 방재 또는 긴급피난에 필요한 조치로 목적물에 발생한 손해 • 가축사체 잔존물 처리 비용	보험금의 5%, 10%, 20%
	축사	• 화재(벼락 포함)에 의한 손해 • 화재(벼락 포함)에 따른 소방손해 • 태풍, 홍수, 호우(豪雨), 강풍, 풍랑, 해일(海溢), 조수(潮水), 우박, 지진, 분화 및 이와 비슷한 풍재 또는 수재로 입은 손해 • 설해로 입은 손해 • 화재(벼락 포함) 및 풍재, 수재, 설해, 지진에 의한 피난손해 • 잔존물 제거비용	〈풍재·수재·설해·지진〉 지급보험금 계산 방식에 따라 계산한 금액에 0%, 5%, 10%을 곱한 금액 또는 50만원 중 큰 금액 〈화재〉 지급보험금 계산 방식에 따라 계산한 금액에 자기부담비율 0%, 5%, 10%를 곱한 금액

구 분		보상하는 손해	자기부담금
특별 약관	질병위험 보장	• TGE, PED, Rota virus에 의한 손해 ※신규가입일 경우 가입일로부터 1개 월 이내 질병 관련 사고는 보상하 지 아니함	보험금의 10%, 20%, 30%, 40% 또는 200만원 중 큰 금액
	축산휴지 위험보장	• 주계약 및 특별약관에서 보상하는 사고의 원인으로 축산업이 휴지되 었을 경우에 생긴 손해액	–
	전기적장치 위험보장	• 전기장치가 파손되어 온도의 변화 로 가축 폐사 시	보험금의 10%, 20%, 30%, 40% 또는 200만원 중 큰 금액
	폭염재해보장	• 폭염에 의한 가축 피해 보상	
	협정보험가액	• 협의 평가로 보험 가입한 금액 ※시가와 관계없이 가입금액을 보험 가액으로 평가	주계약, 특약 조건 준용
	설해손해 부보장	• 설해에 의한 손해는 보장하지 않음	–
	화재대물 배상책임	• 축사 화재로 인해 인접 농가에 피해 가 발생한 경우	–

※ 폭염재해보장 특약은 전기적장치위험보장특약 가입자에 한하여 가입 가능

(3) 가금(家禽) 부문

구 분		보상하는 손해	자기부담금
주계약 (보통 약관)	가금	• 화재 및 풍재, 수재, 설해, 지진으로 인한 폐사 • 화재 및 풍재, 수재, 설해, 지진 발생시 방재 또는 긴급피난에 필요한 조치로 목적물에 발생한 손해 • 가축 사체 잔존물 처리 비용	보험금의 10%, 20%, 30%, 40%
	축사	• 화재(벼락 포함)에 의한 손해 • 화재(벼락 포함)에 따른 소방손해 • 태풍, 홍수, 호우(豪雨), 강풍, 풍랑, 해일(海溢), 조수(潮水), 우박, 지진, 분화 및 이와 비슷한 풍재 또는 수재로 입은 손해 • 설해로 입은 손해 • 화재(벼락 포함) 및 풍재, 수재, 설해, 지진에 의한 피난손해 • 잔존물 제거 비용	〈풍재·수재·설해·지진〉 지급보험금 계산 방식에 따라 계산한 금액에 0%, 5%, 10%을 곱한 금액 또는 50만원 중 큰 금액 〈화재〉 지급보험금 계산 방식에 따라 계산한 금액에 자기부담비율 0%, 5%, 10%를 곱한 금액
특별 약관	전기적장치 위험보장	• 전기장치가 파손되어 온도의 변화로 가축 폐사 시	보험금의 10%, 20%, 30%, 40% 또는 200만원 중 큰 금액
	폭염재해보장	• 폭염에 의한 가축 피해 보상	
	협정보험가액	• 협의평가로 보험 가입한 금액 ※시가와 관계없이 가입금액을 보험가액으로 평가	주계약, 특약 조건 준용
	설해손해 부보장	• 설해에 의한 손해는 보장하지 않음	–
	화재대물 배상책임	• 축사 화재로 인해 인접 농가에 피해가 발생한 경우	–

※ 폭염재해보장 특약은 전기적장치위험보장특약 가입자에 한하여 가입 가능

(4) 말(馬) 부문

구 분		보상하는 손해	자기부담금
주계약 (보통 약관)	경주마 육성마 종빈마 종모마 일반마 제주마	• 법정전염병을 제외한 질병 또는 각 종 사고(풍해·수해·설해 등 자연재해, 화재)로 인한 폐사 • 부상(경추골절, 사지골절, 탈골·탈구), 난산, 산욕마비, 산통, 경주마의 실명으로 긴급도축 하여야 하는 경우 • 불임 ※불임은 임신 가능한 암컷말(종빈마)의 생식기관의 이상과 질환으로 인하여 발생하는 영구적인 번식장애를 의미 • 가축 사체 잔존물 처리 비용	보험금의 20% 단, 경주마 (육성마)는 사고장소에 따라 경마장외 30%, 경마장내 5%,10%,20% 중 선택
	축사	• 화재(벼락 포함)에 의한 손해 • 화재(벼락 포함)에 따른 소방손해 • 태풍, 홍수, 호우(豪雨), 강풍, 풍랑, 해일(海溢), 조수(潮水), 우박, 지진, 분화 및 이와 비슷한 풍재 또는 수재로 입은 손해 • 설해로 입은 손해 • 화재(벼락 포함) 및 풍재, 수재, 설해, 지진에 의한 피난손해 • 잔존물 제거비용	〈풍재·수재·설해·지진〉 지급보험금 계산 방식에 따라 계산한 금액에 0%, 5%, 10%을 곱한 금액 또는 50만원 중 큰 금액 〈화재〉 지급보험금 계산 방식에 따라 계산한 금액에 자기부담비율 0%, 5%, 10%를 곱한 금액

구 분		보상하는 손해	자기부담금
특별 약관	씨수말 번식 첫해 선천성 불임 확장보장	• 씨수말이 불임이라고 판단이 된 경우 에 보상하는 특약	-
	말운송위험 확장보장	• 말 운송 중 발생되는 주계약 보상사고	-
	경주마 부적격	• 경주마 부적격 판정을 받은 경우 보상	-
	화재대물 배상책임	• 축사 화재로 인해 인접 농가에 피해 가 발생한 경우	-

(5) 기타 가축(家畜) 부문

구 분		보상하는 사고	자기부담금
주계약 (보통 약관)	사슴, 양, 오소리, 꿀벌, 토끼	• 화재 및 풍재, 수재, 설해, 지진에 의한 손해 • 화재 및 풍재, 수재, 설해, 지진 발 생시 방재 또는 긴급피난에 필요한 조치로 목적물에 발생한 손해 • 가축 사체 잔존물 처리 비용	보험금의 5%, 10%, 20%, 30%, 40%
	축사	• 화재(벼락 포함)에 의한 손해 • 화재(벼락 포함)에 따른 소방손해 • 태풍, 홍수, 호우(豪雨), 강풍, 풍 랑, 해일(海溢), 조수(潮水), 우박, 지진, 분화 및 이와 비슷한 풍재 또 는 수재로 입은 손해 • 설해로 입은 손해 • 화재(벼락 포함) 및 풍재, 수재, 설 해, 지진에 의한 피난손해 • 잔존물 제거 비용	〈풍재·수재·설해·지진〉 지급보험금 계산 방식 에 따라 계산한 금액 에 0%, 5%, 10%을 곱 한 금액 또는 50만원 중 큰 금액 〈화재〉 지급보험금 계산 방식 에 따라 계산한 금액에 자기부담비율 0%, 5%, 10%를 곱한 금액

구 분		보상하는 사고	자기부담금
특별 약관	폐사· 긴급도축 확장보장 특약 (사슴, 양 자동부가)	• 법정전염병을 제외한 질병 또는 각 종 사고(풍해·수해· 설해 등 자연재 해, 화재)로 인한 폐사 • 부상(사지골절, 경추골절, 탈구·탈 골), 산욕마비, 난산으로 긴급도축 을 하여야 하는 경우 ※신규가입일 경우 가입일로부터 1 개월 이내 질병 관련 사고(긴급도 축 제외)는 보상하지 아니합니다.	보험금의 5%, 10%, 20%, 30%, 40%
	꿀벌 낭충봉아 부패병보장	• 벌통의 꿀벌이 낭충봉아부패병으 로 폐사(감염 벌통 소각 포함)한 경 우	보험금의 5%, 10%, 20%, 30% 40%
	꿀벌 부저병보장	• 벌통의 꿀벌이 부저병으로 폐사(감 염 벌통 소각 포함)한 경우	
	화재대물 배상책임	• 축사 화재로 인해 인접 농가에 피 해가 발생한 경우	–

(6) 축사 부문

> 지진 피해의 경우 <u>아래의 최저기준을 초과하는</u> 손해를 담보한다.
>
> • 기둥 또는 보 <u>1개 이하</u>를 해체하여 수선 또는 보강하는 것
> • 지붕틀의 <u>1개 이하</u>를 해체하여 수선 또는 보강하는 것
> • 기둥, 보, 지붕틀, 벽 등에 <u>2m 이하</u>의 균열이 발생한 것
> • 지붕재의 <u>2㎡ 이하</u>를 수선하는 것

2 보상하지 않는 손해

(1) 소(牛) 부문

① 보관장소 또는 작업장 내에서 일어난 좀도둑으로 인한 손해
② 재고 조사 시 발견된 손해
③ 망실 또는 분실 손해

④ 사기 또는 횡령으로 인한 손해
⑤ 도난 손해가 생긴 후 <u>30일 이내</u>에 발견하지 못한 손해
⑥ 보관장소를 <u>72시간 이상</u> 비워둔 동안 생긴 도난 손해
⑦ 보험의 목적이 보관장소를 벗어나 보관되는 동안에 생긴 도난 손해

(2) 돼지(豚) 부문
보험목적이 도난 또는 행방불명된 경우

(3) 기타 가축(家畜) 부문
① <u>10kg 미만(1마리 기준)의 양</u>이 폐사하여 발생한 손해
② 벌의 경우 CCD(Colony Collapse Disorder : 벌떼폐사장애), 농약, 밀원수(蜜原樹)의 황화현상(黃化現象), 공사장의 소음, 전자파로 인하여 발생한 손해 및 꿀벌의 손해가 없는 벌통만의 손해
③ 보험목적이 도난 또는 행방불명된 경우

8 돼지 질병위험보장 특별약관에서 보장하는 질병 3가지
① 전염성위장염(TGE virus 감염증)
② 돼지유행성설사병(PED virus 감염증)
③ 로타바이러스감염증(Rota virus 감염증)

특별
부록

손해평가사
핵심이론 합격노트
❷

01 🌱 기본 이론

1 조사자의 유형

> 농업재해보험 조사자는 법 제11조에서 규정하고 있는 대로 손해평가인, 손해평가사 및 손해사정사이다. 손해평가인은 농어업재해보험법 시행령 제12조에 따른 자격요건을 충족하는 자로 재해보험사업자가 위촉한 자이다. 손해평가사는 농림축산식품부 장관이 한국산업인력공단에 위탁하여 시행하는 손해평가사 자격시험에 합격한 자이다. 손해사정사는 보험개발원에서 실시하는 손해사정사 자격시험에 합격하고 일정기간의 실무수습을 마쳐 금융감독원에 등록한 자이다. 이 밖에 재해보험사업자 및 재해보험사업자로부터 손해평가 업무를 위탁받은 자는 손해평가 업무를 원활히 수행하기 위하여 손해평가보조인을 운용할 수 있다.

2 손해평가반 구성

재해보험사업자 등은 보험가입자로부터 보험사고가 접수되면 생육시기·품목·재해종류 등에 따라 조사 내용을 결정하고 지체없이 손해평가반을 구성한다. 손해평가반은 손해평가요령 제8조에서와 같이 조사자 1인(손해평가사·손해평가인·손해사정사)을 포함하여 5인 이내로 구성하되 손해평가반에는 손해평가인, 손해평가사 및 손해사정사 중 1인 이상을 반드시 포함하여야 한다. 조사자가 부족할 경우에는 손해평가 보조인을 위촉하여 손해평가반을 구성할 수 있다.

<農業災害保험 損害평가요령>

제8조(손해평가반 구성 등)① 재해보험사업자는 제2조제1호의 손해평가를 하는 경우에는 손해평가반을 구성하고 손해평가반별로 평가일정계획을 수립하여야 한다.
② 제1항에 따른 손해평가반은 다음 각 호의 어느 하나에 해당하는 자를 1인 이상 포함하여 5인 이내로 구성한다.

1. 제2조제2호에 따른 손해평가인
2. 제2조제3호에 따른 손해평가사
3. 「보험업법」 제186조에 따른 손해사정사

③ 제2항의 규정에도 불구하고 다음 각 호의 어느 하나에 해당하는 손해평가에 대하여는 해당자를 손해평가반 구성에서 배제하여야 한다.

1. 자기 또는 자기와 생계를 같이 하는 친족(이하 "이해관계자"라 한다)이 가입한 보험계약에 관한 손해평가
2. 자기 또는 이해관계자가 모집한 보험계약에 관한 손해평가
3. 직전 손해평가일로부터 30일 이내의 보험가입자간 상호 손해평가
4. 자기가 실시한 손해평가에 대한 검증조사 및 재조사

3 손해평가 기본단계

• 재해보험에 가입한 보험가입자가 해당 농지에 자연재해 등 피해가 발생하면 보험에 가입했던 대리점(지역농협 등) 등 영업점에 사고 접수를 한다.
• 영업점은 재해보험사업자에게 사고접수 사실을 알리고 재해보험사업자는 조사기관을 배정한다.
• 조사기관은 소속된 조사자를 빠르게 배정하여 손해평가반을 구성하고 해당 손해평가반은 신속하게 손해평가업무를 수행한다.
• 손해평가반은 영업점에 도착하여 계약 및 기본사항 등 서류를 검토하고 현지조사서를 받아 피해현장에 방문하여 보상하는 재해여부를 심사한다. 그리고 상황에 맞는 관련조사를 선택하여 실시한 후 조사결과를 보험가입자에게 안내하고 서명확인을 받아 전산입력 또는 대리점에게 현지조사서를 제출한다.

02 🌳 적과전

1 착과감소보험금

> 착과감소보험금 = (1 착과감소량 − 2 미보상감수량 − 3 자기부담감수량) × 4 가입가격
> × 5 보장수준(50%, 70%))

1 착과감소량

> 착과감소량 = 착과감소과실수 × 가입과중

(1) 착과감소과실수

1) [종합] 자연재해, 조수해, 화재

> 착과감소과실수 = 평년착과수 − 적과후착과수

2) [종합] "피해규모 일부"인 사고만 있는 경우

> 착과감소과실수 = 최솟값(평년착과수 − 적과후착과수, 평년착과수 × 최대인정피해율)

※ 최대인정피해율 = 피해대상주수(고사주수, 수확불능주수, 일부피해주수) ÷ 실제
결과주수

3) [5종] 태풍(강풍), 지진, 집중호우, 화재, 우박

> 착과감소과실수 = 최솟값(평년착과수 − 적과후착과수, 평년착과수 × 최대인정피해율)

최대인정피해율 = 가) 나무피해율, 낙엽률에 따른 나) 인정피해율, 우박피해에 따른
다) 유과타박률 중 가장 큰 값

가) 나무피해율(누적)

- 나무피해율(누적) = (유실, 매몰, 도복, 절단(1/2), 소실(1/2), 침수주수) ÷ 실제결과주수
- 침수주수 = 침수피해를 입은 나무수 × 과실침수율[=침수된착과(화)수/전체착과(화)수]

나) 인정피해율(Max)

- 〈단감〉 인정피해율(Max) = (1.0115 × 낙엽률) − (0.0014 × 경과일수)
- 〈떫은감〉 인정피해율(Max) = 0.9662 × 낙엽률 − 0.0703
- 낙엽률 = 표본주의 낙엽수 합계 / (표본주의 낙엽수 합계 + 표본주의 착엽수 합계)
- 경과일수 = 6월 1일부터 낙엽피해 발생일까지 경과된 일수

다) 유과타박률(Max)

유과타박률(Max) = 표본주의 피해유과수 합계 / (표본주의 피해유과수 합계 + 표본주의 정상유과수 합계)

2 미보상감수량

미보상감수량 = (착과감소과실수 × max미보상비율 + 미보상주수 × 주당평년착과수) × 가입과중
= 착과감소량×max미보상비율 + 미보상주수×주당평년착과수×가입과중

3 자기부담감수량

자기부담감수량 = 기준수확량 × 자기부담비율 = (기준착과수×가입과중)×자기부담비율
= (적과후착과수 + 착과감소과실수) × 가입과중 × 자기부담비율

4 가입가격

(문제조건)

5 보장수준(50%, 70%) : 계약할 때 계약자가 선택

50%형	임의선택 가능
70%형	최근 3년간 연속 보험가입 과수원으로 누적 적과전 손해율 100% 미만인 경우에만 선택 가능하다.

6 지급한도 체크

지급보험금 = Min{계산된 보험금, 보험가입금액 × (1 − 자기부담비율)}

② 과실손해보험금

> 과실손해보험금
> = (1 적과종료 이후 누적감수량 − 2 자기부담감수량) × 3 가입가격

1 적과종료 이후 누적감수량

> 적과종료 이후 누적감수량 = 누적감수과실수 × 가입과중

(1) 누적감수과실수

핵심포인트 4가지 (종자착, ×1.07, 0.0031, 일소적6%초과)

❶ 종자가 착한 아이들 챙겨줄 것

❷ 사과, 배 + 태지집에 화재나면 ×1.07

❸ '잎 50% 이상 고사 피해'인 경우, 착피율에 "정상과실수 × 0.0031 × 잔여일수"감안해주어야 하는 것

❹ 일소피해과실수(낙과 + 착과)는 사고당 적과후착과수의 6%를 초과하는 경우에만 감수과실수로 인정하는 것

〈공통사항〉

• Max A : 금차 사고전 기조사된 착과피해구성률 또는 인정피해율 중 최댓값을 말함

• "(해당 과실의 피해구성률 − Max A)"의 값이 영(0)보다 작은 경우 : 금차 감수과실수는 영(0)으로 함

1) 종자가 착한 아이들 챙겨줄 것

구분		내용
적과종료 이전 사과, 배, 단감, 떫은감	❶ 종자착 적과종료 이전 종합 자연재해 착과손해 maxA	〈종합〉 적과종료 이전 자연재해로 인한 적과종료 이후 착과손해 감수과실수 ▶ 적과후착과수가 평년착과수의 60%미만인 경우, 감수과실수 　= 적과후착과수 × 5% ▶ 적과후착과수가 평년착과수의 60%이상 100%미만인 경우, 　감수과실수 = 적과후착과수 × 5% × $\dfrac{100\% - 착과율}{40\%}$ ※ 착과율 = 적과후착과수 ÷ 평년착과수 ※ 상기 계산된 감수과실수는 적과종료 이후 누적감수량에 합산하며, 적과종료 이후 착과피해율(Max A 적용)로 인식

특별부록 손해평가사 핵심이론 합격노트 395

2) 사과, 배 + 태지집에 화재나면 ×1.07

구분			내용
적과 종료 이후 사과, 배	태풍 (강풍) 지진 집중호우 화재	❷×1.07 낙과피해 조사	▶낙과손해(전수조사) : 총낙과과실수 × (낙과피해구성률 − Max A) × 1.07 ▶낙과손해(표본조사) : (낙과과실수 합계 / 표본주수) × 조사대상주수 × (낙과피해구성률 − Max A) × 1.07 ※ 낙과 감수과실수의 7%를 착과손해로 포함하여 산정
		나무피해 조사	▶나무의 고사 및 수확불능손해 • (고사주수 + 수확불능주수) × 무피해 나무 1주당 평균 착과수 × (1 − Max A) ▶나무의 일부침수손해 • (일부침수주수 × 일부침수나무 1주당 평균 침수 착과수) × (1 − Max A)
	우박	낙과피해 조사	▶낙과손해(전수조사) : 총낙과과실수 × (낙과피해구성률 − Max A) ▶낙과손해(표본조사) : (낙과과실수 합계 / 표본주수) × 조사대상주수 × (낙과피해구성률 − Max A)
		착과피해 조사	▶사고당시 착과과실수 × (착과피해구성률 − Max A)
	가을동상 해	착과피해 조사	▶사고당시 착과과실수 × (착과피해구성률 − Max A)

3) 잎 피해 인정 시 착피율에 "정상과실수 × 0.0031 × 잔여일수"감안해주어야 하는 것

구분			내용
적과 종료 이후 단감, 떫은 감	가 을 동 상 해	❸ 0.0031 착과 피해 조사	▶ 착과손해 • 사고당시 착과과실수 × (착과피해구성률 − Max A) ※ 단, '잎 50% 이상 고사 피해'인 경우에는 착과피해구성률을 아래와 같이 적용함 • 착과피해구성률 $$\frac{(정상과실수 × 0.0031 × 잔여일수) + (50\%형 피해과실수 × 0.5) + (80\%형 피해과실수 × 0.8) + (100\%형 피해과실수 × 1)}{정상과실수 + 50\%형 피해과실수 + 80\%형 피해과실수 + 100\%형 피해과실수}$$ ※ 잔여일수 : 사고발생일부터 예정수확일(가을동상해 보장종료일 중 계약자가 선택한 날짜)까지 남은 일수

※ 착과피해구성률

(정상과실수 × 0.0031 × 잔여일수) + (50%형 피해과실수 × 0.5) + (80%형 피해과실수 × 0.8) + (100%형 피해과실수 × 1) / 정상과실수 + 50%형 피해과실수 + 80%형 피해과실수 + 100%형 피해과실수

4) **일소**피해과실수(낙과 + 착과)는 사고당 **적과후착과수**의 **6%**를 **초과**하는 경우에만 감수과실수로 인정하는 것

구분			내용
적과 종료 이후 사과, 배, 단감, 떫은감	일소 피해	❹ 일소적 6% 초과 낙과· 착과 피해 조사	▶ 낙과손해 (전수조사 시) : 총낙과과실수 × (낙과피해구성률 − Max A) ▶ 낙과손해 (표본조사 시) : (낙과과실수 합계 ÷ 표본주수) × 조사대상주수 × (낙과피해구성률 − Max A) ▶ 착과손해 • 사고당시 착과과실수 × (착과피해구성률 − Max A) ▶ 일소피해과실수 = 낙과손해 + 착과손해 • 일소피해과실수가 보험사고 한 건당 적과후착과수의 6%를 초과하는 경우에만 감수과실수로 인정 • 일소피해과실수가 보험사고 한 건당 적과후착과수의 6% 이하인 경우에는 해당 조사의 감수과실수는 영(0)으로 함

〈용어 및 관련 산식〉

사과 · 배 · 단감 · 떫은감	나무 피해 조사	• 과실침수율 $= \dfrac{\text{침수꽃(눈)·유과수의 합계}}{\text{침수꽃(눈)·유과수의 합계 + 미침수꽃(눈)·유과수의 합계}}$ • 나무피해 시 품종·재배방식·수령별 주당 평년착과수 $= \left(\text{전체 평년착과수} \times \dfrac{\text{품종·재배방식·수령별 표준수확량합계}}{\text{전체표준수확량 합계}}\right)$ $\div$ 품종·재배방식·수령별 실제결과주수 ※ 품종·재배방식·수령별로 구분하여 산식에 적용
	피해 구성 조사	• 피해구성률 $= \dfrac{(100\%\text{형 피해과실수} \times 1) + (80\%\text{형 피해과실수} \times 0.8) + (50\%\text{형 피해과실수} \times 0.5)}{100\%\text{형피해과실수} + 80\%\text{형 피해과실수} + 50\%\text{형 피해과실수} + \text{정상과실수}}$ ※ 착과 및 낙과피해조사에서 피해구성률 산정시 적용
	착과 피해 조사	• "사고당시 착과과실수"는 "적과후착과수 − 총낙과과실수 − 총적과종료 후 나무피해과실수 − 총 기수확과실수" 보다 클 수 없음
	적과후 착과수 조사	• 품종·재배방식·수령별 착과수 $= \left(\dfrac{\text{품종·재배방식·수령별 표본주의 착과수 합계}}{\text{품종·재배방식·수령별표본주 합계}}\right)$ $\times$ 품종·재배방식·수령별 조사대상주수 ※ 품종·재배방식·수령별 착과수의 합계를 과수원별 『적과후착과수』로 함

2 자기부담감수량

자기부담감수량 = {(적과후착과수 + 착과감소과실수) × 가입과중 × 자기부담비율} − (착과감소량 − 적과종료 이전에 산정된 미보상감수량)} ≥ 0

3 가입가격

(문제조건)

4 지급한도 체크

지급보험금 = Min{계산된 보험금, 보험가입금액 × (1 − 자기부담비율)}

03 ⊘ 포복자

1 과중조사횟수, 최소표본주수, 최소추출과실개수

	과중조사(개당과중)	착과피해	낙과피해
적과전	× (가입과중)	품종별 1주이상 / 과수원당 3주이상	100개 이상
포도, 복숭아, 자두, 감귤(만감류)	포도, 감귤(만감류) 3-20-30 복숭아, 자두 3-20-60	포도, 감귤(만감류) 3-20-30 복숭아, 자두 3-20-60	포도, 감귤(만감류) 20-30 복숭아, 자두 20-60
호두, 밤	3-20-60	3-20-60	20-60
참다래	3-20-60	3-100	100
유자	3-20-60	3-100	–
대추, 매실, 살구	–	100개 또는 1,000g	
오미자	–	3,000g	

※ 주의사항 : 두밤이부터 전/후있고, 유자는 전만 있다 등 기본 개념을 가지고 보아야 오해가 없는 표이다.

2 보험금

보험금 = 보험가입금액 × (피해율 − 자기부담비율)

※ 피해율 = (평년수확량 − 수확량 − 미보상감수량 + 병충해감수량) ÷ 평년수확량

1 수확량 : 포도, 복숭아, 자두, 감귤(만감류)

(1) 착과수조사 이전 사고의 피해사실이 인정된 경우

수확량 = 착과량 − 사고당 감수량의 합

(2) 착과수조사 이전 사고의 접수가 없거나, 피해사실이 인정되지 않은 경우

수확량 = Max(평년수확량, 착과량) − 사고당 감수량의 합

400   원큐패스 손해평가사 2차 기출문제+합격노트

2 수확개시전(前) 부분

(1) 호두, 밤

수확량 = 착과수확량 + 낙과수확량 + 미보상주수수확량
= {품종별 조사대상 주수 × 품종별 주당 착과수 × (1 − 착과피해구성률) × 품종별 과중}
+ {품종별 조사대상 주수 × 품종별 주당 낙과수 × (1 − 낙과피해구성률) × 품종별 과중}
+ (품종별 주당 평년수확량 × 품종별 미보상주수)

(2) 참다래 / 매실, 대추, 살구 / 오미자 / 유자

수확량 = 착과수확량 + 미보상주수수확량

1) 참다래

{품종·수령별 착과수 × 품종별 과중 × (1 − 피해구성률)} + {품종·수령별 면적(m2)당 평년수확량 × 품종·수령별 미보상주수 × 품종·수령별 재식면적}

2) 매실, 대추, 살구

{품종·수령별 조사대상주수 × 품종·수령별 주당 착과량 × (1 − 착과피해구성률)} + (품종·수령별 주당 평년수확량 × 품종·수령별 미보상주수)

3) 오미자

{형태·수령별 조사대상길이 × 형태·수령별 m당 착과량 × (1 − 착과피해구성률)} + (형태·수령별 m당 평년수확량 × 형태·수령별 미보상 길이)

4) 유자

{품종·수령별 표본조사대상 주수 × 품종·수령별 표본주당 착과량 × (1 − 착과피해구성률)} + (품종·수령별 주당 평년수확량 × 품종·수령별 미보상주수)

3 수확개시후(後) 부분

(1) (前有後有) 수확개시 전 수확량조사가 있는 경우(이전 수확량조사에 수확개시 전 수확량조사가 포함된 경우)

> • 금차 수확량 + 금차 감수량 + 기수확량 〉 수확개시 전 수확량조사 수확량
>   → 오류 수정 필요
> • 금차 수확량 + 금차 감수량 + 기수확량 〉 이전 조사 금차 수확량 + 이전 조사 기수확
>   량 → 오류 수정 필요
> • 금차 수확량 + 금차 감수량 + 기수확량 ≦ 수확개시 전 수확량조사 수확량이면서
>   금차 수확량 + 금차 감수량 + 기수확량 ≦ 이전 조사 금차 수확량 + 이전 조사 기수확
>   량인 경우

① 피해율 = (평년수확량 − 수확량 − 미보상감수량) ÷ 평년수확량
② 수확량 = 수확개시전 수확량 − 사고당 감수량의 합
③ 미보상감수량 = {평년수확량 − (수확개시 전 수확량 − 사고당 감수량의 합)} × Max(미보상비율)

(2) (後有1) 금차 수확개시 후 수확량조사가 최초 조사인 경우(이전 수확량조사가 없는 경우)

1) 금차 수확량 + 금차 감수량 + 기수확량 〈 평년수확량인 경우

① 피해율 = (평년수확량 − 수확량 − 미보상감수량) ÷ 평년수확량
② 수확량 = 평년수확량 − 금차 감수량
③ 미보상감수량 = {~~평년수확량~~ − (평년수확량 − 금차감수량)} × 미보상비율
　　　　　　　 = 금차 감수량 × 미보상비율

2) 금차 수확량 + 금차 감수량 + 기수확량 ≥ 평년수확량인 경우

① 피해율 = (평년수확량 − 수확량 − 미보상감수량) ÷ 평년수확량
② 수확량 = 금차수확량 + ~~금차감수량~~ + 기수확량 − ~~금차감수량~~
　　　　　 = 금차 수확량 + 기수확량
③ 미보상감수량 = (평년수확량 − (금차 수확량 + 기수확량)) × 미보상비율

(3) (後有 여러개) 수확개시 후 수확량조사만 있는 경우(이전 수확량조사가 모두 수확개시 후 수확량조사인 경우)

> • 금차 수확량 + 금차 감수량 + 기수확량 〉 이전 조사 금차 수확량 + 이전 조사 기수확
>   량 → 오류 수정 필요
> • 금차 수확량 + 금차 감수량 + 기수확량 ≦ 이전 조사 금차 수확량 + 이전 조사 기수확
>   량인 경우

1) 최초 조사가 금차 수확량 + 금차 감수량 + 기수확량 〈 평년수확량인 경우

① 피해율 = (평년수확량 − 수확량 − 미보상감수량) ÷ 평년수확량

② 수확량 = 평년수확량 − 사고당 감수량의 합

③ 미보상감수량 = {~~평년수확량~~ − (~~평년수확량~~ − 사고당 감수량의 합)} × Max(미보상비율)

= 사고당 감수량의 합 × Max(미보상비율)

2) 최초 조사가 금차 수확량 + 금차 감수량 + 기수확량 ≧ 평년수확량인 경우

① 피해율 = (평년수확량 − 수확량 − 미보상감수량) ÷ 평년수확량

② 수확량 = 최초 조사 금차 수확량 + 최초 조사 금차 감수량 + 최초 조사 기수확량 − 사고당 감수량의 합

= 최초 조사 금차 수확량 + 최초 조사 기수확량 − 2차 이후 사고당 감수량의 합

③ 미보상감수량 = {평년수확량 − (최초 조사 금차 수확량 + 최초 조사 기수확량) + 2차 이후 사고당 감수량의 합} × Max(미보상비율)

04 🖊 오분무감(온주밀감류)

1 오디 과실손해보험금

오디 과실손해보험금= 보험가입금액 × (피해율 − 자기부담비율)

※ 피해율 = (평년결실수 − 조사결실수 − 미보상 감수 결실수) ÷ 평년결실수

1 조사결실수

조사결실수 = Σ{(품종·수령별 환산결실수 × 품종·수령별 조사대상주수) + (품종별 주당 평년결실수 × 품종·수령별 미보상주수)} ÷ 전체 실제결과주수

① 품종·수령별 환산결실수 = 품종·수령별 표본가지 결실수 합계 ÷ 품종·수령별 표본가지 길이 합계
② 품종·수령별 표본조사대상 주수 = 품종·수령별 실제결과주수 − 품종·수령별 고사주수 − 품종·수령별 미보상주수
③ 품종별 주당 평년결실수 = 품종별 평년결실수 ÷ 품종별 실제결과주수
④ 품종별 평년결실수 = (평년결실수 × 전체 실제결과주수) × (대상 품종 표준결실수 × 대상 품종 실제결과주수) ÷ Σ(품종별 표준결실수 × 품종별 실제결과주수)

2 미보상 감수결실수

미보상감수결실수 = Max((평년결실수 − 조사결실수) × 미보상비율, 0)

2 감귤 과실손해보험금

감귤 과실손해보험금 = 손해액 − 자기부담금

※ 손해액 = 보험가입금액 × 피해율

※ 자기부담금 = 보험가입금액 × 자기부담비율

1 과실손해피해율

과실손해피해율 = {(등급 내 피해과실수 + 등급 외 피해과실수 × 50%) ÷ 기준과실수} × (1 − 미보상비율)

2 피해 인정 과실수

> 피해 인정 과실수 = 등급 내 피해과실수 + 등급 외 피해과실수 × 50%

(1) 등급 내 피해과실수

> 등급 내 피해과실수 = (등급 내 30%형 과실수 합계 × 0.3) + (등급 내 50%형 과실수 합계 × 0.5) + (등급 내 80%형 과실수 합계 × 0.8) + (등급 내 100%형 과실수 × 1)

(2) 등급 외 피해과실수

> 등급 외 피해 과실수 = (등급 외 30%형 과실수 합계 × 0.3) + (등급 외 50%형 과실수 합계×0.5) + (등급 외 80%형 과실수 합계 × 0.8) + (등급 외 100%형 과실수 × 1)

※ 만감류는 등급 외 피해 과실수를 피해 인정 과실수 및 과실손해피해율에 반영하지 않음

(3) **기준과실수** : 모든 표본주의 과실수 총 합계
단, 수확전 사고조사를 실시한 경우에는 아래와 같이 적용한다.

> (수확전 사고조사 결과가 있는 경우) 과실손해피해율 = [{최종 수확전 과실손해 피해율 ÷ (1 − 최종 수확전 과실손해 조사 미보상비율)} + {(1 − (최종 수확전 과실손해 피해율 ÷ (1 − 최종 수확전 과실손해 조사 미보상비율)) × (과실손해 피해율 ÷ (1 − 과실손해미보상비율))}] × {1 − 최댓값(최종 수확전 과실손해 조사 미보상비율, 과실손해 미보상비율)}

3 동상해 과실손해피해율

> 동상해 과실손해피해율 = 동상해 피해과실수 ÷ 기준과실수
>
> $$= \frac{(80\%형 \ 피해과실수 \times 0.8) \times (100\%형 \ 피해과실수 \times 1)}{정상과실수 + 80\%형 \ 피해과실수 + 100\%형 \ 피해과실수}$$

① 동상해 피해과실수 = (80%형 피해과실수 × 0.8) + (100%형 피해과실수 × 1)
② 기준과실수(모든 표본주의 과실수 총 합계) = 정상과실수 + 80%형 피해과실수 + 100%형 피해과실수

3 복분자 과실손해보험금

> 복분자 과실손해보험금 = 보험가입금액 × (피해율 − 자기부담비율)

※ 피해율 = 고사결과모지수 ÷ 평년결과모지수

1 고사결과모지수

고사결과모지수 = (1) 종합위험(5.31이전) 과실손해 고사결과모지수 + (2) 특정위험 (6.1이후) 과실손해 고사결과 모지수

(1) 종합위험(5.31이전) 과실손해 고사결과모지수

> 종합고모
> = 평년결과모지수 − (기준 살아있는 결과모지수 − 수정불량환산 고사결과모지수 + 미보상 고사결과모지수)
> = 평년결과모지수 − (기준 살아있는 결과모지수 − 수정불량환산 고사결과모지수) − 미보상 고사결과모지수
> ※ (기 − 수)값 따로 써 놓을 것

1) 기준 살아있는 결과모지수

> 기준 살아있는 결과모지수 = 표본구간 살아있는 결과모지수의 합 ÷ (표본구간수 × 5)

2) 수정불량환산 고사결과모지수

> 수정불량환산 고사결과모지수 = 표본구간 수정불량 고사결과모지수의 합 ÷ (표본구간수 × 5)

① 표본구간 수정불량 고사결과모지수 = 표본구간 살아있는 결과모지수 × 수정불량 환산계수
② 수정불량환산계수 = (수정불량결실수 ÷ 전체결실수) − 자연수정불량률
   = 최댓값((표본포기 6송이 피해 열매수의 합 ÷ 표본포기 6송이 열매수의 합계)− 15%, 0)
   • 자연수정불량률 : 15%(2014 복분자 수확량 연구용역 결과반영)

3) 미보상 고사결과모지수

> 미보상 고사결과모지수 = 최댓값({평년결과모지수 − (기준 살아있는 결과모지수 − 수정 불량환산 결과모지수)} × 미보상비율, 0)

(2) 특정위험(6.1이후) 과실손해 고사결과 모지수

> 특정고모 = 수확감소환산 고사결과모지수 − 미보상 고사결과모지수

1) 수확감소환산 고사결과모지수

가) 종합위험 과실손해조사를 실시한 경우

> 수확감소환산 고사결과모지수 = (기준 살아있는 결과모지수 − 수정불량환산 고사결과모지수) × 누적수확감소환산계수

나) 종합위험 과실손해조사를 실시하지 않은 경우

> 수확감소환산 고사결과모지수 = 평년결과모지수 × 누적수확감소환산계수

① 누적수확감소환산계수 = 특정위험 과실손해조사별 수확감소환산계수의 합
② 수확감소환산계수 = 최댓값(기준일자별 잔여수확량 비율 − 결실율, 0)
③ 결실율 = 전체결실수 ÷ 전체개화수
　　　　 = Σ(표본송이의 수확 가능한 열매수) ÷ Σ(표본송이의 총열매수)

2) 미보상 고사결과모지수

> 미보상 고사결과모지수 = 수확감소환산 고사결과모지수 × 최댓값(특정위험 과실손해조사별 미보상비율)

4 무화과 지급보험금

> 무화과 지급보험금 = 보험가입금액 × (피해율 − 자기부담비율)

※ 피해율 = (1) 7월 31일 이전 피해율 + (2) 8월 1일 이후 피해율

(1) 7월 31일 이전 피해율

> 피해율 = (평년수확량 − 수확량 − 미보상감수량) ÷ 평년수확량

1) 수확량

> 수확량 = {품종별·수령별 조사대상주수 × 품종·수령별 주당 수확량 × (1 − 피해구성률)} + (품종·수령별 주당 평년수확량 × 미보상주수)

① 품종·수령별 주당 수확량 = 품종·수령별 주당 착과수 × 표준과중
② 품종·수령별 주당 착과수 = 품종·수령별 표본주 과실수의 합계 ÷ 품종·수령별 표본주수

2) 미보상감수량

$$\text{미보상감수량} = (\text{평년수확량} - \text{수확량}) \times \text{미보상비율}$$

> 🌱 **보충자료**
>
> - 피해구성조사
> - 피해구성률 : {(50%형 과실수 × 0.5) + (80%형 과실수 × 0.8) + (100%형 과실수 × 1)} ÷ 표본과실수

(2) 8월 1일 이후 피해율

$$\text{피해율} = (1 - \text{수확전 사고피해율}) \times \text{잔여수확량비율} \times \text{결과지 피해율}$$

1) 결과지 피해율

$$\text{결과지 피해율} = (\text{고사결과지수} + \text{미고사결과지수} \times \text{착과피해율} - \text{미보상고사결과지수}) \div \text{기준결과지수}$$

① 기준결과지수 = 고사결과지수 + 미고사결과지수
② 고사결과지수 = 보상고사결과지수 + 미보상고사결과지수
※ 8월1일 이후 사고가 중복 발생할 경우 금차 피해율에서 전차 피해율을 차감하고 산정함

> 🌱 **보충자료**
>
> 〈기본사항〉
> - 품종·수령별 조사대상주수 = 품종·수령별 실제결과주수 − 품종·수령별 미보상주수 − 품종·수령별 고사주수
> - 품종·수령별 평년수확량 = 평년수확량 × (품종·수령별 주당 표준수확량×품종·수령별 실제결과주수 ÷ 표준수확량)
> - 품종·수령별 주당 평년수확량 = 품종·수령별 평년수확량 ÷ 품종·수령별 실제결과주수

05 🌿 논작물

1 재이앙·재직파조사 피해면적 판정기준

① 묘가 본답의 바닥에 있는 흙과 분리되어 물 위에 뜬 면적

② 묘가 토양에 의해 묻히거나 잎이 흙에 덮여져 햇빛이 차단된 면적

③ 묘는 살아 있으나 수확이 불가능할 것으로 판단된 면적

2 조사 대상에 따른 조사 방법

조사 대상	조사 방법
벼	수량요소조사
벼, 밀, 보리, 귀리	표본조사
	전수조사

3 조사 시기에 따른 조사 방법

조사 시기	조사 방법
수확 전 14일 전후	수량요소조사
알곡이 여물어 수확이 가능한 시기	표본조사
수확시	전수조사

4 수확불능확인조사에서 수확을 포기한 것으로 보는 경우

① 당해연도 11월 30일까지 수확을 하지 않은 경우

② 목적물을 수확하지 않고 갈아엎은 경우(로터리 작업 등)

③ 대상 농지의 수확물 모두가 시장으로 유통되지 않은 것이 확인된 경우

5 보험금

1 이앙·직파불능 보험금 산정(벼만 해당)

(1) 지급 사유

보험기간 내에 보상하는 재해로 농지 전체를 이앙·직파하지 못하게 된 경우 보험가 입금액의 15%를 이앙·직파불능보험금으로 지급한다.

$$지급보험금 = 보험가입금액 \times 15\%$$

(2) 지급 거절 사유

논둑 정리, 논갈이, 비료 시비, 제초제 살포 등 이앙 전의 통상적인 영농활동을 하지 않은 농지에 대해서는 이앙·직파불능 보험금을 지급하지 않는다.

(3) 보험계약의 소멸

이앙·직파불능보험금을 지급한 때에는 그 손해보상의 원인이 생긴 때로부터 해당 농지에 대한 보험계약은 소멸되며, 이 경우 환급보험료는 발생하지 않는다.

2 재이앙 · 재직파 보험금 산정(벼만 해당)

(1) 지급 사유

보험기간 내에 보상하는 재해로 면적 피해율이 10%를 초과하고, 재이앙(재직파)한 경우 다음과 같이 계산한 재이앙·재직파 보험금을 1회 지급한다.

$$지급보험금 = 보험가입금액 \times 25\% \times 면적\ 피해율$$

$$※\ 면적\ 피해율 = 피해면적 \div 보험가입면적$$

3 경작불능 보험금 산정

(1) 지급 사유

보험기간 내에 보상하는 재해로 식물체 피해율이 65%(분질미의 경우 60%) 이상이고, 계약자가 경작불능보험금을 신청한 경우 경작불능보험금은 자기부담비율에 따라 보험가입금액의 일정 비율로 계산한다.

1) 적용 품목 : 벼 · 밀 · 보리 · 귀리

〈자기부담비율별 경작불능보험금 지급비율표〉

자기부담비율	10%형	15%형	20%형	30%형	40%형
지급 비율	45%	42%	40%	35%	30%

※ 귀리는 20%, 30%, 40% 적용

2) 적용 품목 : 조사료용 벼

$$지급보험금 = 보험가입금액 \times 보장비율 \times 경과비율$$

① 보장비율은 조사료용벼 가입 시 경작불능보험금 산정에 기초가 되는 비율을 말하며, 보험가입을 할 때 계약자가 선택한 비율로 한다.
② 경과비율은 사고발생일이 속한 월에 따라 아래와 같이 계산한다.

구분	보장비율	월별	경과비율
45%형	45%	5월	80%
42%형	42%	6월	85%
40%형	40%	7월	90%
35%형	35%	8월	100%
30%형	30%	–	–

(2) 지급거절 사유

보험금 지급 대상 농지 벼가 산지폐기 등의 방법을 통해 시장으로 유통되지 않게 된 것이 확인되지 않으면 경작불능보험금을 지급하지 않는다.

(3) 보험계약의 소멸

경작불능보험금을 지급한 때에는 그 손해보상의 원인이 생긴 때로부터 해당 농지에 대한 보험계약은 소멸되며, 이 경우 환급보험료는 발생하지 않는다.

4 수확감소보험금 산정(조사료용 벼 제외)

(1) 지급 사유

보험기간 내에 보상하는 재해로 피해율이 자기부담비율을 초과하는 경우 아래와 같이 계산한 수확감소보험금을 지급한다.

> 지급보험금 = 보험가입금액 × (피해율 − 자기부담비율)
>
> ※ 피해율 = (평년수확량 − 수확량 − 미보상감수량) ÷ 평년수확량

(2) 지급거절사유(벼만 해당)

① 경작불능보험금 및 수확불능보험금의 규정에 따른 보험금을 지급하여 계약이 소멸된 경우에는 수확감소보험금을 지급하지 않는다.
② 경작불능보험금의 보험기간 내에 발생한 재해로 인해 식물체 피해율이 65% 이상인 경우 수확감소보험금을 지급하지 않는다.

5 수확불능보험금 산정(벼만 해당)

(1) 지급 사유

보험기간 내에 보상하는 재해로 보험의 목적인 벼(조곡) 제현율이 65%(분질미의 경우 70%) 미만으로 떨어져 정상 벼로써 출하가 불가능하게 되고, 계약자가 수확

불능보험금을 신청한 경우 산정된 보험가입금액의 일정 비율을 수확불능보험금으로 지급한다.

〈자기부담비율별 수확불능보험금표〉

자기부담비율	수확불능보험금
10%형	보험가입금액 × 60%
15%형	보험가입금액 × 57%
20%형	보험가입금액 × 55%
30%형	보험가입금액 × 50%
40%형	보험가입금액 × 45%

(2) 지급거절 사유

① 경작불능보험금의 보험기간 내에 발생한 재해로 인해 식물체 피해율이 65%(분질미의 경우 60%) 이상인 경우에는 수확불능보험금 지급이 불가능하다.

② 보험금 지급 대상 농지 벼가 산지폐기 등으로 시장 유통 안 된 것이 확인되지 않으면 수확불능보험금을 지급하지 않는다.

(3) 보험계약의 소멸

수확불능보험금을 지급한 때에는 그 손해보상의 원인이 생긴 때로부터 해당 농지에 대한 보험계약은 소멸되며, 환급보험료는 발생하지 않는다.

06 🌿 콩차옥

1 수확량조사 적기

품목	수확량조사 적기
양파	양파의 비대가 종료된 시점 (식물체의 도복이 완료된 때)
마늘	마늘의 비대가 종료된 시점 (잎과 줄기가 1/2 ~ 2/3 황변하여 말랐을 때와 해당 지역의 통상 수확기가 도래하였을 때)
고구마	고구마의 비대가 종료된 시점 (삽식일로부터 120일 이후에 농지별로 적용) ※ 삽식 : 고구마의 줄기를 잘라 흙속에 꽂아 뿌리내리는 방법
감자 (고랭지재배)	감자의 비대가 종료된 시점 (파종일로부터 110일 이후)
감자 (봄재배)	감자의 비대가 종료된 시점 (파종일로부터 95일 이후)
감자 (가을재배)	감자의 비대가 종료된 시점 (파종일로부터 제주지역은 110일 이후, 이외 지역은 95일 이후)
옥수수	옥수수의 수확 적기(수염이 나온 후 25일 이후)
차(茶)	조사 가능일 직전 (조사 가능일은 대상 농지에 식재된 차나무의 대다수 신초가 1심 2엽의 형태를 형성하며 수확이 가능할 정도의 크기(신초장 4.8cm 이상, 엽장 2.8cm 이상, 엽폭 0.9cm 이상)로 자란 시기를 의미하며, 해당 시기가 수확연도 5월 10일을 초과하는 경우에는 수확년도 5월 10일을 기준으로 함)
콩	콩의 수확 적기 (콩잎이 누렇게 변하여 떨어지고 꼬투리의 80 ~ 90% 이상이 고유한 성숙(황색)색깔로 변하는 시기인 생리적 성숙기로부터 7 ~ 14일이 지난 시기)

품목	수확량조사 적기
팥	팥의 수확 적기(꼬투리가 70 ~ 80% 이상이 성숙한 시기)
양배추	양배추의 수확 적기(결구 형성이 완료된 때)

2 보험금

1 수확감소 보험금(옥수수 外)

마늘, 양파, 양배추, 고구마, 감자(봄재배, 가을재배, 고랭지재배), 콩, 팥, 차(茶)

- 지급보험금 = 보험가입금액 × (피해율 − 자기부담비율)
- 피해율 = (평년수확량 − 수확량 − 미보상감수량) ÷ 평년수확량
- ※ 감자만 {(평년수확량 − 수확량 − 미보상감수량) + 병충해감수량} ÷ 평년수확량

(1) 양파, 마늘

- 수확량 = (표본구간 단위면적당 수확량 × 조사대상면적) + {단위면적당 평년수확량 × (타작물 및 미보상면적 + 기수확면적)}
- 단위면적당 평년수확량 = 평년수확량 ÷ 실제경작면적
- 조사대상면적 = 실제경작면적 − 고사면적 − 타작물 및 미보상면적 − 기수확면적
- 표본구간 단위면적당 수확량 = 표본구간 수확량 합계 ÷ 표본구간 면적
- 표본구간 수확량 합계 = {표본구간 정상 작물 중량 + (80% 피해 작물 중량×0.2)} × (1 + 비대추정지수) × 환산계수
- 환산계수는 마늘에 한하여 0.7(한지형), 0.72(난지형)를 적용
- 누적비대추정지수 = 지역별 수확적기까지 잔여일수 × 일자별 비대추정지수
- 미보상감수량 = (평년수확량 − 수확량) × 미보상비율

(2) 양배추

- 수확량 = (표본구간 단위면적당 수확량×조사대상면적) + {단위면적당 평년수확량 × (타작물 및 미보상면적 + 기수확면적)}
- 단위면적당 평년수확량 = 평년수확량 ÷ 실제경작면적
- 표본조사대상면적 = 실제경작면적 − 고사면적 − 타작물 및 미보상면적 − 기수확면적
- 표본구간 단위면적당 수확량 = 표본구간 수확량 합계 ÷ 표본구간 면적
- 표본구간 수확량 합계 = 표본구간 정상 양배추 중량 + (80% 피해 양배추 중량 × 0.2)
- 미보상감수량 = (평년수확량 − 수확량) × 미보상비율

(3) 차(茶)

- 수확량 = (표본구간 단위면적당 수확량 × 조사대상면적) + {단위면적당 평년수확량 × (타작물 및 미보상면적 + 기수확면적)}
- 단위면적당 평년수확량 = 평년수확량 ÷ 실제경작면적
- 조사대상면적 = 실제경작면적 − 고사면적 − 타작물 및 미보상면적 − 기수확면적
- 표본구간 단위면적당 수확량
  = 표본구간 수확량 합계 ÷ 표본구간 면적 합계 × 수확면적율
- 표본구간 수확량 합계
  = {(수확한 새싹무게 ÷ 수확한 새싹수) × 기수확 새싹수 × 기수확지수} + 수확한 새싹무게
- 미보상감수량 = (평년수확량 − 수확량) × 미보상비율

(4) 콩, 팥

- 수확량(표본조사)
  = (표본구간 단위면적당 수확량 × 조사대상면적) + {단위면적당 평년수확량 × (타작물 및 미보상면적 + 기수확면적)}
- 수확량(전수조사)
  = {전수조사 수확량 × (1 − 함수율)÷(1 − 기준함수율)} + {단위면적당 평년수확량× (타작물 및 미보상면적 + 기수확면적)}
- 표본구간 단위면적당 수확량 = 표본구간 수확량 합계 ÷ 표본구간 면적
- 표본구간 수확량 합계
  = 표본구간별 종실중량 합계 × {(1 − 함수율) ÷ (1 − 기준함수율)}
- 기준함수율 : 콩(14%), 팥(14%)
- 조사대상면적 = 실경작면적 − 고사면적 − 타작물 및 미보상면적 − 기수확면적
- 단위면적당 평년수확량 = 평년수확량 ÷ 실제경작면적
- 미보상감수량 = (평년수확량 − 수확량) × 미보상비율

(5) 감자

- 수확량 = (표본구간 단위면적당 수확량×조사대상면적) + {단위면적당 평년수확량×(타 작물 및 미보상면적 + 기수확면적)}
- 단위면적당 평년수확량 = 평년수확량 ÷ 실제경작면적
- 조사대상면적 = 실제경작면적 - 고사면적 - 타작물 및 미보상면적 - 기수확면적
- 표본구간 단위면적당 수확량 = 표본구간 수확량 합계 ÷ 표본구간 면적
- 표본구간 수확량 합계 = 표본구간별 정상 감자 중량 + (최대 지름이 5cm미만이거나 50%형 피해 감자 중량 × 0.5) + 병충해 입은 감자 중량
- 병충해감수량 = 병충해 입은 괴경의 무게 × 손해정도비율 × 인정비율
- ※ 위 산식은 각각의 표본구간별로 적용되며, 각 표본구간 면적을 감안하여 전체 병충해 감 수량을 산정
- 미보상감수량 = (평년수확량 - 수확량) × 미보상비율

(6) 고구마

- 수확량 = (표본구간 단위면적당 수확량 × 조사대상면적) + {단위면적당 평년수확량 × (타 작물 및 미보상면적 + 기수확면적)}
- 단위면적당 평년수확량 = 평년수확량 ÷ 실제경작면적
- 조사대상면적 = 실제경작면적 - 고사면적 - 타작물 및 미보상면적 - 기수확면적
- 표본구간 단위면적당 수확량 = 표본구간 수확량 합계 ÷ 표본구간 면적
- 표본구간 수확량 = 표본구간별 정상 고구마 중량 + (50% 피해 고구마 중량×0.5) + (80% 피해 고구마 중량×0.2)
- 미보상감수량 = (평년수확량 - 수확량) × 미보상비율

2 옥수수

- 지급보험금 = Min(보험가입금액, 손해액) − 자기부담금
- 손해액 = (피해수확량 − 미보상감수량) × 가입가격(표준가격)
- 피해수확량 = (표본구간 단위면적당 피해수확량 × 표본조사대상면적) + (단위면적당 표준수확량 × 고사면적)
- 단위면적당 표준수확량 = 표준수확량 ÷ 실제경작면적
- 조사대상면적 = 실제경작면적 − 고사면적 − 타작물 및 미보상면적 − 기수확면적
- 표본구간 단위면적당 피해수확량 = 표본구간 피해수확량 합계 ÷ 표본구간 면적
- 표본구간 피해수확량 합계 = (표본구간 "하"품 이하 옥수수 개수 + "중"품 옥수수 개수 × 0.5) × 표준중량 × 재식시기지수 × 재식밀도지수
- 미보상감수량 = 피해수확량 × 미보상비율

07 고추브로

① 보험금 산정(고추, 브로콜리)

1 생산비보장 보험금

> 생산비보장 보험금 = (잔존보험가입금액 × 경과비율 × 피해율) − 자기부담금

※ 단, 고추는 병충해가 있는 경우 병충해등급별 인정비율 추가하여 피해율에 곱한다.

2 경과비율

> • 수확기 이전에 사고 시 = $\left\{ \alpha + (1 - \alpha) \times \dfrac{생장일수}{표준생장일수} \right\}$
>
> • 수확기 중 사고 시 = $\left(1 - \dfrac{수확일수}{표준수확일수} \right)$

① α(준비기생산비계수) : 고추 : 52.7%, 브로콜리 : 49.5%
② 생장일수 : 정식일로부터 사고발생일까지 경과일수
③ 표준생장일수 : 정식일로부터 수확개시일까지의 일수로 작목별로 사전에 설정된 값
　(고추 : 100일, 브로콜리 : 130일)
④ 수확일수 : 수확개시일로부터 사고발생일까지 경과일수
⑤ 표준수확일수 : 수확개시일부터 수확종료(예정)일까지 일수

3 피해율

(1) 고추 피해율

> 고추 피해율 = 피해비율 × 손해정도비율 × (1 − 미보상비율)

① 피해비율 = 피해면적 ÷ 실제 경작면적(재배면적)
② 손해정도비율 = {(20%형 피해 고추주수 × 0.2) + (40%형 피해 고추주수 × 0.4) + (60%형 피해 고추주수 × 0.6) + (80%형 피해 고추주수 × 0.8) + (100형 피해 고추주수)} ÷ (정상 고추주수 + 20%형 피해 고추주수 + 40%형 피해 고추주수 + 60%형 피해 고추주수 + 80%형 피해 고추주수 + 100%형 피해 고추주수)

(2) 브로콜리 피해율

> 브로콜리 피해율 = 면적피해율 × 작물피해율

① 피해비율 = 피해면적 ÷ 실제경작면적(재배면적)

② 작물피해율 = {(50%형 피해송이 개수 × 0.5) + (80%형 피해송이 개수 × 0.8) + (100%형 피해송이 개수)} ÷ (정상 송이 개수 + 50%형 피해송이 개수 + 80%형 피해송이 개수 + 100%형 피해송이 개수)

4 자기부담금

자기부담금 = 잔존보험가입금액 × (3% 또는 5%)

2 보험금 산정(고추, 브로콜리 外 : 무, 당근, 배추, 메밀, 단호박, 시금치(노지), 파)

1 생산비보장 보험금

생산비보장 보험금 = 보험가입금액 × (피해율 − 자기부담비율)

2 피해율

(1) 무, 당근, 배추, 단호박, 시금치(노지), 파

피해율 = 피해비율 × 손해정도비율(심도) × (1−미보상비율)

① 피해비율 : 피해면적 ÷ 실제경작면적(재배면적)

② 손해정도비율

{(20%형 피해작물 개수 × 0.2) + (40%형 피해작물 개수 × 0.4) + (60%형 피해작물 개수 × 0.6) + (80%형 피해작물 개수 × 0.8) + (100%형 피해작물 개수)} ÷ (정상 작물 개수 + 20%형 피해작물 개수 + 40%형 피해작물 개수 + 60%형 피해작물 개수 + 80%형 피해작물 개수 + 100%형 피해작물 개수)

(2) 메밀

피해율 = 피해면적 ÷ 실제경작면적(재배면적)

① 피해면적 : (도복으로 인한 피해면적 × 70%) + [도복 이외로 인한 피해면적 × {(20%형 피해 표본면적 × 0.2) + (40%형 피해 표본면적 × 0.4) + (60%형 피해 표본면적 × 0.6) + (80%형 피해 표본면적 × 0.8) + (100%형 피해 표본면적 × 1)} ÷ 표본면적 합계]

08 ⊕ 인삼/해가림시설

❶ 인삼 보험금

$$지급보험금 = 보험가입금액 \times (피해율 - 자기부담비율)$$

① 피해율 $= (1 - \dfrac{수확량}{연근별기준수확량}) \times \dfrac{피해면적}{재배면적}$

② 수확량 = 단위면적당 조사수확량 + 단위면적당 미보상감수량

❷ 해가림시설 보험금

1 보험가입금액 = 보험가액(전부보험)

$$지급보험금 = 손해액 - 자기부담금, 보험가입금액 한도$$

2 보험가입금액 〉 보험가액(초과보험)

$$지급보험금 = 손해액 - 자기부담금, 보험가액 한도$$

3 보험가입금액 〈 보험가액(일부보험)

$$지급보험금 = (손해액 - 자기부담금) \times (보험가입금액 \div 보험가액), 보험가입금액 한도$$

❸ 손해액

$$손해액 = 피해액에 감가를 반영한 금액$$

① 피해액 $\leq$ 보험가액의 20%, 감가 적용 $\times$ → 손해액 = 피해액
② 피해액 〉 보험가액의 20%, 감가 적용 후 피해액 〈 보험가액의 20%
    → 손해액 = 보험가액의 20%
③ 피해액 〉 보험가액의 20%, 감가 적용 후 피해액 $\geq$ 보험가액의 20%
    → 손해액 = 피해액에 감가를 반영한 금액

❹ 자기부담금

$$자기부담금 = 10만 원 \leq 손해액의 10\% \leq 100만 원$$

09 🌱 시설작물

1 시설작물 보험금

1 딸기파

딸기파{딸기, 수박, 멜론, 토마토, 가지, 오이, 호박, 참외, 풋고추, 파(대파), 파프리카, 국화, 미나리, 배추, 상추, 백합, 카네이션}, 파(쪽파), 무, 시금치, 쑥갓, 감자

(1) 생산비보장 보험금

생산비보장 보험금 = 피해작물 재배면적 × 피해작물 단위 면적당 보장생산비 × 경과비율 × 피해율

(2) 피해율

피해율 = 피해비율 × 손해정도비율 × (1 − 미보상비율)

(3) 경과비율

1) 수확기 이전 사고

수확기 이전 사고 = 준 + {(1 − 준) × (생장일수 ÷ 표준생장일수)}

2) 수확기 중 사고

수확기 중 사고 = 1 − (수확일수 ÷ 표준수확일수)

(4) 준비기 생산비 계수

① 딸기파 = 40% (단, 국화·카네이션 재절화재배는 20%)
② 파(쪽파), 무, 시금치, 쑥갓 = 10%

2 장미

(1) 생산비보장 보험금

생산비보장 보험금 = 장미 재배면적 × 장미 단위면적당 나무생존(고사)시 보장생산비 × 피해율

특별부록 손해평가사 핵심이론 합격노트 **421**

(2) 피해율

$$피해율 = 피해비율 \times 손해정도비율 \times (1 - 미보상비율)$$

※ 나무고사 시 손해정도비율은 100%

3 부추

(1) 생산비보장 보험금

$$생산비보장 보험금 = 부추 재배면적 \times 부추 단위면적당 보장생산비 \times 피해율 \times 70\%$$

(2) 피해율

$$피해율 = 피해비율 \times 손해정도비율 \times (1 - 미보상비율)$$

2 버섯작물 보험금

1. 표고버섯(원목재배)外

표고버섯(톱밥배지재배), 느타리버섯(균상재배, 병재배), 새송이버섯(병재배), 양송이버섯(균상재배)

(1) 생산비보장 보험금

$$생산비보장 보험금 = 재배\{배지(봉)또는 병\}수/면적 \times \{배지(봉)또는 병\}당 보장생산비 \times 경과비율 \times 피해율$$

(2) 피해율

$$피해율 = 피해비율 \times 손해정도비율 \times (1 - 미보상비율)$$

(3) 경과비율 : 느타리버섯(병재배) 88.7%, **새송이버섯(병재배) 91.7%**

1) 수확기 이전 사고

$$수확기 이전 사고 = 준 + \{(1 - 준) \times (생장일수 \div 표준생장일수)\}$$

2) 수확기 중 사고

$$수확기 중 사고 = 1 - (수확일수 \div 표준수확일수)$$

3) 준비기생산비계수

① 표고버섯(톱밥배지재배) : 66.3%

② 느타리버섯(균상재배) : 67.6%

③ 양송이버섯(균상재배) : 75.3%

2. 표고버섯(원목재배)

(1) 생산비보장 보험금

$$\text{생산비보장 보험금} = \text{재배원목(본)수} \times \text{원목(본)당 보장생산비} \times \text{피해율}$$

(2) 피해율

$$\text{피해율} = \text{피해비율} \times \text{손해정도비율} \times (1 - \text{미보상비율})$$

3 농업용 시설물 보험금

1 지급보험금

$$\text{지급보험금} = \text{손해액} - \text{자기부담금, 보험가입금액 한도}$$

※ 손해액은 그 손해가 생긴 때와 곳에서의 가액에 따라 계산한다.

2 자기부담금

$$\text{자기부담금} = 30\text{만 원} \leq \text{손해액의 10\%} \leq 100\text{만 원}$$

① 피복재단독사고 시, 자기부담금 $= 10\text{만 원} \leq \text{손해액의 10\%} \leq 30\text{만 원}$

② 화재 시, 자기부담금 적용 X

10 ⚙ 농업수입보장방식

❶ 농업수입보장방식 품목

1 농업수입보장방식 품목

양배추, 콩, 양파, 포도, 감자(가을재배), 고구마, 마늘

2 농업수입감소보험금

> 농업수입감소보험금 = 보험가입금액 × (피해율 − 자기부담비율)

※ 피해율 = (기준수입 − 실제수입) ÷ 기준수입

3 기준수입

> 기준수입 = 평년수확량 × 농지별 기준가격

4 실제수입

> 실제수입 = (수확량 + 미보상감수량) × 최솟값(농지별 기준가격, 농지별 수확기가격)

※ 감자(가을재배)만 실제수입 = (수확량 + 미보상감수량 − 병충해감수량) × 최솟값(농지별 기준가격, 농지별 수확기가격)

11 🌳 가축

1 젖소(암컷) 보험가액

월령	보험가액
1개월 ~ 7개월	분유떼기 암컷 가격(연령(월령)이 2개월 미만(질병사고는 3개월 미만) 일때는 50% 적용)
8개월 ~ 12개월	분유떼기 암컷가격 + {(수정단계가격 − 분유떼기 암컷가격) / 6} × (사고월령 − 7개월)
13개월 ~ 18개월	수정단계가격
19개월 ~ 23개월	수정단계가격 + {(초산우가격 − 수정단계가격) / 6} × (사고월령 − 18개월)
24개월 ~ 31개월	초산우가격
32개월 ~ 39개월	초산우가격 + {(다산우가격 − 초산우가격) / 9} × (사고월령 − 31개월)
40개월 ~ 55개월	다산우가격
56개월 ~ 66개월	다산우가격 + {(노산우가격 − 다산우가격) / 12} × (사고월령 − 55개월)
67개월 이상	노산우가격

☑ 비육돈, 육성돈 및 후보돈의 보험가액

1 대상범위(적용체중) : 육성돈(31kg초과 ~ 110kg 미만(출하 대기 규격돈 포함)까지 10kg 단위구간의 중간 생체중량)

단위구간 (kg)	31 ~ 40	41 ~ 50	51 ~ 60	61 ~ 70	71 ~ 80	81 ~ 90	91 ~ 100	101~110 미만
적용체중 (kg)	35	45	55	65	75	85	95	105

※ 주) 1. 단위구간은 사고돼지의 실측중량(kg/1두) 임

※ 주) 2. 110kg 이상은 110kg으로 한다.

2 110kg 비육돈 수취가격

> 110kg 비육돈 수취가격 = 사고 당일 포함 직전 5영업일 평균돈육대표가격(전체, 탕박) × 110kg × 지급(육)율(76.8%)

3 보험가액

> 보험가액 = 자돈가격(30kg 기준) + (적용체중 − 30kg) × {110kg 비육돈 수취가격 − 자돈가격(30kg 기준)} / 80

☑ 종계의 보험가액

종계	해당주령	보험가액
병아리	생후 2주 이하	사고 당일 포함 직전 5영업일의 육용 종계 병아리 평균가격
성계	생후 3 ~ 6주	31주령 가격 × 30%
	생후 7 ~ 30주	31주령 가격 × [100% − {(31주령 − 사고주령) × 2.8%}]
	생후 31주	회사와 계약당시 협정한 가액
	생후 32 ~ 61주	31주령 가격 × [100% − {(사고주령 − 31주령) × 2.6%)}]
	생후 62주 ~ 64주	31주령 가격 × 20%
노계	생후 65주 이상	사고 당일 포함 직전 5영업일의 종계 성계육 평균가격

4 산란계의 보험가액

산란계	해당주령	보험가액
병아리	생후 1주 이하	사고 당일 포함 직전 5영업일의 산란실용계 병아리 평균가격
병아리	생후 2 ~ 9주	산란실용계병아리가격 + {(산란중추가격 − 산란실용계병아리가격) / 9} × (사고주령 − 1주령)
중추	생후 10 ~ 15주	사고 당일 포함 직전 5영업일의 산란중추 평균가격
중추	생후 16 ~ 19주	산란중추가격 + {(20주 산란계가격 − 산란중추가격) / 5} × (사고주령 − 15주령)
산란계	생후 20 ~ 70주	(550일 − 사고일령) × 70% × (사고 당일 포함 직전 5영업일의 계란 1개 평균가격 − 계란 1개의 생산비)
산란노계	생후 71주 이상	사고 당일 포함 직전 5영업일의 산란성계육 평균가격

※ 계란 1개 평균가격은 중량규격(왕란/특란/대란 이하)별 사고 당일 포함 직전 5영업일 평균가격을 중량규격별 비중으로 가중평균한 가격을 말한다.

※ 중량규격별 비중 : 왕란(2.0%), 특란(53.5%), 대란 이하(44.5%)

※ 산란계의 계란 1개의 생산비는 77원으로 한다.

※ 사고 당일 포함 직전 5영업일의 계란 1개 평균가격에서 계란 1개의 생산비를 공제한 결과가 10원 이하인 경우 10원으로 한다.

5 토종닭의 보험가액

토종닭	주령	보험가액
병아리	생후 1주 미만	사고 당일 포함 직전 5영업일의 토종닭 병아리 평균가격
토종닭	생후 1주 이상	사고 당일 포함 직전 5영업일의 토종닭 평균가격(원/kg)에 발육표준표 해당 일령 사고 토종닭의 중량을 곱한 금액. 단, 위 금액과 사육계약서상의 중량별 매입단가 중 작은 금액을 한도로 한다.

6 가금 발육표준표 관련 사항

- 보험가액(중량 × kg당 시세)이 병아리 시세보다 낮은 경우는 병아리 시세로 보상한다.
- 육계 일령이 40일령을 초과한 경우에는 2.3kg으로 인정한다.
- 토종닭 일령이 84일령을 초과한 경우에는 2.8kg으로 인정한다.
- 오리 일령이 45일령을 초과한 경우에는 3.5kg으로 인정한다.
- 삼계(蔘鷄)의 경우는 육계 중량의 70%를 적용한다.

7 보험목적물의 감가

손해액은 그 손해가 생긴 때와 장소에서의 보험가액에 따라 계산한다. 보험목적물의 경년감가율은 손해보험협회의 "보험가액 및 손해액의 평가기준"을 준용하며, 이 보험목적물이 지속적인 개·보수가 이루어져 보험목적물의 가치증대가 인정된 경우 잔가율은 보온덮개·쇠파이프 조인 축사구조물 의 경우에는 최대 50%까지, 그 외 기타 구조물의 경우에는 최대 70%까지로 수정하여 보험가액을 평가할 수 있다. 다만, 보험목적물이 손해를 입은 장소에서 6개월 이내 실제로 수리 또는 복구되지 않은 때에는 잔가율이 30% 이하인 경우에는 최대 30%로 수정하여 평가한다.

8 소(牛)도체결함보장 특약

> 보험가액 = 정상도체의 해당등급(사고소 등급)의 1두가격
> 손해액 = 정상도체의 해당등급(사고소 등급) − 사고소의 1두 경락가격

※ 1두가격 = 사고 전월 전국지육경매평균가격(원/지육kg) × 사고소(牛)의 도체중(kg)
단, kg당 전월 전국지육경매평균가격은 축산물품질평가원이 제시하는 가격을 따른다.
※ 지급보험금 = 손해액 × (일부보험시)비례보상 × (1 − 자기부담비율 20%)
단, 보험가입금액과 보험가액 중 작은 것을 한도로 한다.

⑨ 돼지 질병위험보장 특약

$$보험가액 = 모돈두수 \times 2.5 \times 자돈가격$$

※ 자기부담금 : 보통약관 지급보험금 계산방식에 따라서 계산한 금액에서 보험증권에 기재된 자기부담비율을 곱한 금액과 200만 원 중 큰 금액을 자기부담금으로 한다.

⑩ 돼지 축산휴지위험보장 특약

$$종빈돈 \times 10 \times 1두당 \; 비육돈(100kg \; 기준)평균가격 \times 이익률$$

※ 단, 후보돈과 임신, 분만 및 포유 등 종빈돈으로서 기능을 하지 않는 종빈돈은 제외한다.

$$이익률 = \frac{1두당 \; 비육돈(100kg \; 기준)의 \; 평균가격 \; - \; 경영비}{1두당 \; 비육돈(100kg \; 기준)의 \; 평균가격}$$

※ 단, 이 기간 중에 이익률이 16.5% 미만일 경우 이익률은 16.5%로 한다.

⑪ 보험사기 정의

가. 보험사기 정의
보험사기는 보험계약자 등이 보험제도의 원리상으로는 취할 수 없는 보험혜택을 부당하게 얻거나 보험 제도를 역이용하여 고액의 보험금을 수취할 목적으로 고의적이며 악의적으로 행동하는 일체의 불법행위로써 형법상 사기죄의 한 유형으로 보험사기방지 특별법에서는 보험사기행위로 보험금을 취득하거나 제3자에게 보험금을 취득하게 한 자는 10년 이하의 징역 또는 5천만 원 이하의 벌금에 처하도록 규정하고 있다.

나. 성립요건
1) 계약자 또는 보험 대상자에게 고의가 있을 것
   계약자 또는 보험 대상자의 고의에 보험자를 기망하여 착오에 빠뜨리는 고의와 그 착오로 인해 승낙의 의사표시를 하게 하는 것 등
2) 기망행위가 있을 것
   기망이란 허위진술을 하거나 진실을 은폐하는 것, 통상 진실이 아닌 사실을 진실이라 표시하는 행위를 말하거나 알려야 할 경우에 침묵, 진실을 은폐하는 것도 기망행위에 해당

3) 상대방인 보험자가 착오에 빠지는 것

　상대방인 보험자가 착오에 빠지는 것에 대하여 <u>보험자의 과실 유무는 문제되지 않음</u>

4) 상대방인 보험자가 착오에 빠져 그 결과 <u>승낙의 의사표시</u>를 한 것

　착오에 빠진 것과 그로 인해 승낙 의사표시 한 것과 <u>인과관계</u> 필요

5) 사기가 <u>위법</u>일 것

　사회생활상 <u>신의성실의 원칙</u>에 반하지 않는 정도의 기망 행위는 보통 위법성이 없
　다고 해석

다. 사기행위자

사기행위에 있어 권유자가 사기를 교사하는 경우도 있으며, 권유자가 개입해도 계약
자 또는 피보험자 자신에게도 사기행위가 있다면 고지의무 위반과 달리 <u>보장개시일로</u>
부터 <u>5년</u> 이내에 <u>계약을 취소할 수 있다.</u>

라. 사기증명

계약자 또는 피보험자의 사기를 이유로 보험계약의 무효를 주장하는 경우에 사기를 주
장하는 <u>재해보험사업자</u> 측에서 사기 사실 및 그로 인한 착오 존재를 증명해야 한다.

마. 보험사기 조치

1) 청구한 사고보험금 <u>지급을 거절</u> 가능

2) 약관에 의거하여 해당 <u>계약을 취소할 수</u> 있음

메모

메모